元素の周期表

族	1	2	3	4	5	6	7	8	9	10	11	12	13	14	15	16	17	18
1	1 H 1.008																	2 He 4.003
2	3 Li 6.941	4 Be 9.012											5 B 10.81	6 C 12.01	7 N 14.01	8 O 16.00	9 F 19.00	10 Ne 20.18
3	11 Na 22.99	12 Mg 24.31											13 Al 26.98	14 Si 28.09	15 P 30.97	16 S 32.07	17 Cl 35.45	18 Ar 39.95
4	19 K 39.10	20 Ca 40.08	21 Sc 44.96	22 Ti 47.87	23 V 50.94	24 Cr 52.00	25 Mn 54.94	26 Fe 55.85	27 Co 58.93	28 Ni 58.69	29 Cu 63.55	30 Zn 65.38	31 Ga 69.72	32 Ge 72.63	33 As 74.92	34 Se 78.97	35 Br 79.90	36 Kr 83.80
5	37 Rb 85.47	38 Sr 87.62	39 Y 88.91	40 Zr 91.22	41 Nb 92.91	42 Mo 95.95	43 Tc (99)	44 Ru 101.1	45 Rh 102.9	46 Pd 106.4	47 Ag 107.9	48 Cd 112.4	49 In 114.8	50 Sn 118.7	51 Sb 121.8	52 Te 127.6	53 I 126.9	54 Xe 131.3
6	55 Cs 132.9	56 Ba 137.3	57 La 138.9	72 Hf 178.5	73 Ta 180.9	74 W 183.8	75 Re 186.2	76 Os 190.2	77 Ir 192.2	78 Pt 195.1	79 Au 197.0	80 Hg 200.6	81 Tl 204.4	82 Pb 207.2	83 Bi 209.0	84 Po (210)	85 At (210)	86 Rn (222)
7	87 Fr (223)	88 Ra (226)	89 Ac (227)	104 Rf (267)	105 Db (268)	106 Sg (271)	107 Bh (272)	108 Hs (277)	109 Mt (276)	110 Ds (281)	111 Rg (280)	112 Cn (285)	113 Nh (278)	114 Fl (289)	115 Mc (289)	116 Lv (293)	117 Ts (293)	118 Og (294)

周期														
6	58 Ce 140.1	59 Pr 140.9	60 Nd 144.2	61 Pm (145)	62 Sm 150.4	63 Eu 152.0	64 Gd 157.3	65 Tb 158.9	66 Dy 162.5	67 Ho 164.9	68 Er 167.3	69 Tm 168.9	70 Yb 173.0	71 Lu 175.0
7	90 Th 232.0	91 Pa 231.0	92 U 238.0	93 Np (237)	94 Pu (239)	95 Am (243)	96 Cm (247)	97 Bk (247)	98 Cf (252)	99 Es (252)	100 Fm (257)	101 Md (258)	102 No (259)	103 Lr (262)

□ 金属　□ メタロイド　□ 非金属

4桁の原子量表（2020）（元素の原子量は，質量数12の炭素（¹²C）を12とし，これに対する相対値とする）

元素名		元素記号	原子番号	原子量	元素名		元素記号	原子番号	原子量
アインスタイニウム	einsteinium	Es	99	(252)	テルビウム	terbium	Tb	65	158.9
亜 鉛	zinc	Zn	30	65.38*	テルル	tellurium	Te	52	127.6
アクチニウム	actinium	Ac	89	(227)	銅	copper	Cu	29	63.55
アスタチン	astatine	At	85	(210)	ドブニウム	dubnium	Db	105	(268)
アメリシウム	americium	Am	95	(243)	トリウム	thorium	Th	90	232.0
アルゴン	argon	Ar	18	39.95	ナトリウム	sodium	Na	11	22.99
アルミニウム	alumin(i)um	Al	13	26.98	鉛	lead	Pb	82	207.2
アンチモン	antimony	Sb	51	121.8	ニオブ	niobium	Nb	41	92.91
硫 黄	sulfur	S	16	32.07	ニッケル	nickel	Ni	28	58.69
イッテルビウム	ytterbium	Yb	70	173.0	ニホニウム	nihonium	Nh	113	(278)
イットリウム	yttrium	Y	39	88.91	ネオジム	neodymium	Nd	60	144.2
イリジウム	iridium	Ir	77	192.2	ネオン	neon	Ne	10	20.18
インジウム	indium	In	49	114.8	ネプツニウム	neptunium	Np	93	(237)
ウラン	uranium	U	92	238.0	ノーベリウム	nobelium	No	102	(259)
エルビウム	erbium	Er	68	167.3	バークリウム	berkelium	Bk	97	(247)
塩 素	chlorine	Cl	17	35.45	白 金	platinum	Pt	78	195.1
オガネソン	oganesson	Og	118	(294)	ハッシウム	hassium	Hs	108	(277)
オスミウム	osmium	Os	76	190.2	バナジウム	vanadium	V	23	50.94
カドミウム	cadmium	Cd	48	112.4	ハフニウム	hafnium	Hf	72	178.5
ガドリニウム	gadolinium	Gd	64	157.3	パラジウム	palladium	Pd	46	106.4
カリウム	potassium	K	19	39.10	バリウム	barium	Ba	56	137.3
ガリウム	gallium	Ga	31	69.72	ビスマス	bismuth	Bi	83	209.0
カリホルニウム	californium	Cf	98	(252)	ヒ 素	arsenic	As	33	74.92
カルシウム	calcium	Ca	20	40.08	フェルミウム	fermium	Fm	100	(257)
キセノン	xenon	Xe	54	131.3	フッ 素	fluorine	F	9	19.00
キュリウム	curium	Cm	96	(247)	プラセオジム	praseodymium	Pr	59	140.9
金	gold	Au	79	197.0	フランシウム	francium	Fr	87	(223)
銀	silver	Ag	47	107.9	プルトニウム	plutonium	Pu	94	(239)
クリプトン	krypton	Kr	36	83.80	フレロビウム	flerovium	Fl	114	(289)
クロム	chromium	Cr	24	52.00	プロトアクチニウム	protactinium	Pa	91	231.0
ケイ素	silicon	Si	14	28.09	プロメチウム	promethium	Pm	61	(145)
ゲルマニウム	germanium	Ge	32	72.63	ヘリウム	helium	He	2	4.003
コバルト	cobalt	Co	27	58.93	ベリリウム	beryllium	Be	4	9.012
コペルニシウム	copernicium	Cn	112	(285)	ホウ 素	boron	B	5	10.81
サマリウム	samarium	Sm	62	150.4	ボーリウム	bohrium	Bh	107	(272)
酸 素	oxygen	O	8	16.00	ホルミウム	holmium	Ho	67	164.9
ジスプロシウム	dysprosium	Dy	66	162.5	ポロニウム	polonium	Po	84	(210)
シーボーギウム	seaborgium	Sg	106	(271)	マイトネリウム	meitnerium	Mt	109	(276)
臭 素	bromine	Br	35	79.90	マグネシウム	magnesium	Mg	12	24.31
ジルコニウム	zirconium	Zr	40	91.22	マンガン	manganese	Mn	25	54.94
水 銀	mercury	Hg	80	200.6	メンデレビウム	mendelevium	Md	101	(258)
水 素	hydrogen	H	1	1.008	モスコビウム	moscovium	Mc	115	(289)
スカンジウム	scandium	Sc	21	44.96	モリブデン	molybdenum	Mo	42	95.95
ス ズ	tin	Sn	50	118.7	ユウロピウム	europium	Eu	63	152.0
ストロンチウム	strontium	Sr	38	87.62	ヨウ 素	iodine	I	53	126.9
セシウム	caesium(cesium)	Cs	55	132.9	ラザホージウム	rutherfordium	Rf	104	(267)
セリウム	cerium	Ce	58	140.1	ラジウム	radium	Ra	88	(226)
セレン	selenium	Se	34	78.97	ラドン	radon	Rn	86	(222)
ダームスタチウム	darmstadtium	Ds	110	(281)	ランタン	lanthanum	La	57	138.9
タリウム	thallium	Tl	81	204.4	リチウム	lithium	Li	3	6.941†
タングステン	tungsten(wolfram)	W	74	183.8	リバモリウム	livermorium	Lv	116	(293)
炭 素	carbon	C	6	12.01	リ ン	phosphorus	P	15	30.97
タンタル	tantalum	Ta	73	180.9	ルテチウム	lutetium	Lu	71	175.0
チ タン	titanium	Ti	22	47.87	ルテニウム	ruthenium	Ru	44	101.1
窒 素	nitrogen	N	7	14.01	ルビジウム	rubidium	Rb	37	85.47
ツリウム	thulium	Tm	69	168.9	レニウム	rhenium	Re	75	186.2
テクネチウム	technetium	Tc	43	(99)	レントゲニウム	roentgenium	Rg	111	(280)
鉄	iron	Fe	26	55.85	ロジウム	rhodium	Rh	45	102.9
テネシン	tennessine	Ts	117	(293)	ローレンシウム	lawrencium	Lr	103	(262)

本表は，実用上の便宜を考えて，国際純正・応用化学連合（IUPAC）で承認された最新の原子量に基づき，日本化学会原子量専門委員会が独自に作成した表を改変したものである．本来，同位体存在度の不確定さは，自然に，あるいは人為的に起こりうる変動や実験誤差のために，元素ごとに異なる．したがって，個々の原子量の値は，正確度が保証された有効数字の桁数が大きく異なる．本表の原子量を引用する際には，このことに注意を喚起することが望ましい．なお，本表の原子量の信頼性は有効数字の4桁目で±1以内である．また，安定同位体がなく，天然で特定の同位体組成を示さない元素については，その元素の放射性同位体の質量数の一例を（ ）内に示した．したがって，その値を原子量として扱うことはできない．　＊ 亜鉛に関しては原子量の信頼性は有効数字4桁目で±2である．　† 市販品中のリチウム化合物の原子量は6.938から6.997の幅をもつ．　Ⓒ 2020 日本化学会原子量専門委員会

スミス
基礎化学

Janice Gorzynski Smith 著

村田 滋 訳

東京化学同人

家族に捧ぐ

General, Organic, and Biological
CHEMISTRY
Fourth Edition

Janice Gorzynski Smith

訳者まえがき

　本書は，米国ハワイ大学の Janice Gorzynski Smith による "General, Organic, & Biological Chemistry" 第 4 版のうち，General Chemistry にあたる 1〜10 章の邦訳である．著者の Smith は大学における有機化学の教師として長い経歴をもち，特に "Organic Chemistry"（邦訳『スミス有機化学』）の著者として有名である．彼女の "Organic Chemistry" は，数ある有機化学の教科書のなかでも効果的な図版と簡潔な解説によりとてもわかりやすいとの定評があり，版を重ねている．本書の原著 "General, Organic, & Biological Chemistry" も，その特徴が十分に発揮された内容になっている．

　欧米の学生が化学の基礎を学ぶ際には一般に General Chemistry が教科書に用いられており，日本でも「一般化学」等の表題で多くの邦訳がある．内容は構造論と反応論を中心とする物理化学的なものであり，かなり高度な内容も含まれている．一方で，将来，化学を専門にすることはないものの，化学的な知識が必要な職業につく学生を対象にして，General, Organic, & Biological Chemistry という表題の教科書が多数出版されている．General Chemistry と同程度のボリュームながら，1 年間で化学の基礎から，有機化学と生化学の基本的な内容まで学ぶことができる教科書になっている．邦訳はほとんどないが，日本でも医学系や薬学系の大学生，あるいは医療，看護，栄養，食品などにかかわる大学生や専門学校の学生が，将来の職業に必要な化学を学ぶための教科書に適していると思われる．本書は，Smith による原著を日本の学校で使用しやすいように，「基礎化学」，「有機化学」，「生化学」の 3 分冊に分割したうちの一冊である．

　化学はいうまでもなく，身のまわりの物質の成り立ちや変化を，原子・分子といった微小な粒子の観点から解き明かす学問である．このような化学という学問の本質は日本の教育課程でも重視されてはいるが，高等学校ではどうしても大学入試への対応が優先するため，しっかりと身につけることはむずかしい．本書は化学の基礎をなす化学結合と反応のしくみについて，高等学校では十分に理解できなかった内容を学びなおすために，最適の教科書である．General, Organic, & Biological Chemistry の性質上，本書の内容はいわゆる「一般化学」よりも平易であり，たとえば軌道概念については元素の周期的傾向を理解するために原子軌道を扱うにとどめ，化学反応に伴うエネルギー変化もエンタルピーを用いて論じている．しかし，化学の本質を失うことなく，特に実用的な観点から重要な事項，たとえば化学量論計算や酸塩基反応には多くの紙数が割かれており，「有機化学」と「生化学」を学ぶための基礎として，十分な内容になっている．

　上述のように原著者は教科書を執筆するにあたり "student-friendly" を信条としており，本書にもそれによるいくつかの特徴がみられる．まず，要点を箇条書きにし，色をつけ強調した点がある．大学の教科書というと長い詳細な記述に圧倒される印象があるが，本書はむしろ高等学校の教科書を思わせる体裁であり，学生にとってはかなり学びやすいと思われる．次に，説明する内容に関連した，身近なものや現象を題材とする写真や図を多用したことである．用いられている題材は，本書が対象とする学生の興味を反映して，人体，医療，環境に関するものが多い．たとえば，気体の法則では肺で呼吸が行われるしくみが説明され，また緩衝液では血液の緩衝作用が，透析では腎臓の働きが図とともに解説される．これらの説明によって，学生は特に意識することなく，身近な現象と化学とのかかわりを理解できるであろう．最後に，重要な事項は，問題

を解くことによって理解させる工夫がなされている．「例題」には丁寧な解答がつけられており，それに付随した「練習問題」によって，例題で学んだ内容を確認できるようになっている．さらに「問題」としてやや応用的な問題があり，それを解くことによって理解を深めることができる．訳書で取上げた「練習問題」と「問題」の解答は東京化学同人のホームページに収載したので，学習の際の参考にしていただきたい．

　原著の邦訳を出版するにあたり，上記のような原著の優れた特徴を維持するように心がけた．ただし，教員や学生の使いやすさ，および日本の事情を考慮して，原著におけるいくつかの重複を整理し，写真や図も部分的に割愛した．また，原著では重要な事項について，医療や人体に関する応用がいくつか本文で説明されていたが，それらは基本的にコラムに移動させた．これによって，基礎化学として学習すべき事項がより明確になったものと思う．本書が，多くの学生にとって日常的な現象と化学との関係を理解する機会となり，また医療や健康にかかわる職業に従事する人々の化学的な知識の向上に役立つことを願っている．東京化学同人の橋本純子氏と岩沢康宏氏には，本書の企画から出版に至るまで大変お世話になった．早くから話をいただいていたが，完成が遅くなったのは，ひとえに私の事情によるものである．心からお詫びを申し上げるとともに，お二人の献身的なお仕事に深く感謝の意を表したい．

　　2020 年 10 月

村　田　　滋

原著者まえがき

　この教科書 "General, Organic, & Biological Chemistry" 第4版を執筆した目的は，基礎化学，有機化学，生化学の基礎的な概念を私たちの身のまわりの世界と関係づけ，これによって日常生活の多くのできごとが，化学によってどのように説明できるかを示すことであった．執筆にあたり，次の二つの指針に従った．

- すべての化学の基礎的な概念に対して，関連する興味深い応用を用いる．
- 箇条書き，大きな挿入図，段階的な問題の解法を用いながら，学生にとってなじみやすい方法で題材を提示する．

　この教科書は変わっている．それは意図的なものである．今日の学生は，学習の際にこれまでよりもずっと視覚的なイメージに頼っている．そこで本書では，化学の主要なテーマに対する学生の理解を固めるために，文章よりもダイヤグラムや挿入図を多用した．一つの重要な特徴は，私たちが日常的によく出会う現象を図示し説明するために，分子図を用いたことである．それぞれのトピックスは，少ない情報をもついくつかの内容に分割し，扱いやすく学びやすいようにした．基礎的な概念，たとえばせっけんが汚れを落とすしくみやトランス脂肪酸が食事に好ましくない理由について，学生がそれらに圧倒されることなく理解できるように，十分な詳しい説明を与えた．

　この教科書は，看護学，栄養学，環境科学，食品科学，そのほかさまざまな健康に関連する職業に興味をもつ学生のために書かれたものである．本書は，化学に関する前提のない入門課程を想定したものであり，2学期連続かあるいは1学期の課程に適切な内容となっている．私はこれまでの経験から，これらの課程の多くの学生が，人体とさらに大きな身のまわりの世界について新しい知識を習得するには，新しい概念は一つずつ導入し，基礎的なテーマに焦点を合わせ，また複雑な問題は小さな部分に分割することが有効であることを知っている．

教科書の製作

　教科書を執筆する過程は多面的である．McGraw-Hill 社では，正確で革新的な出版物とデジタル教材を作り上げるため市場志向型の手法をとっている．それは多様な顧客による評価の繰返しと点検によって進められ，継続的な改良がなされている．この手法は，計画の初期段階から始まり，出版とともに，次の版の執筆を見越して再び開始される．この過程は，学生と指導者の両方に対して，教材の改良と刷新のための幅広い包括的な範囲のフィードバックを与えるために計画されている．具体的には，市場調査，内容の再評価，教員と学生によるグループ対話，課程および製品に特化した討論会，正確さの検査，図版の再評価などが行われる．

本書で用いる学習システム

- **文章形式**　学生が基礎化学，有機化学，生化学における主要な概念やテーマの学習に集中できるためには，文体が簡潔でなければならない．概念を説明するために日常生活から関連する題材を取上げ，またトピックスは少ない情報をもついくつかの内容に分割し，学びやすいように

した.

- **章の概要** 各章の内容の構成に関する学生の理解を助けるために, 各章の冒頭に「章の概要」を掲げた.
- **マクロからミクロへの挿入図** 今日の学生は視覚的に学ぶことに慣れており, また巨視的な現象を分子の視点から見ることは, あらゆる化学の課程において化学的な理解のために重要である. このため, 日常のできごとの背景にある化学に対する学生の理解を助けるために, 本書の多くの挿入図には, それらの分子レベルの表記とともに, 日常生活でみられる事物の写真や図を加えた.
- **問題の解法** 例題では, 解答の項によって, 正しい問題の解法につながる思考過程に学生を導いた. 例題には練習問題が付随しており, それによって学生は, そこで学んだ内容を応用することができる. 例題は章の構成に対応して, トピックスによって順に分類した. また, 表題からそれぞれの例題で学ぶべき内容を知ることができる. 章内には他に, 例題と練習問題で学んだ考え方に基づいた問題も収載してある.
- **How To** 例題と多くの詳細な段階を用いることにより, 学生は直接的で理解しやすい方法で問題を解くための重要な過程を学ぶことができる.
- **応用** コラムや欄外図において, 日常生活に対する化学の一般的な応用を取上げた.

教員や学生に対して

教員へ 化学の教科書を執筆することは, 途方もなく大きな仕事である. 25 年以上にわたり, 米国の私立大学の教養学部と大きな州立大学で化学を教えた経験から, 私はこの教科書を執筆するための独特の考え方を得た. 私は学生たちの授業に対する準備の程度が著しく異なり, また彼らの大学生活に対する期待もきわめて異なっていることを知っている. 私は指導者として, あるいはいまや著者として, このようなさまざまな学生が化学という学問をもっとはっきりと理解し, そして日常的な現象に対して新しい見方ができるようなやり方へ, 私の化学に対する愛情と知識を向けようと思う.

学生へ 私は本書が, あなたが化学の世界をもっとよく理解し, そのおもしろさがわかるために役立つことを願っている. 私の教師としての長い経歴における何千という学生とのかかわりは, 化学に関する私の教え方や書き方に大きな影響を与えた. したがって, もし本書に関するコメントや質問があれば, 遠慮なく jgsmith@hawaii.edu へメールを送ってほしい.

謝　辞

　　現代の化学の教科書を出版するには，著者の原稿を現実の出版物にすることができる知識をもった仕事熱心な人々からなるチームが必要である．私は，McGraw-Hill 社のこのような出版の専門家からなる献身的なチームと仕事ができたことをうれしく思っている．

　　特に，製作責任者の Mary Hurley と再び仕事ができたことに感謝している．彼女はタイミングよく，また高いプロ意識をもって，この仕事における日々の細かいことを管理してくれた．彼女はいつも，すべきことは何か，また版が進むとともに早くなってきたと思われる締切を守るにはどうしたらよいか，を知っていた．また，製作過程を手際よく指揮してくれた編集長の David Spurgeon 博士と，企画責任者の Sherry Kane にも感謝したい．本書と学生のための解答集の製作におけるフリーの編集者 John Murdzek の仕事にも感謝している．また私は，初版の製作に協力してくれた多くの助言者や，完成した本に見られる美しい図版の作成を指導してくれた多くの美術校閲者から多大な恩恵を受けた．

　　最後に，本書を出版するまでの長い過程における援助と忍耐に対して，私の家族に感謝したい．救急医療医師である夫の Dan は，本書で用いたいくつかの写真を撮影し，多くの医学的応用に関する相談相手になってくれた．私の娘の Erin は "学生のための学習の手引き/解答集 (Student Study Guide/Solutions Manual)" の共著者であり，元気な息子の養育と救急医療の常勤医師として多忙ななかでそれを執筆してくれた．

査読者

　　次の人々が，本書の以前の版を読み，それについて意見をくれたことはとても有益であった．それは私の考えを集約し，書物の形にするために大いに役立った．

Madeline Adamczeski, *San Jose City College*
Edward Alexander, *San Diego Mesa College*
Julie Bezzerides, *Lewis-Clark State College*
John Blaha, *Columbus State Community College*
Nicholas Burgis, *Eastern Washington University*
Mitchel Cottenoir, *South Plains College*
Anne Distler, *Cuyahoga Community College*
Stacie Eldridge, *Riverside City University*
Daniel Eves, *Southern Utah University*
Fred Omega Garces, *San Diego Miramar College, SDCCD*
Bobbie Grey, *Riverside City College*

Peng Jing, *Indiana University-Fort Wayne University*
Kenneth O'Connor, *Marshall University*
Shadrick Paris, *Ohio University*
Julie Pigza, *Queensborough Community College*
Raymond Sadeghi, *The University of Texas at San Antonio*
Hussein Samha, *Southern Utah University*
Susan T. Thomas, *The University of Texas at San Antonio*
Tracy Thompson, *Alverno College*
James Zubricky, *University of Toledo*

　　本書のための McGraw-Hill 社の LearnSmart[TM] における学習目標を明確にした内容の執筆と査読に協力してくれた Vistamar School の David G. Jones に感謝したい．また，本書第 4 版に伴う補助的な出版物の著者，すなわち教員のための解答集を執筆した米国オハイオ大学の Lauren McMills，パワーポイント資料の著者であるフロリダ州立カレッジ ジャクソンビル校の Harpreet Malhotra，Test Bank を執筆したルイジアナ大学ラファイエット校の Andrea Leonard に多大な謝意を表したい．

著者について

Janice Gorzynski Smith 博士は米国ニューヨーク州スケネクタディで生まれた．ハイスクールで化学に興味をもった彼女は，コーネル大学に進学して化学を専攻し，そこで主席で教養学士の称号を得た．その後，ハーバード大学においてノーベル賞受賞者の E. J. Corey 博士の指導のもとで有機化学の博士号を取得し，さらにそこで 1 年間，米国国立科学財団の博士研究員として過ごした．Corey 研に在籍している間  に，彼女は植物ホルモンであるジベレリン酸の全合成を達成した．

博士研究員として仕事をした後，Smith 博士はマウント・ホリヨーク大学の教員となり，そこで 21 年間勤務した．その間に彼女は，化学の講義と実験授業に意欲的に取組み，有機合成に関する研究プロジェクトを指揮し，また学部長を務めた．彼女の有機化学の授業は，雑誌 Boston による調査において，マウント・ホリヨーク大学の "必ず聴講すべき科目" の一つに選定された．1990 年代に彼女は，2 回の研究休暇をハワイの美しい自然と多様な文化のなかで過ごし，その後 2000 年に家族とともにそこへ移り住んだ．最近，彼女はハワイ大学マノア校の教員に就任し，そこで看護学生のための 1 学期間の有機化学と生化学の授業，および 2 学期間の有機化学の講義と実験授業を教えている．また彼女は，米国化学会の学生加入支部の顧問を務めている．2003 年には，教育への功績により学長表彰を受けた．

Smith 博士は，救急医療医師である夫の Dan とともにハワイに住んでいる．写真は，2016 年に夫と一緒に，パタゴニアにハイキングに行ったときのものである．彼女には 4 人の子供と 5 人の孫がいる．講義や執筆，あるいは家族と楽しく過ごすとき以外は，彼女は晴天のハワイで自転車に乗ったり，ハイキングをしたり，シュノーケルをつけた潜水やスキューバダイビングをし，時間があれば，旅行やハワイアンキルトを楽しんでいる．

目　　次

コ ラ ム

人体に注目 👤

健康と医療に注目 ⚕

環境に注目 🍃

How To

1

物質と測定

触れたり，感じたり，味わったりするものはすべて化学的なもの，すなわち**物質**からできている．したがって，それらの組成や性質を知ることは，身のまわりの世界を正しく理解するためにきわめて重要である．また，物質の性質や変化を調べるためには，**測定**について学ばなければならない．これらのことを背景に，物質と測定の基本的な考え方を学ぶことから化学の学習を始める．

ゴムの木を切ったとき，にじみ出る粘性のある液体をラテックスという．ラテックスは柔らか過ぎてほとんど利用できないが，加硫とよばれる操作により，強くかつ弾力のあるゴムに変換され，タイヤなどに用いられている．

1・1　化学：日常経験する科学

ふつうの学生は1日の間に，どんなことをするだろうか．あなたはおそらく次の行動のうちのいくつかを，あるいはすべてをしているにちがいない．食事をする，コーヒーやコーラを飲む，せっけんを使ってシャワーを浴びる，授業でノートをとる，コンピューターで電子メールを確認する，テレビを見る，自転車や自動車に乗ってアルバイトに行く，頭痛を治すために薬を飲む，友人たちと軽食をとりながら夜のひとときを過ごす．おそらくこれらの行動のすべてにおいて，あなたの生活は知らず知らずのうちに化学とかかわっているのである．それでは，私たちが**化学**とよぶのはどんな学問分野だろうか．

化学 chemistry

- **化学**は物質に関する学問である．化学では物質の組成，性質，および変化を研究する．

物質とは何だろうか．

物質 matter

- **物質**とは，質量をもち，体積を占めるすべてのものをいう．

いいかえれば，化学では，水や塩のような簡単なものから，集合化して人体を形成するタンパク質や炭水化物のような複雑なものまで，私たちが触れたり，感じたり，見たり，においをかいだり，味わったりするあらゆるものを研究する．綿，砂，リンゴ，強心薬となるジゴキシンなど，いくつかの物質は**天然物質**であり，自然界に存在する物質から単離される．一方，ナイロン，発泡スチロール，清涼飲料水の瓶に用いられるプラスチック，鎮痛薬となるイブプロフェンなどは**合成物質**，すなわち，実験

室で化学者によってつくり出された物質である.

　化学者はしばしば,物質が何からできているかを研究するが,別のときには,物質の性質に興味をもつこともある.またあるときには,化学者の興味は,ある物質を他に類がないほど有用な性質をもつ新しい物質へ変換する方法に集中することもある.たとえば,天然に存在するゴムは柔らか過ぎてほとんど利用することができない.これを加硫*によって,弾力性のある物質に変換してさまざまな製品に利用している.

　化学はまさに,日常経験する科学である.セッケンや合成洗剤,新聞,コンパクトディスク (CD),経口避妊薬,鎮痛薬やペニシリンなど,これらはすべて化学によってつくり出されたものである.化学の発展によって,現代における私たちの生活は大きく変わったのである.

* 訳注: 加硫 vulcanization　天然のゴムに硫黄を加えて加熱する操作.

1・2　物質の状態

固体 solid
液体 liquid
気体 gas

物質は三つの共通した状態,すなわち**固体,液体,気体**で存在する.

- **固体**は決まった体積をもち,それを置いた容器とは無関係にその形状を維持する.固体の粒子は密接して存在し,規則正しい三次元的な配列で並んでいる.
- **液体**は決まった体積をもつが,それを入れた容器の形状をとる.液体の粒子は密接して存在するが,それらは互いにすり抜けながら,無秩序に動き回ることができる.
- **気体**は決まった形状も体積ももたない.気体の粒子は無秩序に動き回り,それ自身の大きさよりもきわめて大きい距離だけ互いに離れている.気体は広がって存在し,それを入れたあらゆる容器の体積をみたし,容器の形状をもつとみなされる.

　たとえば,水は氷や雪として固体状態で存在し,液体の水として液体状態で存在し,水蒸気として気体状態で存在する.本書ではしばしば,図1・1のように膨らんだ円を用いて,物質を構成する粒子の組成や状態を表すことにする.この分子図では,粒子の異なる種類を色分けされた球で示し,球の間の距離はその状態,すなわち固体であるか,液体であるか,あるいは気体であるかを表す.

(a) 固体の水　　　　(b) 液体の水　　　　(c) 気体の水

固体の粒子は密接して存在し,非常に秩序よく配列している

液体の粒子は密接して存在するが,固体よりも配列が乱れている

気体の粒子は互いに離れて存在し,無秩序にふるまっている

図1・1　水の三態: 固体,液体,気体. 2個の灰色球がつながった赤色球は,それぞれ一つの水粒子を表している.分子図を見ると,左から右へ,すなわち固体から液体,さらに気体へと進むにつれて,水粒子の秩序化の程度が減少していることがわかる.粒子における色分けや球の正体については2章で述べる.

物質はその**物理的性質**と**化学的性質**によって特徴づけられる.

- **物理的性質**は，物質の組成を変化させることなく，観測や測定できる性質である.

　一般的な物理的性質には，融点（mp），沸点（bp），溶解度，色，においなどがある．物質の組成を変化させることなく，物質を変えることを**物理変化**という．最もふつうの物理変化は**状態変化**，すなわちある状態から別の状態への物質の変換である．角氷が融けて液体の水になることや液体の水が沸騰して水蒸気になることは，物理変化の例である．両方の変化の最初と最後において，物質はいずれも水であることに注意しよう.

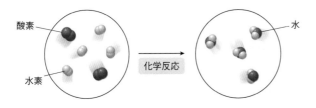

固体の水	液体の水

気体の水
（水蒸気）

- **化学的性質**は，物質がどのように別の物質へと変換されるかを決める性質である.

　化学変化あるいは**化学反応**によって，ある物質は別の物質へと変換される．水素と酸素の水への変換は，その過程の最初と最後では物質の組成が異なるから，化学反応である.

酸素
水素
化学反応
水

1・3 物 質 の 分 類

　すべての物質は，**純物質**あるいは**混合物**のいずれかに分類することができる.

- **純物質**は単一の成分からなり，試料の量や起源によらず，一定の組成をもつ.

　水や砂糖のような純物質は，その物理的性質によって特徴づけることができる．なぜならこれらの性質は，試料によって変化しないからである．純物質はどのような物理変化によっても，別の純物質に分解することはできない.

- **混合物**は複数の物質からなる．混合物の組成は，試料に依存して変化することがある.

　混合物の物理的性質も，試料に依存して変化することがある．混合物は物理変化によって，その成分に分離することができる．たとえば，水に砂糖を溶かすと混合物ができるが，その甘さは加えた砂糖の量に依存する．もしその混合物から水を蒸発させることができれば，純粋な砂糖と純粋な水が得られる.

物理的性質 physical property
化学的性質 chemical property

物理変化 physical change
状態変化 change in state

物理変化については，7章で詳しく学ぶ.

化学変化 chemical change
化学反応 chemical reaction
化学反応については5章と6章で述べる.

問題 1・1 　次の過程は，物理変化あるいは化学変化のどちらか.
(a) 角氷の作製
(b) 天然ガスの燃焼
(c) 銀の宝飾品の変色

純物質 pure substance
混合物 mixture

純物質

混合物

砂糖　　　　　　　　　　　　　　水　　　　　　　　　　水に溶解した砂糖

　　図1・2に示すように，混合物は固体，液体，気体のいずれからも形成される．空気にはおもに酸素ガスと窒素ガスが含まれる．食塩水は液体の水に溶かした固体の塩化ナトリウム（食塩）からなる．

図 1・2　**混合物の例.**（a）2 種類の気体.（b）固体と液体

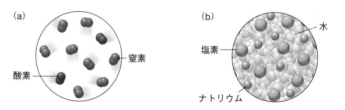

単体 simple substance

化合物 compound

元素 element

元素については，§2・1 で詳しく学ぶ.

純物質は**単体**と**化合物**のいずれかに分類される.

- **単体**は，1 種類の**元素**からできている純物質であり，化学反応によってそれ以上簡単な物質に分解することができない.
- **化合物**は，2 種類以上の元素を化学的に結合する（つなぎ合わせる）ことによって生成する純物質である.

図 1・3　**単体と化合物.** アルミホイルと窒素ガスは単体である．単体は 1 種類の元素からできているので，単体の分子図は一つの色の球だけで示される．すなわち，アルミニウムは灰色球で示される固体であり，窒素は青色球で示される気体である．一方，水と食塩は化合物である．分子図に用いた球の色分けから，水が 2 種類の元素，すなわち灰色球の水素と赤色球の酸素からなることがわかる．同様に，塩化ナトリウムもまた，2 種類の元素，灰色球のナトリウムと緑色球の塩素から形成されることがわかる.

(a) アルミホイル　　(b) 窒素ガス　　(c) 水　　(d) 食塩

アルミニウム　　　　窒素　　　　水素　酸素　　　塩素　ナトリウム

　アルミホイル，窒素ガス，銅線はすべて単体である．水は水素と酸素の2種類の元素からできているので，化合物である．塩化ナトリウム（食塩）もナトリウムと塩素の2種類の元素から生成するので，化合物である（図1・3）．現在知られている元素は118種類だけであるが，5000万種類を超える化合物が自然界に存在し，あるいは実験室で合成されている．分類された物質の種類を図1・4にまとめた．

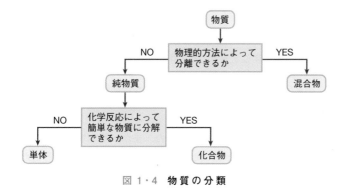

図 1・4　物質の分類

元素を五十音順に並べた一覧表は，本書の前見返しに掲載してある．一般に，元素は体系化されて周期表とよばれる表にまとめられており，それも見返しに掲載してある．周期表については§2・4で詳しく説明する．

単体と化合物については，2章でもっと多くを学ぶ．

問題 1・2　次の物質を，純物質あるいは混合物に分類せよ．
(a) 血液　(b) 海水　(c) 木片
(d) 一塊の氷

例題 1・1　分子図を用いて単体と化合物を区別する

次の分子図は，単体あるいは化合物か．

(a)

(b)

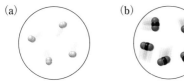

解答　(a)は灰色の球だけからなるので，単体である．
(b)は赤色と黒色の球からなるので，化合物である．

練習問題 1・1　(a) 次の分子図のうち，単体を表しているものはどれか．(b) 化合物と単体の混合物を表しているものはどれか．(c) 2種類の化合物の混合物を表しているものはどれか．

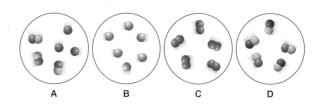

A　　B　　C　　D

1・4　測　　定

　体重計で体重を確認したり，レシピの材料を秤量したり，二つの場所がどのくらい離れているかを算出するときにはいつも，量の測定を行っている．

• すべての測定値は数値と単位からなる．

測定は，体重，血圧，脈拍，体温を用いて患者の経過を記録する仕事に従事している医療技術者にとって，日常の作業である．

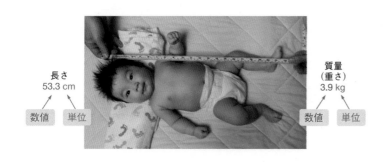

長さ 53.3 cm　数値　単位
質量（重さ）3.9 kg　数値　単位

測定した数値を報告する際には，数値に単位がなければ意味をもたない．

1・4A　メートル法

科学者や医療技術者，およびほとんどの国の人は，長さに対して m（メートル），質量に対して g（グラム），体積に対して L（リットル）などの単位をもつ**メートル法**を用いている．本書では，ほとんどの測定値はメートル法を用いて表記する．メートル法の重要な特徴は以下のとおりである．

> * それぞれの量には基本単位がある．長さはメートル（m），質量はグラム（g），体積はリットル（L），時間は秒（s）である．
> * 他のすべての単位は 10 のべき乗によって基本単位に関係づけられる．
> * 単位名の接頭語は，その単位が基本単位よりも大きいか，あるいは小さいかを示す．

メートル法の基本単位を表1・1にまとめた．また，基本単位をより大きいあるいはより小さい単位に変換するための代表的な接頭語を表1・2にまとめた．すべての測定に対して同じ接頭語が用いられる．たとえば，接頭語の k（キロ）は 1000 倍大きいことを意味する．

$$1 \text{キロメートル} = 1000 \text{メートル} \quad \text{すなわち} \quad 1\,\text{km} = 1000\,\text{m}$$
$$1 \text{キログラム} = 1000 \text{グラム} \quad \text{すなわち} \quad 1\,\text{kg} = 1000\,\text{g}$$
$$1 \text{キロリットル} = 1000 \text{リットル} \quad \text{すなわち} \quad 1\,\text{kL} = 1000\,\text{L}$$

接頭語の m（ミリ）は 1000 分の 1（1/1000，0.001）の大きさを意味する．

$$1 \text{ミリメートル} = 0.001 \text{メートル} \quad \text{すなわち} \quad 1\,\text{mm} = 0.001\,\text{m}$$
$$1 \text{ミリグラム} = 0.001 \text{グラム} \quad \text{すなわち} \quad 1\,\text{mg} = 0.001\,\text{g}$$
$$1 \text{ミリリットル} = 0.001 \text{リットル} \quad \text{すなわち} \quad 1\,\text{mL} = 0.001\,\text{L}$$

メートル法 metric system

米国では，ほとんどの測定は mi（マイル），gal（ガロン），lb（ポンド）などを用いる**英国単位系**（English system）によって行われる．この単位系の不利な点は，単位が互いに体系的に関連していないため換算に記憶が必要なことである．たとえば，1 lb = 16 oz（オンス），1 gal = 4 qt（クオート），1 mi = 5280 ft（フィート）の関係がある．

1960 年に，科学者のための統一的な単位系として，**国際単位系**（International System of Units）が制定された．それは **SI 単位**（SI unit）とよばれ，メートル法を基本としたものであるが，いくつかはメートル法単位の使用が推奨されている．SI はフランス語の Système Internationale を表している．

表 1・1　メートル法の単位

量	基本単位	記号
長さ	メートル	m
質量	グラム	g
体積	リットル	L
時間	秒	s

メートル法で用いる記号は，単位 L，接頭語 M と G を除いてすべて小文字である．L（リットル）は数字の 1 と区別するために大文字が用いられている．M（メガ）は接頭語 m（ミリ）と，また G（ギガ）は略語の g（グラム）と区別するために大文字が用いられている．

表 1・2　メートル法でよく用いる接頭語

接頭語	記号	意　味	数値	指数表記法[†1]
ギガ	G	10 億	1000000000	10^9
メガ	M	100 万	1000000	10^6
キロ	k	1000	1000	10^3
デシ	d	10 分の 1	0.1	10^{-1}
センチ	c	100 分の 1	0.01	10^{-2}
ミリ	m	1000 分の 1	0.001	10^{-3}
マイクロ	μ[†2]	100 万分の 1	0.000001	10^{-6}
ナノ	n	10 億分の 1	0.000000001	10^{-9}

†1　指数表記法を用いた数値の表し方は§1・6で説明する．
†2　記号 μ はギリシャ文字の小文字ミューである．

例題 1・2　測定値をメートル法で表す

次の量をメートル法の接頭語を用いた単位で表記せよ．
(a) 1000 秒　　(b) 100 万分の 1 グラム
解答 (a) 接頭語の k（キロ）は 1000 倍の大きさを表す．したがって，1000 秒 = 1 ks（キロ秒）．
(b) 接頭語の μ（マイクロ）は 100 万分の 1（0.000001）の大きさを表す．したがって，0.000001 グラム = 1 μg（マイクロ

グラム）．

練習問題 1・2　次の量をメートル法の接頭語を用いた単位で表記せよ．
(a) 100 万リットル　　(b) 1000 分の 1 秒
(c) 100 分の 1 グラム　　(d) 10 分の 1 リットル

1・4B　長さの測定

　メートル法の長さの基本単位は**メートル**（m）である．メートルに由来する三つの最も一般的な単位は，キロメートル（km），センチメートル（cm），ミリメートル（mm）である．

$$1000 \text{ m} = 1 \text{ km}$$
$$1 \text{ m} = 100 \text{ cm} = 1000 \text{ mm}$$

メートル meter，記号 m

これらの値が，表 1・2 の値とどのように関係しているかに注意しよう．1 cm は 1 m の 100 分の 1（0.01 m）であるから，1 m は 100 cm である．

1・4C　質量の測定

　質量と**重さ**はしばしば相互に交換できる用語として用いられるが，実際には異なった意味をもっている．

質量 mass

重さ weight

- **質量**は物体に含まれる物質の量の尺度である．
- **重さ**は重力により物体が感じる力である．

　物体の質量はその位置に無関係である．一方，物体の重さは地球上の位置によって微妙に変化し，もし物体が地球から，重力による引力が地球のわずか 6 分の 1 である月へ移動すると，重さは大幅に変化する．しばしば，物体の重さをはかるというが，実際には質量を測定しているのである．

　メートル法における質量の基本単位は**グラム**（g）である．グラムに由来する最も一般的な単位は，キログラム（kg）とミリグラム（mg）である．

$$1000 \text{ g} = 1 \text{ kg}$$
$$1 \text{ g} = 1000 \text{ mg}$$

グラム gram，記号 g

1・4D　体積の測定

　メートル法における体積の基本単位は，**リットル**（L）である．1 L は 1 辺が 10 cm の立方体の体積として定義される．

リットル liter，記号 L

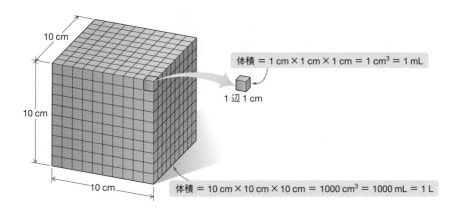

体積 ＝ 1 cm × 1 cm × 1 cm ＝ 1 cm³ ＝ 1 mL

1 辺 1 cm

体積 ＝ 10 cm × 10 cm × 10 cm ＝ 1000 cm³ ＝ 1000 mL ＝ 1 L

単位 cm と cm³ の違いに注意しよう．cm（センチメートル）は長さの単位であり，cm³（立方センチメートル）は体積の単位である．

　医療や実験室の研究で用いられるリットルに由来する三つの一般的な単位は，デシリットル（dL），ミリリットル（mL），マイクロリットル（μL）である．1 mL は 1 cm³（立方センチメートル）と同じである．1 cm³ は 1 cc と略記される．

$$1 \text{ L} = 10 \text{ dL} = 1000 \text{ mL} = 1{,}000{,}000 \text{ μL}$$
$$1 \text{ mL} = 1 \text{ cm}^3 = 1 \text{ cc}$$

表1・3に長さ，質量，体積の一般的なメートル法単位をまとめた．

表 1・3 長さ，質量，体積に関する一般的なメートル法単位

長さ	質量	体積
1 km = 1000 m	1 kg = 1000 g	1 L = 10 dL
1 m = 100 cm	1 g = 1000 mg	1 L = 1000 mL
1 m = 1000 mm	1 mg = 1000 µg	1 L = 1,000,000 µL
1 cm = 10 mm		1 dL = 100 mL
		1 mL = 1 cm³ = 1 cc

1・5 有 効 数 字

化学で用いられる数値は厳密であるか，厳密ではないかのどちらかである．

- 物体を数えることに由来する数値や，定義の一部である数値は厳密な数値である．
- 測定や観測に由来する数値は厳密ではない数値であり，それにはいくらかの不確かさが含まれる．

ある量を測定するときにはいつでも，その結果にある程度の不確かさが伴う．最後の数字（最も右側にある数字）は推定であり，それはその数値を得るために用いた測定機器の種類に依存する．たとえば，大きな魚を釣り，その長さを測定した場合，その数値は用いる巻き尺によって 53 cm であるかもしれないし，53.5 cm であるかもしれない．

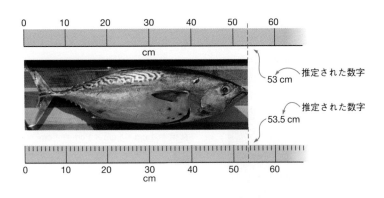

容器に 71 個のマカダミアナッツが入っており，その重さは 125 g である．ナッツの個数 71 個は厳密な数値であり，ナッツの質量 125 g は厳密ではない数値である．

- 有効数字は測定で得られた数値のすべての桁の数字であり，一つの推定された数字を含んでいる．

上記の例では，長さ 53 cm の有効数字は 2 桁であり，長さ 53.5 cm の有効数字は 3 桁である．

1・5A 有効数字の桁数の決定

ある数値の有効数字を決めるにはどうしたらよいだろうか．

- ゼロでないすべての数字は常に有効数字である．

有効数字 significant figure

65.2 g	有効数字 3 桁
1265 m	有効数字 4 桁
25 µL	有効数字 2 桁
255.345 g	有効数字 6 桁

ゼロが有効数字として数えられるかどうかは，その数値におけるゼロの位置に依存する．

ゼロが有効数字となる場合を決定する規則

規則 [1]　ゼロの位置が次の場合には，ゼロは有効数字として数える．
- 二つのゼロでない数字の間　　29.05 g　　有効数字 4 桁
　　　　　　　　　　　　　　　1.0087 mL　有効数字 5 桁
- 小数点をもつ数値の末尾　　　25.70 cm　有効数字 4 桁
　　　　　　　　　　　　　　　3.7500 g　　有効数字 5 桁
　　　　　　　　　　　　　　　620. μg　　 有効数字 3 桁

規則 [2]　ゼロの位置が次の場合には，ゼロは有効数字として数えない．
- 数値の最初　　0.0245 mg　有効数字 3 桁
　　　　　　　　0.008 mL　　有効数字 1 桁
- 小数点をもたない数値の末尾　　2570 m　　　有効数字 3 桁
　　　　　　　　　　　　　　　　1,245,500 m　有効数字 5 桁

小数点をもつ数値を左から右へと読むとき，最初のゼロでない数字から始めてすべての桁が有効数字である．たとえば，数値 0.003450120 は赤字で示したとおり，7 桁の有効数字をもつ．

例題 1・3　有効数字の桁数を決定する

次の数の有効数字は何桁か．
(a) 34.08　　(b) 0.0054　　(c) 260.00　　(d) 260

解答　有効数字は赤字で示されている．
(a) 34.08（4 桁）　　(b) 0.0054（2 桁）　　(c) 260.00（5 桁）　　(d) 260（2 桁）

練習問題 1・3　次の数値の有効数字は何桁か．
(a) 23.45　　(b) 230　　(c) 231.0　　(d) 0.00360　　(e) 1,245,006　　(f) 10,040.

1・5B　掛け算と割り算における有効数字の取扱い

有効数字の桁数が異なる数値の計算をしなければならないことがある．計算結果の有効数字の桁数は，数学的な計算の種類，すなわち掛け算（および割り算）であるか，あるいは足し算（および引き算）であるかに依存する．

- 掛け算と割り算では，計算結果は，最小の有効数字の桁数をもつもとの数値と同じ有効数字の桁数をもつ．

たとえば，自動車で 5.5 時間に 449.5 km を運転したとき，1 時間当たり何 km 移動したかを計算したいとしよう．電卓にこれらの数値を入れると，次の結果が得られるだろう．

$$\text{km 毎時} = \frac{449.5 \text{ km}}{5.5 \text{ 時間}} = 81.727272 \text{ km 毎時}$$

有効数字 4 桁 ／ 有効数字 2 桁 ／ 答の有効数字は 2 桁だけである

この問題の答の有効数字はわずかに 2 桁である．なぜなら，もとの数のうちの一つ（5.5 時間）が 2 桁の有効数字しかもたないからである．適切な形で答を書くために，計算結果を四捨五入し，2 桁だけの有効数字をもつ答を得なければならない．数値の四捨五入は，次の二つの規則に従って行われる．

- 四捨五入により残る桁に続く数字の最初が 4 以下であれば，その数字とそれに続く数字をすべて消去する．
- 四捨五入により残る桁に続く数字の最初が 5 以上であれば，残る桁の最後の数字に 1 を加えて切り上げを行う．

この問題では，

これらの数字は
残される

消去される最初の数字

81.727272

これらの数字は
消去される

・消去される最初の数字が 7（5 以上）であるから，その左の数字に 1 を加える
・答の 81.727272 は 2 桁に四捨五入され，82 km 毎時となる

表 1・4 四捨五入

もとの数	桁数	四捨五入した数
61.2537	2 桁	61
61.2537	3 桁	61.3
61.2537	4 桁	61.25
61.2537	5 桁	61.254

数値の四捨五入に関する別の例を表1・4に示す．

電卓を用いて計算を行うと，有効数字よりも多い桁数の数値が表示される場合があり，また少ない桁数の数値が表示される場合もある．たとえば，23.2 に 1.1 を掛けると，電卓は答として 25.52 を表示する．しかし，数値 1.1 は 2 桁の有効数字しかないので，答の有効数字もわずか 2 桁となる．したがって，答は四捨五入により 26 としなければならない．

$$23.2 \quad \times \quad 1.1 \quad = \quad 25.52 \quad \xrightarrow{\text{四捨五入}} \quad 26$$
有効数字 3 桁   有効数字 2 桁   電卓の表示   有効数字 2 桁

対照的に，25.0 を 0.50 で割ると，電卓は答として，1 桁の有効数字しかもたない数値 50 を表示する．しかし，0.50 は 2 桁の有効数字をもつので，答の有効数字は 2 桁でなければならない．これは 50 に小数点をつけて 50. とすることにより表すことができる*．

$$25.0 \quad \times \quad 0.50 \quad = \quad 50 \quad \xrightarrow{\text{小数点を加える}} \quad 50.$$
有効数字 3 桁   有効数字 2 桁   電卓の表示   有効数字 2 桁

* 訳注: 日本ではこの表記法は一般的ではないため，これ以降本書では用いない．なお，有効数字を明確に表すためには，指数表記法が用いられる．たとえば，50 の有効数字が 2 桁であることを示すには，5.0×10 と表記すればよい．

例題 1・4 掛け算と割り算において有効数字を決める

次の計算をせよ．解答は適切な桁数をもつ有効数字を用いて示せ．

(a) 3.81×0.046 (b) $120.085 \div 106$

解答

(a) $3.81 \times 0.046 = 0.1753$

- 0.046 の有効数字は 2 桁だけなので，解答は四捨五入により有効数字 2 桁としなければならない．

0.1753 この数字が 5（5 以上）であるから，その左の数字 7 に 1 を加える

答 0.18

(b) $120.085 \div 106 = 1.13287736$

- 106 の有効数字は 3 桁なので，解答は四捨五入により有効数字 3 桁としなければならない．

1.13287736 この数字が 2（4 以下）であるから，その数字とその右にある数字をすべて消去する

答 1.13

練習問題 1・4 次の計算をせよ．解答は適切な桁数をもつ有効数字を用いて示せ．

(a) 10.70×3.5 (b) $1300 \div 41.2$

1・5C 足し算と引き算における有効数字の取扱い

足し算と引き算では，有効数字の最後の桁の小数位が，答の有効数字の桁数を決定

する．

- 足し算と引き算では，計算結果は，小数位の数の最も少ないもとの数値と同じ数の小数位をもつ．

　誕生時に 3.6 kg であった赤ちゃんの体重が，最初の誕生日には 10.11 kg であったとしよう．1 年で赤ちゃんはどのくらいの体重を得たかを計算するには，これら二つの数値の引き算を行い，適切な桁数をもつ有効数字を用いて答を得ればよい．

1 歳の体重　10.11 kg　　　　　　10.11 kg　← 小数点の後に数字が二つ

誕生時の体重　3.6 kg　　　　　　−3.6 kg　← 小数点の後に数字が一つ

体重の増加　6.51 kg

最後の有効数字

- 答は小数点の後にただ一つの数字をもつ
- 6.51 を 6.5 に四捨五入する
- 赤ちゃんは生まれた最初の年に 6.5 kg を得た

　3.6 kg は小数点の後にただ一つの有効数字しかないので，答もまた，小数点の後にただ一つの有効数字をもつことになる．

問題 1・3　次の計算をせよ．解答は適切な桁数をもつ有効数字を用いて示せ．
(a) 27.8 cm + 0.246 cm
(b) 54.6 mg − 25 mg

1・6　指数表記法

　医療技術者や科学者はしばしば，きわめて大きな，あるいはきわめて小さな数値を扱わなければならないことがある．たとえば，健康な大人の血小板の総数は血液 1 mL 当たり 250,000,000 個ほどである．もう一方の極端な例として，妊娠中の女性のエストリオールの濃度は，血漿 1 mL 当たり 0.000000250 g 程度である．

　多くの先行ゼロ（先頭に置かれるゼロ）や後置ゼロ（末尾に置かれるゼロ）をもつ数を書き表すために，科学者は**指数表記法**を用いる．

エストリオールは胎盤から分泌される女性ホルモンであり，その濃度は胎児の健康の尺度として用いられる．

指数表記法 scientific notation

- 指数表記法では $y \times 10^x$ と書く．
- y を係数といい，1 と 10 の間の数である．
- x を指数といい，正あるいは負の整数をとることができる．

　まず，10^2 や 10^5 のような正の指数をもつ 10 のべき乗が何を意味するのかを思い出そう．これらは 1 より大きい数を表しており，正の指数は，数字 1 の後に書かれるべきゼロの数を示している．たとえば，$10^2 = 100$ であり，数字 1 の後に二つのゼロをもつ数である．

積は二つのゼロをもつ
$$10^2 = 10 \times 10 = 100$$
指数 2 は "二つの 10 を掛ける" ことを意味する

積は五つのゼロをもつ
$$10^5 = 10 \times 10 \times 10 \times 10 \times 10 = 100,000$$
指数 5 は "五つの 10 を掛ける" ことを意味する

　10^{-3} のような負の指数をもつ 10 のべき乗は，1 より小さい数を表している．この場合には，指数は，小数点の右側に置かれる位の数を示している．

答は小数点の右に，数字 1 を含めて三つの位をもつ
$$10^{-3} = \frac{1}{10 \times 10 \times 10} = 0.001$$
指数 −3 は "三つの 10 で割る" ことを意味する

指数表記法を用いて数値を表すには，次の段階的方法に従う．

How To 標準形式で書かれた数値を指数表記法へ変換する方法

例 次の数値を指数表記法で表せ．
(a) 2500 (b) 0.036

段階 1 小数点を動かし，1 と 10 の間の数を得る．
(a) 2500 小数点を左側へ三つの位だけ動かし，
2.5 を得る．
(b) 0.036 小数点を右側へ二つの位だけ動かし，
3.6 を得る．

段階 2 その数に 10^x を掛ける．ここで x は小数点が移動した位の数である．

• 小数点が左側へ移動した場合は，x は正となる．
• 小数点が右側へ移動した場合は，x は負となる．

(a) 小数点は左側へ三つの位だけ移動したので，指数は $+3$ となり，係数に 10^3 を掛ける．
$$2500 = 2.5 \times 10^3$$
(b) 小数点は右側へ二つの位だけ移動したので，指数は -2 となり，係数に 10^{-2} を掛ける．
$$0.036 = 3.6 \times 10^{-2}$$

問題 1・4 定期健診の検査結果から，ある人の血液中の鉄濃度は血液 1 dL 当たり 0.000098 g であり，正常範囲にあることがわかった．この数値を指数表記法に変換せよ．

指数表記法の係数における有効数字の桁数は，もとの数値の有効数字の桁数に等しくなければならないことに注意しよう．たとえば，2500 と 0.036 を指数表記法で表すとき，どちらも係数は有効数字 2 桁であるので，それ以上の数字を書く必要はない．

$$2500 = 2.5 \times 10^3 \quad は \quad 2.50 \times 10^3 （有効数字 3 桁）ではない$$
$$は \quad 2.500 \times 10^3 （有効数字 4 桁）ではない$$

有効数字 2 桁

指数表記法で表された数値を標準形式に変換するには，How To に示した方法を逆に行えばよい．数値を表記するためにしばしば，先行ゼロや後置ゼロを加えることが必要となる場合もある．

• 指数 x が正のとき，小数点を x 個の位だけ右側へ移動させる．

$$2.800 \times 10^2 \quad 2.800 \quad ---\!\!\rightarrow \quad 280.0$$

小数点を右側に二つの位だけ動かす

問題 1・5 次の指数表記法で表された数値を標準形式へ変換せよ．
(a) 6.5×10^3 (b) 3.26×10^{-5}

• 指数 x が負のとき，小数点を x 個の位だけ右側へ移動させる．

$$2.80 \times 10^{-2} \quad 002.80 \quad ---\!\!\rightarrow \quad 0.0280$$

小数点を左側に二つの位だけ動かす

1・7 変換因子を用いる問題の解法

しばしばある単位で記録された測定結果を，別の単位へ変換しなければならないことがある．たとえば，ある患者の体重が 130 lb（ポンド）と記録されているとき，薬剤投与量を計算するためには，彼の体重を kg 単位で知る必要がある．

1・7A 変換因子

変換因子 conversion factor

ある単位を別の単位に変換するためには，一つあるいは複数の**変換因子**を用いる．

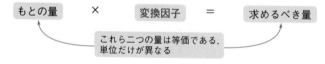

もとの量 × 変換因子 = 求めるべき量

これら二つの量は等価である．単位だけが異なる

- **変換因子**は，ある単位で示された量を別の単位の量へと変換するための項である．

　変換因子は，たとえば 2.20 lb ＝ 1 kg のような等価性を用いて，それを比の形で書くことによってつくられる．変換因子は常に二つの異なる方法で表すことができる．

ポンドとキログラムの変換因子　　$\dfrac{2.20\ \text{lb}}{1\ \text{kg}}$　あるいは　$\dfrac{1\ \text{kg}}{2.20\ \text{lb}}$　分子
　　　　　　　　　　　　　　　　　　　　　　　　　　　　　　　　　　分母

　ポンド lb とキログラム kg の例では，これらの数値のどちらも横線（括線）の上側（**分子**）あるいは下側（**分母**）に書くことができる．どちらの変換因子を用いるかは，問題に依存する．

分子 numerator
分母 denominator

1・7B　変換因子を用いる問題の解法
　変換因子を用いて問題を解くとき，もしある単位が一つの項の分子と別の項の分母に現れれば，その単位を消去することができる．問題を整理する際の目標は，すべての不必要な単位を確実に消去することである．
　単位を扱う問題が複雑になるときには，次の一般的な段階的方法を覚えておくとよい．これは変換因子を用いるあらゆる問題を解くときに有用である．

How To　変換因子を用いる問題の解き方

例　アスピリンの1錠は 325 mg である．1錠に含まれているアスピリンは何 g か．

段階 1　単位を含めて，もとの量と求めるべき量を明確にする．

325 mg　　　　　　　　？ g
もとの量　　　　　　　求めるべき量

段階 2　問題を解くために必要となる変換因子を書き出す．
- この問題では，mg と g を関係づける変換因子が必要である（表1・3）．不必要な単位は mg なので，その単位が消去されるように mg を分母にもつ変換因子を選択する．

可能性のある二つの変換因子

$\dfrac{1000\ \text{mg}}{1\ \text{g}}$ あるいは $\boxed{\dfrac{1\ \text{g}}{1000\ \text{mg}}}$ 　不必要な単位 mg を消去するためにこの変換因子を選択する

- 求めるべき解答が単一の単位（この場合 g）をもつ場合には，変換因子は必要な単位を分子に，また不必要な単位を分母にもつものでなければならない．

段階 3　問題を整理し，解答を得る．
- もとの量と変換因子を掛け合わせ，求めるべき量を得る．

変換因子

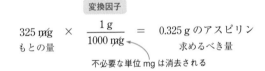

$325\ \text{mg} \times \dfrac{1\ \text{g}}{1000\ \text{mg}} = 0.325\ \text{g}$ のアスピリン
もとの量　　　　　　　　　　　　　求めるべき量

不必要な単位 mg は消去される

段階 4　適切な有効数字の桁数を用いて解答を書く．得られた解答が正しいかどうか，推定によって確認する．
- それぞれの厳密ではない（測定された）数値の有効数字の桁数を用いて，解答の有効数字の桁数を決定する．この例の場合には，もとの量（325 mg）の有効数字の桁数から，解答の有効数字は3桁となる．
- さまざまな方法を用いて，得られた解答が正しいかどうか推定する．この例の場合，解答は 325 をそれ自身よりも大きい数で割ることによって得られるので，1 より小さい値でなければならないことがわかる．

　いくつかの問題では，求めるべき単位をもつ解答を得るために，複数の変換因子を用いる必要がある．必要な変換因子の数にかかわらず，同じ段階的方法に従って解答することができる．次の事項を覚えておくとよい．

- 必ず一つの項の分母が前にある項の分子を消去するように，変換因子を並べること．

　例題1・5で二つの変換因子を用いる問題を解いてみよう．

患者にある薬剤 1.25 g が処方された．この薬剤は 1 錠 250 mg の錠剤として入手できる．患者には何錠を投与したらよいか．

解答

[1]　もとの量と求めるべき量を明確にする．

• この問題では，必要な薬剤の g 単位の質量を，投与すべき錠剤の個数に変換しなければならない．

1.25 g　　　　　　　　? 錠

もとの量　　　　　　　求めるべき量

[2]　変換因子を書き出す．

• g と錠剤の個数を直接関係づける変換因子はないが，g と mg，および mg と錠剤の個数を関係づける変換因子はわかっている．

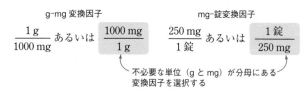

[3]　解答を得る．

• 一つの項の分子にある単位が，隣接する項の分母にある単位を消去するように，それぞれの項を配置する．この問題では g と mg の両方を消去して，錠剤の個数を得る必要がある．

• 単一の求めるべき単位である錠剤の個数が，一つの項の分子になければならない．

$$1.25\,g \times \frac{1000\,mg}{1\,g} \times \frac{1\,\text{錠}}{250\,mg} = 5\,\text{錠}$$

錠は消去されない
グラムは消去される　　ミリグラムは消去される

[4]　解答を確認する．

• 薬剤の 5 錠（0.5 や 50 ではなく）という解答は合理的である．1 錠で投与される量（250 mg）は 1 g よりも少なく，必要な投与量は 1 g 以上なので，解答は 1 よりも大きくなるはずである．

練習問題 1・5　ある患者が 1 錠 25 μg の錠剤として入手できる薬剤 0.100 mg を処方された．必要な薬剤は何錠か．

1・8 温　　度

温度 temperature

ファーレンハイト温度 Fahrenheit temperature

セルシウス温度 Celsius temperature

ケルビン温度 Kelvin temperature

度 degree, ℃

ファーレンハイト温度目盛では，水の融点と沸点はそれぞれ 32 °F，212 °F である．ファーレンハイト温度 T_F をセルシウス温度 T_C に変換するためには，次の式を用いる．

$$T_C = \frac{T_F - 32}{1.8}$$

温度は物体がどのくらい熱いか，あるいは冷たいかの尺度である．三つの温度目盛が用いられている．米国で最も一般的に用いられるファーレンハイト温度，科学者と米国以外の国で最も一般的に用いられるセルシウス温度およびケルビン温度である（図 1・5）．本書ではセルシウス温度目盛とケルビン温度目盛を用いる．

セルシウス温度目盛では，等間隔につけられた目盛として度が用いられる．セルシウス温度目盛では，水の融点と沸点はそれぞれ 0 ℃，100 ℃ である．一方，ケルビン温度目盛では，度ではなくケルビン（K）が用いられる．ケルビン温度目盛とセルシウス温度目盛の唯一の違いはゼロ点であり，温度 −273 ℃ が 0 K に相当する．ケルビ

図 1・5　ファーレンハイト温度，セルシウス温度，ケルビン温度の比較．水の沸点と融点の間隔はファーレンハイト温度目盛では 180 度であるが，セルシウス温度目盛では 100 度しかない．したがって，1 ファーレンハイト度と 1 セルシウス度では大きさが異なっている．ケルビン温度目盛では，等間隔につけられた目盛として度ではなく，ケルビン（K）が用いられる．水の沸点と融点の間隔は 100 K であるから，1 K は 1 セルシウス度と同じ大きさである．

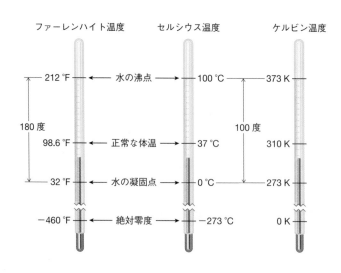

ン温度目盛のゼロ点は**絶対零度**とよばれ，到達できる最低の温度である*．温度の数値をセルシウス温度からケルビン温度に変換する，あるいはその逆を行うためには，次の二つの式を用いる．ここで T_K はケルビン温度を表す．

絶対零度 absolute zero

*訳注: 絶対零度は厳密には −273.15 ℃である．

セルシウス温度からケルビン温度への変換

$$T_K = T_C + 273$$

ケルビン温度からセルシウス温度への変換

$$T_C = T_K - 273$$

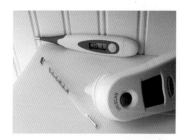

長年にわたり，病院における体温測定には水銀温度計が用いられてきたが，現在では一般に，デジタル温度計が使われている．耳内に置いた赤外線感知器を用いる鼓膜温度計も，日常的に用いられている．

密度 density
比重 specific gravity

1・9　密度と比重

物質を特徴づけるために用いられる補助的な量として，**密度**と**比重**がある．

1・9A　密度

密度は，物質の質量をその体積と関連づける物理的性質である．密度は体積（mL あるいは cm³ 単位）に対する質量（g 単位）の比で表される．

$$密度 = \frac{質量(g)}{体積(mL \text{ あるいは } cm^3)}$$

物質の密度は温度に依存する．ほとんどの物質では，密度は液体状態よりも固体状態のほうが大きく，温度の上昇に伴って密度は減少する．この現象が起こるのは，一般に，物質の試料の体積は温度の上昇とともに増大するが，質量はいつも一定であるためである．

水はこの一般的傾向の例外である．固体の水，すなわち氷は液体の水よりも密度が小さい．さらに，0℃から4℃では，温度の上昇とともに水の密度は増大する．約4℃を超えると，水は他の液体と同じようにふるまい，その密度は温度の上昇とともに減少する．このため，水は4℃において，最大密度 1.00 g/mL を示す．いくつかの代表的な物質の密度を表1・5に示した．

表 1・5　代表的な物質の密度(25 ℃)

物質	密度(g/mL)	物質	密度(g/mL)
酸素(0 ℃)	0.00143	尿	1.003〜1.030
ガソリン	0.66	血漿	1.03
氷(0 ℃)	0.92	砂糖	1.59
水(4 ℃)	1.00	骨	1.80

物質が液体に浮くか，あるいは沈むかを決定するのは，物質の質量ではなく密度である．

• **物質はその密度よりも大きい密度をもつ液体に浮く．**

氷が水に浮くのは，氷の密度が水よりも小さいからである．タンカーから石油が漏れたり，ボートに給油する際にガソリンがこぼれたとき，石油やガソリンは水に浮く．これは，石油やガソリンのほうが水よりも密度が小さいからである．これに対して，砲弾や魚雷が沈むのは，それらが水よりも密度が大きいからである．

液体の密度がわかると，その物質の体積を質量に変換すること，あるいは質量を体

積に変換することができる.

体積(mL)の質量(g)への変換　　　　質量(g)の体積(mL)への変換

密度　　　　　　　　　　　　密度の逆数

$$\text{mL} \times \frac{\text{g}}{\text{mL}} = \text{g} \qquad \text{g} \times \frac{\text{mL}}{\text{g}} = \text{mL}$$

ミリリットルは消去される　　　　グラムは消去される

　たとえば,ある実験室で,酢酸を用いてアスピリンの合成実験をしたとしよう.酢酸は液体であり,その密度は 1.05 g/mL である.もし実験に酢酸 5.0 g が必要ならば,密度を用いてこの質量を体積に変換することができる.体積はシリンジかピペットを用いて容易に測定することができるので,実験操作が簡便となる.

$$\text{酢酸 } 5.0 \text{ g} \times \frac{1 \text{ mL}}{1.05 \text{ g}} = 4.8 \text{ mL の酢酸}$$

グラムは消去される

例題 1・6　密度と体積を用いて質量を求める

密度 1.05 g/mL の食塩水 15.0 mL の質量を g 単位で求めよ.
解答

密度

$$15.0 \text{ mL} \times \frac{1.05 \text{ g}}{1 \text{ mL}} = 15.8 \text{ g の食塩水}$$

ミリリットルは消去される

解答の 15.8 g は問題に与えられた両方の数値の有効数字の桁数と一致させるために,有効数字 3 桁に四捨五入されている.

練習問題 1・6　ジエチルエーテルは麻酔薬として用いられる物質であり,その密度は 0.713 g/mL である.ジエチルエーテル 10.0 mL の質量は何 g か.また,ジエチルエーテル 10.0 g の体積は何 mL か.

1・9B　比　重

　比重は物質の密度を 4 ℃ の水の密度と比較した量である.

$$\text{比重} = \frac{\text{物質の密度(g/mL)}}{\text{水の密度(g/mL)}}$$

　ほとんどの他の量とは異なり,比重は単位のない量である.これは比重の定義において,分子の単位(g/mL)と分母の単位(g/mL)が打消し合うためである.4 ℃ の水の密度は 1.00 g/mL であるから,物質の比重の数値はその密度の数値に等しいが,比重は単位をもたない.たとえば,ある液体の密度が 1.5 g/mL であるとすると,その比重は 1.5 となる.

　病院の検査室ではしばしば,尿試料の比重を測定する.正常な尿の密度は 1.003～1.030 g/mL の範囲にあるので(表 1・5),比重は 1.003～1.030 の範囲にある.それよりも高い,あるいは低い値は,明らかに体内の代謝に異常があることを示している.たとえば,治療が十分でない糖尿病患者では尿に多量のグルコースが排出されるため,その尿試料の比重は異常なほど高い.

2

原子と周期表

クラッカーの成分を調べてみよう．箱の表示から，小麦粉，ビタミン類，糖類，着色料，ベーキングパウダー，食塩，防腐剤などが含まれていることがわかる．これらの物質はその構造や形態によらず，すべて**原子**（atom）からできている．英語の atom は，"分割することができない"を意味するギリシャ語の atomos に由来している．2章では，物質の基本的な構成単位である原子について，その構造と性質を学ぶ．

一酸化炭素 CO は多くの大都市の大気に含まれる有毒成分であり，ガソリンなどの化石燃料を燃焼させるときに少量生成する．一酸化炭素は炭素 C と酸素 O を含んでいる．

2・1　元　素

元素と単体については，すでに §1・3 で述べた．

- **元素**は物質を構成する最も基本的な成分である．**単体**は 1 種類の元素からできている純物質であり，化学反応によってそれ以上簡単な物質に分解することができない．

現在 118 種類の元素が知られており，そのうち 90 種類が自然界に存在する．残りの 28 種類は，化学者によって実験室で合成されたものである．私たちが呼吸している空気中の酸素や，清涼飲料水の缶に用いられるアルミニウムのようになじみのある元素もあるが，サマリウムやシーボーギウムのようにそうでないものもある．

それぞれの元素は，1 文字あるいは 2 文字の記号（**元素記号**）によって識別される．たとえば，元素である炭素は単一の文字 C によって表される．また，塩素は Cl の記号で表される．元素記号に 2 文字が用いられるときには，必ず最初は大文字，2 番目

元素の名称は，人物，場所，あるいは事物に由来している．たとえば，carbon（炭素，C）は coal（石炭）あるいは charcoal（木炭）を意味するラテン語 carbo に由来している．neptunium（ネプツニウム，Np）は惑星の Neptune（海王星）にちなんで名づけられた．einsteinium（アインスタイニウム，Es）は科学者アインシュタイン（Albert Einstein）に，また californium（カリホルニウム，Cf）は米国カリフォルニア州に由来する名称である．

すべての元素を五十音順に並べた一覧表は，前見返しに掲載してある．

表 2・1　一般的な元素と元素記号

元　素	元素記号	元　素	元素記号	元　素	元素記号
臭素（bromine）	Br	フッ素（fluorine）	F	窒素（nitrogen）	N
カルシウム（calcium）	Ca	水素（hydrogen）	H	酸素（oxygen）	O
炭素（carbon）	C	ヨウ素（iodine）	I	リン（phosphorus）	P
塩素（chlorine）	Cl	鉛（lead）	Pb	カリウム（potassium）	K
クロム（chromium）	Cr	マグネシウム（magnesium）	Mg	ナトリウム（sodium）	Na
コバルト（cobalt）	Co	マンガン（manganese）	Mn	硫黄（sulfur）	S
銅（copper）	Cu	モリブデン（molybdenum）	Mo	亜鉛（zinc）	Zn

アンチモン(antimong)	Sb
銅(copper)	Cu
金(gold)	Au
鉄(iron)	Fe
鉛(lead)	Pb
水銀(mercury)	Hg
カリウム(potassium)	K
銀(silver)	Ag
ナトリウム(sodium)	Na
スズ(tin)	Sn
タングステン(tungsten)	W

は小文字となる．たとえば，Co は元素のコバルトを表すが，CO は元素の炭素 C と酸素 O からなる一酸化炭素を表す．表 2・1 に一般的な元素とその元素記号を示した．

ほとんどの元素記号は，その元素の英語名の最初の 1 文字あるいは 2 文字に由来するが，11 種類の元素には，ラテン語の名称に起源をもつ記号が用いられている．欄外にはこれらの元素とその元素記号を示す．

問題 2・1　次の元素に対する元素記号を示せ．
(a) カルシウム　(b) ラドン　(c) 窒素　(d) 金

2・1A　元素と周期表

周期表 periodic table

金属 metal

非金属 nonmetal

メタロイド metalloid．半金属(semimetal)ともいう．

多くの元素が互いによく似た性質をもつことが認識され，これによって元素は体系的な方法で配列した表にまとめられることが明らかになった．このような表を**周期表**（図 2・1）という．周期表における元素の位置から，その元素の化学的性質について多くのことがわかる．

周期表において元素は，大きく三つの種類に分類される．すなわち，**金属**，**非金属**，および**メタロイド**である．図 2・1 においてホウ素 B から始まり，階段状にアスタチン At へと下る実線は，これら三つの分類に相当する三つの領域を示している．すべての金属は実線の左側にあり，水素を除くすべての非金属は実線の右側にある．

金属
メタロイド
非金属

	1	2	3	4	5	6	7	8	9	10	11	12	13	14	15	16	17	18	
1	1 H 1.008																	2 He 4.003	1
2	3 Li 6.941	4 Be 9.012											5 B 10.81	6 C 12.01	7 N 14.01	8 O 16.00	9 F 19.00	10 Ne 20.18	2
3	11 Na 22.99	12 Mg 24.31											13 Al 26.98	14 Si 28.09	15 P 30.97	16 S 32.07	17 Cl 35.45	18 Ar 39.95	3
4	19 K 39.10	20 Ca 40.08	21 Sc 44.96	22 Ti 47.87	23 V 50.94	24 Cr 52.00	25 Mn 54.94	26 Fe 55.85	27 Co 58.93	28 Ni 58.69	29 Cu 63.55	30 Zn 65.38	31 Ga 69.72	32 Ge 72.63	33 As 74.92	34 Se 78.97	35 Br 79.90	36 Kr 83.80	4
5	37 Rb 85.47	38 Sr 87.62	39 Y 88.91	40 Zr 91.22	41 Nb 92.91	42 Mo 95.95	43 Tc (99)	44 Ru 101.1	45 Rh 102.9	46 Pd 106.4	47 Ag 107.9	48 Cd 112.4	49 In 114.8	50 Sn 118.7	51 Sb 121.8	52 Te 127.6	53 I 126.9	54 Xe 131.3	5
6	55 Cs 132.9	56 Ba 137.3	57 La 138.9	72 Hf 178.5	73 Ta 180.9	74 W 183.8	75 Re 186.2	76 Os 190.2	77 Ir 192.2	78 Pt 195.1	79 Au 197.0	80 Hg 200.6	81 Tl 204.4	82 Pb 207.2	83 Bi 209.0	84 Po (210)	85 At (210)	86 Rn (222)	6
7	87 Fr (223)	88 Ra (226)	89 Ac (227)	104 Rf (267)	105 Db (268)	106 Sg (271)	107 Bh (272)	108 Hs (277)	109 Mt (276)	110 Ds (281)	111 Rg (280)	112 Cn (285)	113 Nh (278)	114 Fl (289)	115 Mc (289)	116 Lv (293)	117 Ts (293)	118 Og (294)	7

6	58 Ce 140.1	59 Pr 140.9	60 Nd 144.2	61 Pm (145)	62 Sm 150.4	63 Eu 152.0	64 Gd 157.3	65 Tb 158.9	66 Dy 162.5	67 Ho 164.9	68 Er 167.3	69 Tm 168.9	70 Yb 173.0	71 Lu 175.0	6
7	90 Th 232.0	91 Pa 231.0	92 U 238.0	93 Np (237)	94 Pu (239)	95 Am (243)	96 Cm (247)	97 Bk (247)	98 Cf (252)	99 Es (252)	100 Fm (257)	101 Md (258)	102 No (259)	103 Lr (262)	7

図 2・1　**元素の周期表**．**金属**は光沢のある物質であり，良好な熱伝導性と電気伝導性をもつ．また，金属は延性と展性に優れている．延性は線状に引き延ばすことができる性質をいい，展性は打撃によって変形できる性質をいう．**メタロイド**は金属と非金属の中間の性質をもつ．**非金属**は熱伝導性と電気伝導性に乏しい．

また，メタロイドは階段状の実線に沿って分布している．

- **金属**は光沢のある物質であり，熱伝導性と電気伝導性に優れている．液体である水銀を除いて，すべての金属は室温で固体である．
- **非金属**の外観に光沢はなく，一般に熱伝導性も電気伝導性も悪い．非金属のうち，硫黄や炭素などは室温で固体であり，臭素は液体である．窒素，酸素，および他の9種類の元素は気体である．
- **メタロイド**は金属と非金属の中間的な性質をもつ．メタロイドに分類される元素は，ホウ素 B，ケイ素 Si，ゲルマニウム Ge，ヒ素 As，アンチモン Sb，テルル Te，アスタチン At の7種類だけである．

問題 2・2　次の元素を金属，非金属，メタロイドのいずれかに分類せよ．
(a) チタン　　(b) 塩素
(c) クリプトン　　(d) セシウム
(e) ヒ素

2・1B 化 合 物

§1・3で学んだように，**化合物**は二つ以上の元素が化学的に結びつくことによって形成される純物質である．化合物の化学式を表記するために元素記号が用いられる．

化合物 compound

- 化合物の化学式では，化合物を構成する元素の種類を元素記号で表し，化合物に含まれる元素の比率を下付文字で表す．

生 体 の 元 素

　生物は外界から選択的に元素を取込むので，人体における元素の存在比は地球の地殻における元素の分布とは非常に異なっている．4種類の非金属，すなわち酸素，炭素，水素，窒素が人体の質量の96%を構成しており，これらは**構成成分元素**（building-block element，下図）とよばれる．水素と酸素は人体における普遍的な物質である水を形成する元素である．主要な生体分子はタンパク質，炭水化物，脂質，核酸の4種類であり，それらはおもに炭素，水素，酸素からなる．タンパク質と核酸はいずれも成分元素として窒素を含んでいる．

　人体にはこのほかに7種類の元素が少量存在し（質量で0.1～2%），**主要無機物**（major mineral）とよばれている．これらのうち，ナトリウム，カリウム，塩素は体液に存在している．マグネシウムと硫黄はタンパク質にみられ，カルシウムとリンは歯や骨に存在している．また，リンは次の世代へ遺伝情報を伝達するDNAのようなすべての核酸に含まれて

いる．それぞれの主要無機物は，1日に少なくとも100 mgを摂取することが必要である．

　さらにきわめて少量ではあるが，人体にはこのほかにも多くの種類の元素が存在し，良好な健康を維持するために必須とされている．これらの**微量元素**（trace element）あるいは**微量栄養素**（micronutrient）も，少量（一般に15 mg以下）を日々の食事で摂取する必要がある．それぞれの微量元素は，細胞が正常に働くために重要となる特殊な機能をもつ．たとえば，鉄は赤血球において酸素を運搬するタンパク質のヘモグロビンや，筋肉で酸素を貯蔵するタンパク質のミオグロビンに含まれる必須の元素である．亜鉛は肝臓や腎臓にある多くの酵素が適切に機能するために必要であり，またヨウ素は甲状腺が正常な機能を発揮するために必要な元素である．ほとんどの微量元素は金属であるが，フッ素やセレンのように非金属の場合もある．

構成成分元素

| 酸素 O | 炭素 C | 水素 H | 窒素 N |

これら4種類の元素は人体の質量の約96%を構成する．筋肉組織は4種類すべての構成成分元素を含んでいる

微量元素

ヒ素 As	銅 Cu	マンガン Mn	ケイ素 Si
ホウ素 B	フッ素 F	モリブデン Mo	亜鉛 Zn
クロム Cr	ヨウ素 I	ニッケル Ni	
コバルト Co	鉄 Fe	セレン Se	

それぞれの微量元素の存在量は，人体の質量の0.1%以下である．これらの元素は毎日の食事で，それぞれ少量（15 mg以下）を摂取することが必要である

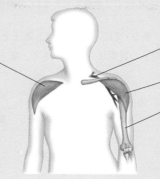

主要無機物

カリウム K，ナトリウム Na，塩素 Cl は体液に存在する

マグネシウム Mg，硫黄 S は筋肉にみられるタンパク質に存在する

カルシウム Ca，リン P は歯や骨に存在する

それぞれの主要無機物は，人体に質量で0.1～2%存在する．これらの無機物は毎日の食事でそれぞれ，少なくとも100 mgを摂取することが必要である

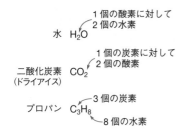

水 H₂O
1個の酸素に対して
2個の水素

二酸化炭素
（ドライアイス） CO₂
1個の炭素に対して
2個の酸素

プロパン C₃H₈
3個の炭素
8個の水素

図 2・2 本書で分子図に用いる一般的な元素の色

たとえば，食塩はナトリウム Na と塩素 Cl が 1：1 の比で結びついた化合物であり，その化学式は NaCl となる．一方，水は 1 個の酸素に対して 2 個の水素から形成されるため，その化学式は H_2O となる．下付文字が書かれていないときは，下付文字 "1" が省略されていると解釈する．欄外に，化学式の他の例を示す．

§1・2 で述べたように，本書ではしばしば分子図を用いて，単体と化合物の組成と状態を表す．化合物を構成する元素の種類を示すために，一般的な元素について，図 2・2 に示すような色分けした球を用いる．

C H O N F Cl Br I S P

たとえば，赤色球は元素の酸素を，また灰色球は元素の水素を示すので，水 H_2O は 2 個の灰色球がつながった赤色球として表される．分子図では，球が "棒" によってつながった**球棒模型**を用いる場合も，球が互いにくっついた**空間充填模型**で表す場合もある．球がどのように書かれるかにかかわらず，H_2O は常に，酸素を示す 1 個の赤色球と水素を示す 2 個の灰色球から構成される．

球棒模型 ball-and-stick model
空間充填模型 space-filling model

水は一つの酸素に対して二つの水素を含む化合物である．

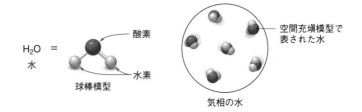

H₂O
水

酸素

水素

球棒模型

空間充填模型で表された水

気相の水

2・2 原子の構造

原子 atom

すべての物質は，**原子**という同一の基本的構成単位からできている．原子はあまりに小さいので，最も性能のよい光学顕微鏡でさえも原子を見ることはできない．この文末にある句点は約 1×10^8 個の原子からなり，またヒトの口内細胞は約 1×10^{16} 原子を含んでいる．原子は三つの原子構成粒子からなる．

陽子 proton
電子 electron
中性子 neutron

- **陽子**は正（＋）の電荷をもち，p で表される．
- **電子**は負（－）の電荷をもち，e⁻ で表される．
- **中性子**は電荷をもたない．中性子は n で表される．

表 2・2 に示すように，陽子と中性子の質量はほぼ同じであり，きわめて小さい．電子の質量はさらに小さく，陽子の質量の 1/1836 である．これらの原子構成粒子は，

表 2・2 3 種類の原子構成粒子の性質

原子構成粒子	電荷	質量(g)	質量(u)
陽子	+1	1.6726×10^{-24}	1
中性子	0	1.6749×10^{-24}	1
電子	−1	9.1093×10^{-28}	無視できる

原子の体積に均一に広がって分布しているわけではない．原子には二つのおもな成分がある．

- 密度の高い中心部分を**原子核**といい，陽子と中性子が含まれる．原子の質量のほとんどは原子核に存在する．
- 電子は原子核のまわりのほとんど何もない空間を速やかに運動しており，この領域を**電子雲**という．原子の体積のほとんどは電子雲からなる．

原子核 nucleus

電子雲 electron cloud

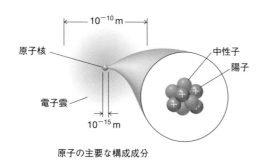

原子の主要な構成成分

　原子の直径は約 10^{-10} m であるが，原子核の直径はわずか約 10^{-15} m にすぎない．その違いを身近なものでたとえると，もし原子核が野球ボールの大きさであれば，原子は野球場くらいの大きさになるだろう．
　原子構成粒子のうち電荷をもつ粒子は，互いに引き合うか，あるいは反発する．

- 反対の電荷は引き合うが，同じ電荷は互いに反発する．

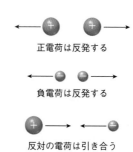

正電荷は反発する

負電荷は反発する

反対の電荷は引き合う

　したがって，2 個の電子あるいは 2 個の陽子は互いに反発するが，陽子と電子は互いに引き合う．
　個々の原子の質量は 10^{-24} g 程度ときわめて小さいので，化学では**統一原子質量単位**とよばれる質量単位を用いる．1 統一原子質量単位は，基準となる質量に対する個々の原子の相対的な質量として定義される．

- 1 統一原子質量単位（1u）は 6 個の陽子と 6 個の中性子をもつ炭素原子の質量の 12 分の 1 に等しい．$1u = 1.6605 \times 10^{-24}$ g．

統一原子質量単位 unified atomic mass unit, 記号 u

　この尺度を用いると，陽子 1 個の質量は 1.0073 u となり，一般的には 1 u と近似することができる．中性子 1 個の質量は 1.0087 u となり，この値もまた 1 u と近似することができる．電子の質量は非常に小さいので無視される．
　ある特定の元素のすべての原子は，原子核に常に同じ数の陽子をもっている．その数を**原子番号**といい，記号 Z で表す．逆にいえば，異なる 2 種類の元素は異なる原子番号をもつ．

原子番号 atomic number

- 原子番号（Z）＝原子の原子核にある陽子の数

　たとえば，元素の水素は原子核に 1 個の陽子をもつので，その原子番号は 1 である．リチウムは原子核に 3 個の陽子をもつので，その原子番号は 3 である．周期表は左上隅から始まって，原子番号が増加する順序に配列されている．周期表のそれぞれの元素において，原子番号は元素記号の上方に示されている．

リチウムは，長時間使用可能なリチウム電池から，処方箋医薬品である炭酸リチウムまで多くの消費者製品にみられる元素である．炭酸リチウムは，双極性障害という精神疾患をもつ人を治療するために用いられる．

電気的に中性の原子（"中性原子"という）は，全体の電荷をもたない．このため，次の関係が成り立つ．

- Z ＝ 原子核の陽子の数 ＝ 電子の数

したがって，原子番号から，原子核にある陽子の数と，中性原子の電子雲に含まれる電子の数がわかる．

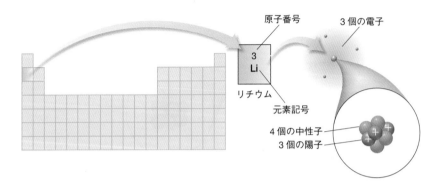

例題 2・1   原子図から元素の原子番号と名称を決定する

右の図に示した原子について次の問いに答えよ．

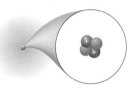

(a) 中性原子における陽子，中性子，電子の数はそれぞれいくつか．
(b) 原子番号はいくつか．
(c) 元素名を答えよ．
解答　(a) この元素は陽子2個と中性子2個をもつ．中性原子

では陽子と電子の数は同じなので，この元素の中性原子は2個の電子をもつ．
(b) 2個の陽子からこの元素の原子番号は2であることがわかる．
(c) 原子核に2個の陽子をもつ元素はヘリウムである．

練習問題 2・1　ある元素の中性原子は，陽子9個と中性子10個をもつ．以下の問いに答えよ．
(a) 中性原子における電子の数はいくつか．
(b) この元素の原子番号はいくつか．
(c) 元素名を答えよ．

質量数 mass number

原子の質量には陽子と中性子の両方が寄与する．陽子と中性子の数の和を**質量数**といい，記号 A で表す．

- 質量数 (A) ＝ 陽子の数 (Z) ＋ 中性子の数

たとえば，原子核に陽子9個と中性子10個をもつフッ素原子の質量数は19である．

例題 2・2   原子番号と質量数から陽子，中性子，電子の数を決定する

原子番号18，質量数40のアルゴン原子には，陽子，中性子，電子がそれぞれ何個含まれるか．
解答　原子番号18から，アルゴン原子が陽子18個と電子18個をもつことがわかる．中性子の数を求めるために，質量数 A から原子番号 Z を引く．

　　中性子の数 ＝ 質量数 － 原子番号 ＝ 40－18 ＝ 22 中性子

練習問題 2・2　次のそれぞれの原子番号 (Z) と質量数 (A) をもつ原子には，陽子，中性子，電子がそれぞれ何個含まれるか．
(a) $Z = 17$, $A = 35$
(b) $Z = 92$, $A = 238$

2・3 同 位 体

　同一の元素の二つの原子は常に同じ数の陽子をもつ．しかし，中性子の数は異なることがある．

・ 中性子の数が異なる同じ元素の原子を同位体という．

同位体 isotope

2・3A 同位体，原子番号，質量数

　自然界のほとんどの元素は，同位体の混合物として存在する．たとえば，塩素の原子はすべてその原子核に 17 個の陽子をもっているが，いくつかの原子は原子核に 18 個の中性子をもち，またいくつかは 20 個の中性子をもっている．すなわち，塩素には，異なる質量数 35 と 37 をもつ二つの同位体が存在する．これらの同位体はしばしば，塩素-35，塩素-37 とよばれる．

　同位体を区別するためには**同位体記号**が用いられる．同位体記号では，元素記号の左側に，下付文字として原子番号を，上付文字として質量数を表記する．

同位体記号 isotope symbol

　すべての塩素原子は同一の原子番号 17 をもつので，下付文字は省略されることもある．この場合には，塩素-35 と塩素-37 はそれぞれ，^{35}Cl，^{37}Cl と表記される．

　水素には三つの同位体がある．ほとんどの水素原子は陽子 1 個をもち，中性子はもたないので，質量数 1 である．約 1%の水素原子は陽子 1 個と中性子 1 個をもち，質量数 2 である．この同位体は**重水素**とよばれ，しばしば記号 D で表される．さらに，ごくわずかの水素原子は陽子 1 個と中性子 2 個をもち，質量数 3 である．この同位体は**三重水素**とよばれ，記号 T で表される．

重水素 deuterium，D

三重水素 tritium，T

塩素の二つの同位体

質量数 $\to$　$^{35}_{17}Cl$　　　$^{37}_{17}Cl$
原子番号 $\to$　　塩素-35　　塩素-37

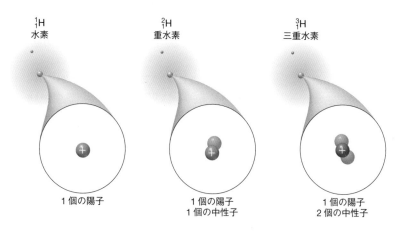

^1_1H
水素

^2_1H
重水素

^3_1H
三重水素

1 個の陽子

1 個の陽子
1 個の中性子

1 個の陽子
2 個の中性子

例題 2・3 同位体記号から陽子，中性子，電子の数を決定する

以下の原子について，原子番号，質量数，陽子数，中性子数，電子数，を求めよ．
(a) $^{118}_{50}Sn$　　(b) ^{195}Pt

解答	原子番号	質量数	陽子数	中性子数	電子数
(a) $^{118}_{50}Sn$	50	118	50	$118-50=68$	50
(b) ^{195}Pt	78	195	78	$195-78=117$	78

練習問題 2・3 116 個の中性子をもつ白金の同位体に対する同位体記号を書け．

2・3B 原 子 量

原子量 atomic weight

フッ素のように，天然には1種類の同位体しかない元素もあるが，一般に元素は同位体の混合物である．この場合，**原子量**とよばれる試料中の原子の平均質量を知ることが有用となる．

> • 特定の元素について，天然に存在する同位体の質量の加重平均を統一原子質量単位 (u) で表し，その1uに対する相対的な質量を**原子量**という．

元素の原子量は，前見返しにある五十音順に配列された元素の表に示してある．また，原子量は前見返しの周期表における元素記号の下にも記してある．

現在，米国で販売されているガソリンには鉛は含まれていないが，加鉛ガソリンはまだアジアやアフリカ，中南米では広く用いられている．鉛を含むガソリンの排気ガスは空気と土壌を汚染し，高濃度の鉛にさらされた人は循環系，消化系，あるいは神経系の病気になる可能性がある．周期表が示すように，鉛 Pb は原子番号82，原子量207.2 をもつ金属である．

```
鉛    82   ← 原子番号
      Pb   ← 元素記号
     207.2 ← 原子量
```

元素の原子量を決定するためには，二つの量を知らなければならない．すなわち，それぞれの同位体の統一原子質量単位を単位とする質量と，天然におけるそれぞれの存在比である．

How To   元素の原子量を決定する方法

例 塩素の原子量を求めよ．
段階 1 すべての同位体について，それぞれの統一原子質量単位 (u) を単位とする質量と天然に存在する百分率を記した表を作成する．
• 塩素には2種類の同位体 ^{35}Cl と ^{37}Cl がある．
• 問題を解くためには，同位体の質量と天然存在比を知らなければならない．

	質量 (u)	同位体存在比
^{35}Cl	34.97	75.78 % = 0.7578
^{37}Cl	36.97	24.22 % = 0.2422

• すべての同位体の質量は，同位体の質量数にきわめて近い値である．

• 百分率の数値を小数に変換するには，百分率を100で割ればよい．これは百分率の小数点の位置を，左側へ二つ移動させることと同じである．すなわち，

$$75.78\% = 0.7578$$

段階 2 それぞれの同位体について，質量に天然存在比を掛け，積を足し合わせる．総和の数値がその元素の原子量となる．

^{35}Cl による質量 $0.7578 \times 34.97\,u = 26.5003\,u$
^{37}Cl による質量 $0.2422 \times 36.97\,u = 8.9541\,u$
原子量 = 35.4544

塩素の原子量は35.4544，四捨五入して35.45となる．

問題 2・3 マグネシウムには3種類の同位体がある．以下にそれぞれの同位体について質量と天然存在比が与えられている．マグネシウムの原子量を求めよ．

	質量 (u)	同位体存在比
マグネシウム-24	23.99	78.99 %
マグネシウム-25	24.99	10.00 %
マグネシウム-26	25.98	11.01 %

2・4 周 期 表

初学者のための化学の教科書ではいずれも，前見返しのような目立つ場所に周期表が掲載されている．これは周期表が，これまでに知られているすべての元素の一覧表

であり，類似の性質をもつ元素がまとまって配列するように構成されている点で，き
わめて利用価値が高いからである．周期表は 19 世紀における多くの優れた科学者の
注意深い観察と実験によって生み出され，長年にわたって発展してきた．最も顕著な
貢献をしたのは，ロシアの化学者メンデレーエフである．彼は 1869 年に，当時知ら
れていた 60 種類の元素を類似の性質をもつ組に分けて配列させた表を作成し，それ
が現代の周期表の前身となった（前見返しと図 2・3）．

メンデレーエフ Dmitri Mendeleev

2・4A　周期表の基本的特徴

　周期表には元素が，七つの行と 18 の列に配列されている．それぞれの行と列から，
元素の性質について多くのことがわかる．

- 周期表の行を**周期**という．同じ周期の元素は，類似の大きさをもつ．
- 周期表の列を**族**という．同じ族の元素は，類似の電子的および化学的性質をもつ．

周期 period
族 group

　周期表の行は 1 から 7 まで番号づけられている．それぞれの行にある元素の数は異
なっている．第 1 周期にはわずか二つの元素，水素 H とヘリウム He しかない．第 2
周期と第 3 周期にはそれぞれ 8 個の元素があり，第 4 周期と第 5 周期は 18 個の元素
をもつ．周期表の下部には，14 個の元素からなる二つの行が示されていることに注

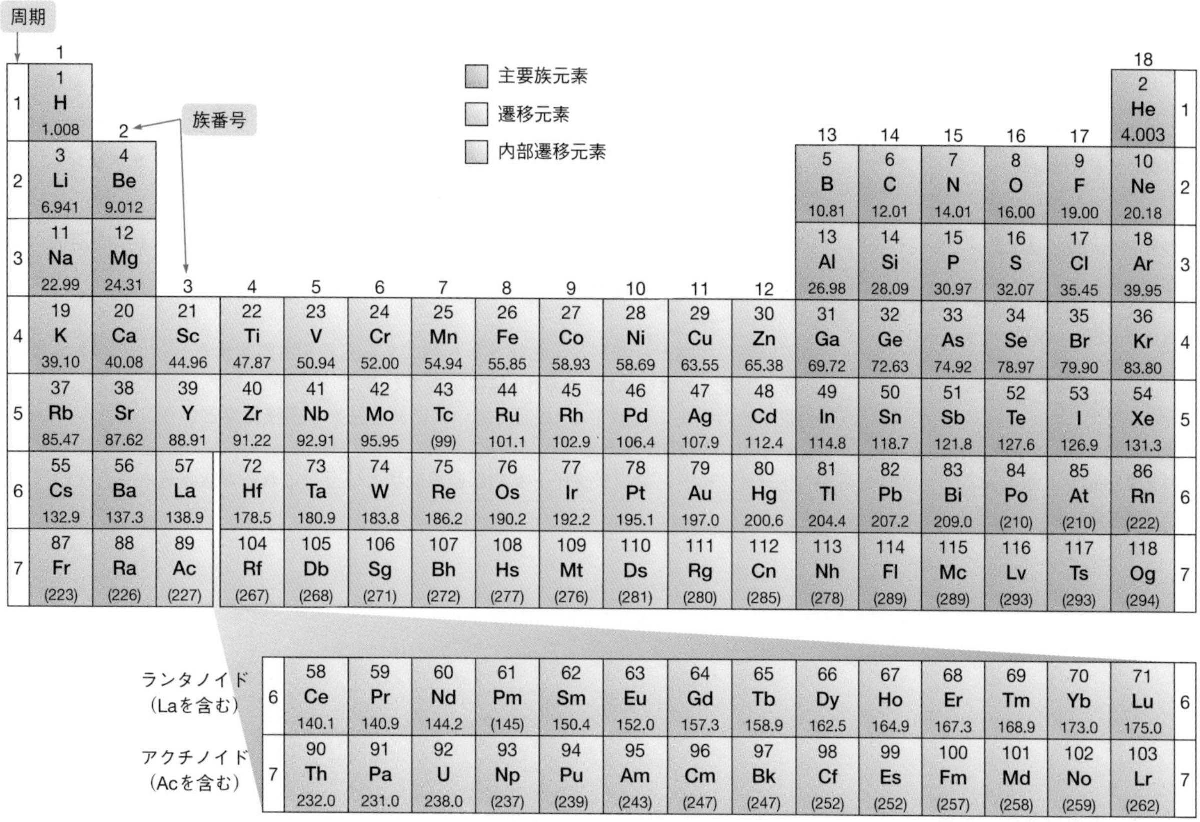

図 2・3　**周期表の基本的な特徴**．周期表のそれぞれの元素は，水平な行と垂直な列の要素となっている．周期表は，第
1 周期から第 7 周期まで標識された七つの行と，族番号で帰属される 18 の列からなる．元素は，**主要族元素**（1 族，2 族，
13〜18 族，淡青色で示す），**遷移元素**（3〜12 族，黄褐色で示す），**内部遷移元素**（淡緑色で示す）の三つに分類される．

医療における同位体

一般に，同位体は同一の化学的性質をもつ．しかし，しばしば元素の同位体の一つが，粒子あるいはエネルギーの形態で放射線を放出する性質をもつことがある．このような同位体を**放射性同位体**（radioisotope）という．放射性同位体は医療において，診断と治療の両面で用いられている．

たとえば，ヨウ素-131 は甲状腺疾患に対して，少なくとも二つの異なる方法で利用される．なお，ヨウ素は生体に必要な微量元素であり，4 個のヨウ素原子を含む甲状腺ホルモン，チロキシンの合成に用いられる．まず，甲状腺の機能を調べるために，患者に放射性のヨウ素-131 を含むヨウ化ナトリウム NaI が投与される．ヨウ素-131 は甲状腺に取込まれ，放射線を放出するため，甲状腺スキャンによって画像を得ることができる．これは図に示すように，甲状腺の状態を診断するために利用される．

また，ヨウ素-131 は，比較的多い量を投与することによって，甲状腺疾患の治療にも利用される．放射性のヨウ素-131 は甲状腺に取込まれるので，ヨウ素-131 が放出する放射線によって，甲状腺における過剰な活動を示す細胞やがん細胞

を殺すことができる．医療における放射性同位体の他の利用については，10 章で説明する．

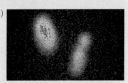

医療におけるヨウ素-131. 甲状腺は図(a)に示すように，首にあるチョウの形をした分泌腺である．放射性のヨウ素-131 を取込むと，甲状腺の状態を診断することができる．図(b)は健康な甲状腺の存在を示している．一方，図(c)に示すような高濃度でヨウ素が取込まれた領域をもつ非対称な甲状腺は，がんかあるいは他の甲状腺疾患がある可能性を示している．

ランタノイド lanthanoide

アクチノイド actinoide

族番号 group number

＊ 訳注: 米国では族番号を 1 から 8 までとして，その後に A あるいは B の文字を続ける古い方法が広く用いられている．族番号 1, 2, 13〜18 が 1A, 2A, 3A〜8A に対応し，族番号 3〜12 が 3B〜8B, 1B, 2B に対応する．

主要族元素 main group element

遷移元素 transition element

内部遷移元素 inner transition element, 内遷移元素ともいう．

意してほしい．ランタン La（$Z=57$）とその後に続くセリウム Ce からルテチウム Lu までの 15 元素を，**ランタノイド**という．また，アクチニウム Ac（$Z=89$）とその後に続くトリウム Th からローレンシウム Lr までの 15 元素を，**アクチノイド**という．

周期表のそれぞれの列は，**族番号**が割り当てられている．族番号は，周期表の 18 列を，最も左にある列から始めて 1 から 18 まで番号づける＊．

- 周期表の左端から 2 列と，右端から 6 列にある元素を**主要族元素**という．これらは 1 族，2 族，および 13 族から 18 族に帰属される．
- 周期表の中央に位置する 10 個の短い列にある元素を**遷移元素**という．これらは 3 族から 12 族に帰属される．
- ランタノイドとアクチノイドを**内部遷移元素**という．これらは族番号をもたない．

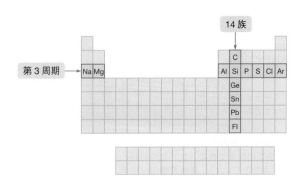

図 2・4 **周期表の族と周期** C, Si, Ge, Sn, Pb, Fl は，周期表の 14 族の元素である．Na, Mg, Al, Si, P, S, Cl, Ar は，周期表の第 3 周期の元素である．

図2・3に示した周期表には，族番号が記されている．たとえば，炭素Cは周期表の第2行（第2周期）に位置しており，その族番号は14である．

一つの族および一つの周期を強調した周期表を図2・4に示した．

問題 2・4 次の元素が属する周期と族番号を示せ．
(a) アルミニウム　(b) マンガン

2・4B　1族，2族，17族，18族元素の特徴

主要族元素の四つの列は，周期表に関する重要な事実を示している．

• 特定の族に属する元素は，類似の化学的性質をもつ．

アルカリ金属（1族）とアルカリ土類金属（2族）

アルカリ金属とアルカリ土類金属は，周期表の左端に位置している．

アルカリ金属 alkali metal

アルカリ土類金属 alkaline earth metal

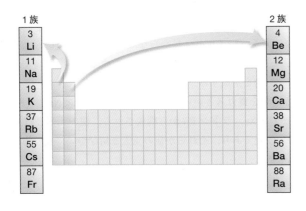

1族に属する元素を**アルカリ金属**といい，リチウム Li，ナトリウム Na，カリウム K，ルビジウム Rb，セシウム Cs，フランシウム Fr から構成される．アルカリ金属は，次のような共通した性質をもつ．

水素も1族に属するが，水素はアルカリ金属ではない．

• 柔らかく，光沢をもち，融点が低い．
• 熱伝導性と電気伝導性に優れている．
• 容易に水と反応し，塩基性溶液を与える．

2族に属する元素を**アルカリ土類金属**といい，ベリリウム Be，マグネシウム Mg，カルシウム Ca，ストロンチウム Sr，バリウム Ba，ラジウム Ra から構成される．アルカリ土類金属もまた，光沢をもつ固体であるが，アルカリ金属よりも反応性に乏しい．

1族と2族に属する金属は，いずれも天然に単体として存在せず，常に他の元素と結びついて化合物を形成している．1族元素を含む化合物の例には，食卓塩の塩化ナトリウム NaCl や，ヨウ化物塩をつくるために添加される必須栄養素のヨウ化カリウム KI がある．また，2族元素を含む化合物の例には，硫酸マグネシウム $MgSO_4$ や硫酸バリウム $BaSO_4$ がある．$MgSO_4$ は妊婦の発作を防ぐための抗けいれん薬として，また $BaSO_4$ は消化管の良質な X 線画像を得るために利用されている．

ハロゲン（17族）と貴ガス（18族）

ハロゲンと貴ガスは，周期表の右端に位置している．

ハロゲン halogen

貴ガス noble gas

クロルフェニラミンはハロゲンの塩素を含む抗ヒスタミン薬である. 抗ヒスタミン薬はふつうの風邪やアレルギー症状を治療するために用いられる薬剤である.

ラドンは放射性の貴ガスであり, 肺がんの発生率の増加に関係している. ある種の土壌ではラドン濃度が高くなることがあり, 地下室ではラドン検出器を用いてラドン濃度を監視することが推奨されている.

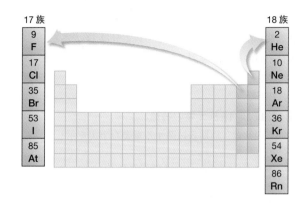

問題 2・5 次の記述と一致する元素は何か. 名称と元素記号を記せ.
(a) 第4周期に属するアルカリ金属
(b) 第3周期に属する貴ガス
(c) 第5周期, 2族に属する主要族元素
(d) 第4周期, 12族に属する遷移元素

17族に属する元素を**ハロゲン**といい, フッ素F, 塩素Cl, 臭素Br, ヨウ素Iと, 希少な放射性元素であるアスタチンAtから構成される. ハロゲンの単体は, 互いに結びついた二つの原子, F_2, Cl_2, Br_2, I_2 からなる. 室温において F_2 と Cl_2 は気体であり, Br_2 は液体, I_2 は固体である. ハロゲンはきわめて反応性が高く, 多くの他の元素と結びついて化合物を形成する.

18族に属する元素を**貴ガス**といい, ヘリウム He, ネオン Ne, アルゴン Ar, クリプトン Kr, キセノン Xe, ラドン Rn から構成される. 他の元素とは異なり, 貴ガスは原子として特に安定であり, それらが他の元素と結びついて化合物を形成することはきわめてまれである.

2・4C 炭素の特異な性質

ダイヤモンド diamond

黒鉛 graphite, グラファイトともいう.

炭素は周期表の第2周期, 14族に属する元素であり, 単体が三つの形態をもつ点で他の多くの元素とは異なっている (図2・5). 炭素の最も一般的な二つの形態は, **ダイヤモンド**と**黒鉛**である. **ダイヤモンド**は6員環からなる炭素原子の密度の高い三次元網目構造から構成されるため, きわめて硬い. 一方, **黒鉛**は潤滑剤として利用されるつるつるした黒色物質である. 黒鉛は, 平面の6員環からなる炭素原子のシートが平行に積層した構造をもつ.

(a) ダイヤモンド

(b) 黒鉛 (グラファイト)

(c) バックミンスターフラーレン

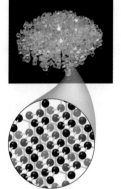

ダイヤモンドは炭素原子の入り組んだ三次元的な網目構造からなる

黒鉛は炭素原子のシートが平行に積層した構造をもつ

バックミンスターフラーレン (フラーレン) は60個の炭素原子からなる球状構造をもつ

図 2・5 炭素の単体の3種類の形態

炭素の第三の形態はバックミンスターフラーレンであり，一般に**フラーレン**と略称され，またバッキーボールとよばれることもある．フラーレンは互いに結びついた60個の炭素原子を含み，サッカーボールに似た様式で縮合した20個の六角形と12個の五角形からなる球体である．すすの成分であるが，1985年に初めて発見された．その特異な名称は，その形状が米国の建築家バックミンスター・フラーによって考案された，ジオデシックドームとよばれる構造体に類似していることに由来している．

炭素がそれ自身および他の元素と結びつくことは，炭素に周期表における他のあらゆる元素にはみられない多様な性質を与えている．現在，何百万種類もの炭素を含む化合物が知られているのは，炭素のこのような特異な性質によるものである．

バックミンスターフラーレン buckminsterfullerene, 略称フラーレン (fullerene)

バックミンスター・フラー Richard Buckminster Fuller

米国の作家ブライソン（Bill Bryson）はその著書『*A Short History of Nearly Everything*』のなかで，次のように炭素の性質を表現している．"炭素は原子の世界のパーティー好き人間である．他の多くの原子と親しく付合い，しっかりつかんで離さず，頑強な構造安定性をもつ分子を形成する．これがタンパク質やDNAを構築するために必要な自然のしくみそのものである．"

2・5 電子構造

周期表の特定の族に属する元素が，類似の化学的性質をもつのはなぜだろうか．元素の化学的性質は，原子に含まれる電子の数によって決まる．したがって，元素の性質を理解するために，私たちは原子核の周囲にある電子についてもっと学ばなければならない．

原子の電子構造に関する現代的な表記は，次の原理に基づいている．

- 電子は空間を自由に動いているのではない．電子の運動は特定の領域に制限されており，電子はそれに応じた特定のエネルギーをもっている．
- 電子は不連続なエネルギー準位を占めている．いいかえれば，電子のエネルギーは特定の値に制限されている．これを"電子のエネルギーは**量子化されている**"という．

量子化 quantization

原子核の周囲にある電子の運動は，**電子殻**とよばれる領域に制限されている．

電子殻 electron shell

- 電子殻は原子核に最も近い位置から始めて $n = 1, 2, 3, 4\cdots$ と番号づけられている．nの値を**主量子数**という．
- 原子核に近い位置にある電子は，原子核に緊密に束縛されているためエネルギーが低い．
- 原子核から遠い位置にある電子は，原子核の束縛が緩いためエネルギーが高い．

主量子数 principal quantum number

与えられた電子殻を占有する電子の数は，nの値によって決まる．電子殻が原子核から遠ざかるほど，その体積は大きくなり，より多くの電子を保持できるようになる．すなわち，第一の電子殻が保持できる電子は2個だけであるが，第二の電子核は8個，第三の電子殻は18個を保持することができる．一般に，電子殻の番号をnとすると，その電子殻が保持できる電子の最大数は$2n^2$で与えられる．

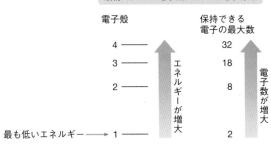

副殻 subshell
軌道 orbital

さらに電子殻は**副殻**に分割される. 副殻は s, p, d, f の文字によって識別される. 副殻は**軌道**から構成される.

> • 軌道は電子を見いだす確率が高い空間領域である. それぞれの軌道は 2 個の電子を保持することができる.

それぞれの副殻は, 決まった数の軌道からなる. s 副殻はただ一つの s 軌道をもつ. p 副殻は三つの p 軌道, d 副殻は五つの d 軌道, f 副殻は七つの f 軌道をもっている. 与えられた電子殻の番号を n とすると, その電子殻に含まれる副殻の数は n に等しい. 軌道のエネルギーの大きさは次のような傾向を示す.

> 一つの軌道にある 2 個の電子は, 互いに逆向きのスピン*をもたねばならない. もし一つの電子が右回りのスピンをもてば, その軌道のもう一つの電子は左回りのスピンをもたねばならない. 〔* 訳注: 電子は微小な磁石としての性質をもつ. それを説明するために電子は自転していると考え, その運動をスピン(spin)という. スピンは右回り, 左回りに対応する二つの状態をとることができる.〕

<table>
<tr><td>s 軌道</td><td>p 軌道</td><td>d 軌道</td><td>f 軌道</td></tr>
<tr><td>最も低いエネルギー</td><td></td><td></td><td>最も高いエネルギー</td></tr>
</table>

エネルギーが増大

原子核のまわりの第一の電子殻 ($n = 1$) は, ただ一つの s 軌道をもつ. この軌道は第一の電子殻の s 軌道であるから, 1s 軌道とよばれる. それぞれの軌道は 2 個の電子を保持することができ, 第一の電子殻はただ一つの軌道をもつので, 第一の電子殻は 2 個の電子を保持することができる.

電子殻の番号
(主量子数)　1s ＝ 第一の電子殻の s 軌道

第二の電子殻 ($n = 2$) は 2 種類の軌道, すなわち一つの s 軌道と三つの p 軌道をもつ. これらの軌道はいずれも第二の電子殻に含まれるので, それぞれ 2s 軌道, 2p 軌道とよばれる. それぞれの軌道は 2 個の電子を保持することができ, 全部で四つの軌道があるから, 第二の電子殻は 8 個の電子を保持することができる.

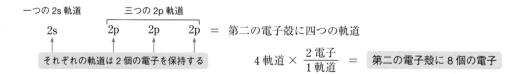

一つの 2s 軌道　　三つの 2p 軌道
2s　　2p　2p　2p　＝ 第二の電子殻に四つの軌道

それぞれの軌道は 2 個の電子を保持する

$4 \text{軌道} \times \dfrac{2 \text{電子}}{1 \text{軌道}} = $ 第二の電子殻に 8 個の電子

第三の電子殻 ($n = 3$) は 3 種類の軌道, すなわち一つの s 軌道, 三つの p 軌道, および五つの d 軌道をもつ. これらの軌道はいずれも第三の電子殻に含まれるので, それぞれ 3s 軌道, 3p 軌道, 3d 軌道とよばれる. それぞれの軌道は 2 個の電子を保持することができ, 第三の電子殻には全部で九つの軌道があるから, 第三の電子殻は 18 個の電子を保持することができる.

一つの 3s 軌道　三つの 3p 軌道　　五つの 3d 軌道
3s　　3p 3p 3p　3d 3d 3d 3d 3d　＝ 第三の電子殻に九つの軌道

それぞれの軌道は 2 個の電子を保持する

$9 \text{軌道} \times \dfrac{2 \text{電子}}{1 \text{軌道}} = $ 第三の電子殻に 18 個の電子

第四の電子殻 ($n = 4$) は 4 種類の軌道, すなわち一つの s 軌道, 三つの p 軌道, 五つの d 軌道, および七つの f 軌道をもつ. これらの軌道はいずれも第四の電子殻に含まれるので, それぞれ 4s 軌道, 4p 軌道, 4d 軌道, 4f 軌道とよばれる. それぞれ

の軌道は2個の電子を保持することができ，第四の電子殻に含まれる軌道の総数は16であるから，第四の電子殻は32個の電子を保持することができる．

一つの4s軌道　　三つの4p軌道　　　五つの4d軌道　　　　七つの4f軌道

4s　　4p 4p 4p　　4d 4d 4d 4d 4d　　4f 4f 4f 4f 4f 4f 4f ＝ 第四の電子殻に16の軌道

$$16 \text{軌道} \times \frac{2\text{電子}}{1\text{軌道}} = \boxed{\text{第四の電子殻に32個の電子}}$$

このように，電子殻を占有する電子の最大数は，その電子殻に含まれる軌道の数によって決まる．最初の四つの電子殻における軌道と電子数を表2・3にまとめた．

表 2・3　主量子数 $n = 1 \sim 4$ の電子殻に含まれる軌道と電子

電子殻	軌道	それぞれの副殻の電子数	最大の電子数
1	1s	2	2
2	2s	2	8
	2p 2p 2p	3×2＝6	
3	3s	2	18
	3p 3p 3p	3×2＝6	
	3d 3d 3d 3d 3d	5×2＝10	
4	4s	2	32
	4p 4p 4p	3×2＝6	
	4d 4d 4d 4d 4d	5×2＝10	
	4f 4f 4f 4f 4f 4f 4f	7×2＝14	

それぞれの種類の軌道は，特定の形状をもっている．

- s軌道は球状の電子密度をもつ．s軌道は同じ電子殻における他の軌道よりもエネルギーが低い．これはs軌道の電子は他の軌道の電子に比べて，正電荷をもつ原子核に近接して保持されているからである．
- p軌道はダンベル形の形状をもつ．p軌道は同じ電子殻におけるs軌道よりもエネルギーが高い．これはp軌道の電子はs軌道よりも，原子核から離れて存在するからである．

s軌道　　　　　　　p軌道

原子核 ——　　　　原子核 ——

エネルギーは　　　エネルギーは
低い　　　　　　　高い

すべてのs軌道は球状であるが，電子殻の番号が増加するとともに，軌道のサイズが大きくなる．たとえば，1s軌道と2s軌道はいずれも球状であるが，2s軌道のほうが大きい．同じ電子殻に含まれる三つのp軌道はそれぞれ x, y, z 軸に沿った方向にあり，互いに直交している．

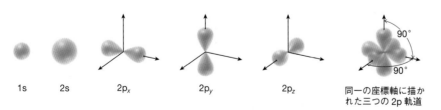

1s　　2s　　2p$_x$　　　2p$_y$　　　2p$_z$　　90° 90° 同一の座標軸に描かれた三つの2p軌道

問題 2・6　次のそれぞれの電子殻，副殻，軌道には何個の電子が存在するか．
(a) 2p軌道　　(b) 3d副殻　　(c) 3d軌道　　(d) 第三の電子殻

2・6　電　子　配　置

電子配置 electronic configuration

基底状態 ground state

　さて，個々の原子の**電子配置**，すなわち，原子の軌道に対してどのように電子が配置されるかを検討する準備が整った．最もエネルギーの低い電子配置をもつ状態を，**基底状態**という．軌道に電子を配置する際に，従うべき三つの規則がある．

原子の基底状態における電子配置を決定するための規則

規則 [1]　電子は 1s 軌道から始めて，エネルギーの低い軌道から順に配置される．

- 同じ種類の軌道について，一つの電子殻と他の電子殻を比較すると（たとえば，2s 軌道と 3s 軌道），原子核に近い軌道のほうがエネルギーが低い．すなわち，2s 軌道のエネルギーは 3s 軌道よりも低い．
- 同じ電子殻では，軌道のエネルギーは s, p, d, f の順に増大する．

これらの指針によって，最初の三つの周期にかかわる軌道のエネルギーは，低いほうから 1s, 2s, 2p, 3s, 3p 軌道の順になる．しかし，3p 軌道以上では，ある電子殻の軌道が完全に電子でみたされる前に，次に高いエネルギーをもつ電子殻の軌道に電子が入る場合がある．たとえば，4s 軌道は 3d 軌道よりもエネルギーが低いので，4s 軌道のほうが先に電子でみたされる．周期表の原子で用いられる軌道の相対的なエネルギーを図 2・6 に示す．

規則 [2]　それぞれの軌道が保持する電子の最大数は 2 個である．

規則 [3]　軌道のエネルギーが等しいときは，いずれかの軌道が完全に電子でみたされる前に，すべての軌道が半分みたされるまで，それぞれの軌道に 1 個の電子が配置される．

- たとえば，いずれかの p 軌道が 2 個の電子でみたされる前に，三つの p 軌道のそれぞれに 1 個の電子が配置される．
- 同じ電荷は互いに反発するので（§2・2），異なる p 軌道に電子を配置することは，それらを互いに遠ざけて配置することになり，エネルギー的に有利となる．

図 2・6　**軌道の相対的なエネルギー**．電子は，1s 軌道から始めてエネルギーが増大する順に軌道に配置される．1s → 2s のように軌道の間に引いた矢印は，電子によってみたされる順序を示している．三つの p 軌道，五つの d 軌道，七つの f 軌道も示している．3d 軌道よりも 4s 軌道のほうがエネルギーが低いので，3d 軌道より先に 4s 軌道が電子でみたされる．同じ理由により，4d 軌道よりも先に 5s 軌道が電子でみたされる．同様に，4f, 5d 軌道よりも先に 6s 軌道が電子でみたされ，5f, 6d 軌道よりも先に 7s 軌道が電子でみたされる．

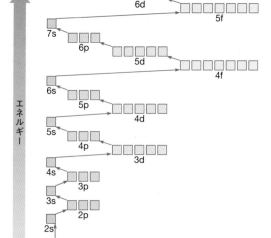

軌道に電子がみたされる順序

軌道ダイヤグラム orbital diagram

不対電子 unpaired electron

対になったスピン paired spin

これらの規則の使い方を示すために，**軌道ダイヤグラム**を用いて，いくつかの元素について電子配置を書いてみよう．軌道ダイヤグラムではそれぞれの軌道を箱で示し，電子を矢印で示す．一つの電子を**不対電子**といい，上方を指した一つの矢印（↑）で表す．一つの軌道を占有する2個の電子は**対になったスピン**をもつという．すなわち，2個の電子のスピンが互いに逆向きであり，これは上向きと下向きの矢印（↑↓）で示される．

なお，図2・6に示した軌道が電子でみたされる順序を記憶する必要はない．なぜなら §2・6C で示すように，周期表を用いれば，ある元素の電子配置を決めることができるからである．この方法は特に，エネルギーの低い電子殻が完全にみたされる前に，より高いエネルギーをもつ電子殻が電子を獲得する第4周期以降の元素に対して有用である．

2・6A 第1周期元素

周期表の第1周期に属する元素は，水素とヘリウムの2種類だけである．中性原子では原子核の陽子の数は電子の数に等しいので，原子番号から軌道に配置すべき電子の数を知ることができる．

水素 H $(Z=1)$ は1個の電子をもつ．基底状態では，この電子は最も低いエネルギーの軌道，すなわち1s軌道に配置される．軌道ダイヤグラムを書くためには，1s軌道を表す一つの箱と，電子を表す一つの上向きの矢印を用いる．また，箱と矢印を用いずに電子配置を書くこともできる．この場合には，それぞれの軌道に含まれる電子の数を，上付文字を用いて表す．

H ↑ あるいは $1s^1$
1電子 1s （1s軌道に1電子）

ヘリウム He $(Z=2)$ は2個の電子をもつ．基底状態では，2個の電子はいずれも1s軌道に配置される．軌道ダイヤグラムを書くために，1s軌道を表す1個の箱と，対になったスピンをもつ2個の電子を表す一組の上向きと下向きの矢印を用いる．また，ヘリウムの電子配置は $1s^2$ と書くことができる．これは1s軌道が2個の電子をもっていることを意味している．ヘリウムは電子でみたされた第一の電子殻をもつ．

He ↑↓ あるいは $1s^2$
2電子 1s （1s軌道に2電子）

2・6B 第2周期元素

第2周期の元素に対する軌道ダイヤグラムを書くためには，第二の電子殻に含まれる四つの軌道，すなわち2s軌道と三つの2p軌道を用いなければならない．電子はいつも最初に最も低いエネルギーの軌道に配置されるので，すべての第2周期元素は電子でみたされた1s軌道をもち，それから残った電子が第二の電子殻の軌道に配置される．2s軌道は2p軌道よりもエネルギーが低いので，2p軌道に電子が配置される前に，2s軌道は完全にみたされる．

リチウム Li $(Z=3)$ は3個の電子をもつ．基底状態では，2個の電子は1s軌道に配置され，残りの電子は2s軌道に配置されて不対電子となる．リチウムの電子配置は $1s^22s^1$ と書いて，その3個の電子の位置を表すこともできる．

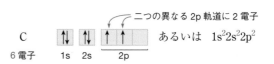

Li   あるいは $1s^2 2s^1$
3 電子   1s 2s

1s 軌道に 2 電子
2s 軌道に 1 電子

炭素 C ($Z = 6$) は 6 個の電子をもつ. 基底状態では, 1s 軌道と 2s 軌道の両方にそれぞれ 2 個の電子が配置される. 残った 2 個の電子は二つの異なった 2p 軌道へ配置されるので, 炭素は 2 個の不対電子をもつことになる. これらの電子は同じ方向のスピンをもつため, 同じ方向を向いた矢印で表す (この場合, 両方が↑). 炭素の電子配置はまた, $1s^2 2s^2 2p^2$ と書くこともできる. この表記法では, 炭素は 2p 軌道に 2 個の電子をもつことを示してはいるが, 2 個の電子が異なる 2p 軌道を占めることをあらわには示していない.

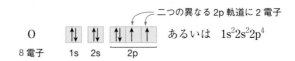

C   あるいは $1s^2 2s^2 2p^2$
6 電子   1s 2s 2p

二つの異なる 2p 軌道に 2 電子

酸素 O ($Z = 8$) は 8 個の電子をもつ. 基底状態では, 2 個の電子は 1s 軌道と 2s 軌道の両方に配置される. 残った 4 個の電子は, 最もエネルギーの低い電子配置になるように, 三つの 2p 軌道に配置されなければならない. これは, 一つの 2p 軌道に対になったスピンをもつ 2 個の電子を配置し, 残った 2p 軌道にそれぞれ 1 個の電子を配置することによって達成される. 酸素は 2 個の不対電子をもつ.

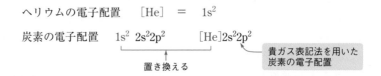

O   あるいは $1s^2 2s^2 2p^4$
8 電子   1s 2s 2p

二つの異なる 2p 軌道に 2 電子

ネオン Ne ($Z = 10$) は 10 個の電子をもつ. 基底状態では, 2 個の電子が 1s 軌道, 2s 軌道, および三つの 2p 軌道のそれぞれに配置されるので, 第二の電子殻は完全に電子でみたされることになる.

Ne   あるいは $1s^2 2s^2 2p^6$
10 電子   1s 2s 2p

貴ガス表記法 noble gas notation

元素の電子配置はしばしば, その元素の直前の周期の電子でみたされた電子殻をもつ貴ガスの元素記号に, 残ったすべての電子の電子配置を軌道と上付文字を用いて付け加えることにより, 短縮されることがある (**貴ガス表記法**という). たとえば, 第 2 周期元素はいずれも直前の周期の貴ガスであるヘリウムと同じ電子配置 $1s^2$ をもつので, 炭素の電子配置は $[He]2s^2 2p^2$ と短縮することができる.

ヘリウムの電子配置 $[He]$ = $1s^2$

炭素の電子配置 $1s^2$ $2s^2 2p^2$ $[He]2s^2 2p^2$

置き換える

貴ガス表記法を用いた炭素の電子配置

表 2・4 には, すべての第 1 および第 2 周期元素の電子配置をまとめた.

問題 2・7 次のそれぞれの電子配置をもつ元素の名称と元素記号を示せ.
(a) $1s^2 2s^2 2p^6 3s^2 3p^2$ (b) $1s^2 2s^2 2p^6 3s^2 3p^6 4s^2 3d^1$ (c) $[Ar]4s^2 3d^{10}$

表 2・4　第1および第2周期元素の電子配置

原子番号	元素	軌道ダイヤグラム				貴ガス表記法
		1s	2s	2p	電子配置	
1	H	↑			$1s^1$	
2	He	↑↓			$1s^2$	
3	Li	↑↓	↑		$1s^2 2s^1$	$[He]2s^1$
4	Be	↑↓	↑↓		$1s^2 2s^2$	$[He]2s^2$
5	B	↑↓	↑↓	↑	$1s^2 2s^2 2p^1$	$[He]2s^2 2p^1$
6	C	↑↓	↑↓	↑ ↑	$1s^2 2s^2 2p^2$	$[He]2s^2 2p^2$
7	N	↑↓	↑↓	↑ ↑ ↑	$1s^2 2s^2 2p^3$	$[He]2s^2 2p^3$
8	O	↑↓	↑↓	↑↓ ↑ ↑	$1s^2 2s^2 2p^4$	$[He]2s^2 2p^4$
9	F	↑↓	↑↓	↑↓ ↑↓ ↑	$1s^2 2s^2 2p^5$	$[He]2s^2 2p^5$
10	Ne	↑↓	↑↓	↑↓ ↑↓ ↑↓	$1s^2 2s^2 2p^6$	$[He]2s^2 2p^6$

2・6C　周期表を用いる他の元素の電子配置

　周期表におけるすべての元素に対して，軌道ダイヤグラムを書くことができる．周期表における元素の位置を用いて，どの軌道が電子でみたされているかを決定することができる．

　それぞれの元素の電子配置を考慮すると，図2・7に示すように，周期表はs, p, d, fと標識された**ブロック**とよばれる四つの領域に分類することができる．ブロックの標識は最後に電子が配置された副殻を表す．

ブロック block

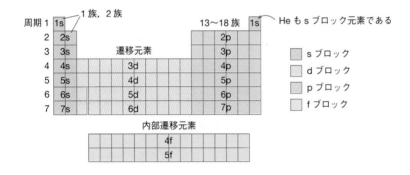

図 2・7　周期表における元素のブロック

- sブロックは1族元素と2族元素，およびヘリウムからなる．これらの元素では最後にs副殻に電子が配置される．
- pブロックは13族から18族（ヘリウムを除く）の元素からなる．これらの元素では最後にp副殻に電子が配置される．
- dブロックは3族から12族の遷移元素からなる．これらの元素では最後にd副殻に電子が配置される．
- fブロックは14種類の内部遷移元素の二つの組からなる．これらの元素では最後にf副殻に電子が配置される．

　図2・7に示したブロックを用いて元素の電子配置を書く手順は，段階的な方法で表すことができる．以下にその方法を述べ，例題2・4にその例を示す．

How To   元素の基底状態の電子配置に対する軌道ダイヤグラムを書く方法

例　硫黄の基底状態の電子配置に対する軌道ダイヤグラムを書け.

段階 1　元素の原子番号を用いて, 電子の数を決定する.

• 硫黄の原子番号は 16 なので 16 個の電子を軌道に配置しなければならない.

段階 2　周期表に元素を配置し, 図 2・7 を用いて軌道を電子でみたす順序を決定する.

• 周期表の左上隅から始めて問題の元素に至るまで, 1 行ずつ左から右へ移動し, ブロック内に示された軌道を書き出す.

• 硫黄は p ブロックに位置するので, その 3p 軌道に最後に電子が配置される.

段階 3　元素のすべての電子が用いられるまで, それぞれの軌道に 2 個の電子を配置する. 同じエネルギーをもつ軌道に電子をみたす場合には, それらの軌道が半分みたされるまで, 軌道に電子を一つずつ配置する.

• 硫黄では, 1s 軌道, 2s 軌道, 三つの 2p 軌道, 3s 軌道のそれぞれに 2 個の電子を配置する (12 個の電子が用いられる).

• 残った 4 個の電子を 3p 軌道へ配置するには, 一つの軌道に 2 個の電子を配置し, 残った二つの軌道にはそれぞれ 1 個の不対電子を配置する.

ここから開始する.
1 行ずつ左から右へ
移動し, ブロック内
の軌道を書き出す.
1s, 2s, 2p, 3s, 3p

硫黄は p ブロック元素である.
3p 軌道に最後に電子が配置される

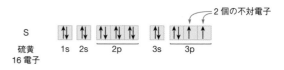

例題 2・4   元素の電子配置を表記する

カルシウムの基底状態の電子配置を示せ. さらに, その電子配置を貴ガス表記法へ変換せよ.

解答　カルシウムの原子番号は 20 なので, 20 個の電子を軌道に配置しなければならない. 図 2・7 から, 1s, 2s, 2p (三つの軌道), 3s, 3p (三つの軌道), 4s 軌道の順序で軌道がみたされるべきであることがわかる. それぞれの軌道に 2 個の電子を配置する. カルシウムは第 4 周期に属する元素であるから, 貴ガス表記法に変換するには第 3 周期の貴ガスであるアルゴン Ar を用いる. 最初の三つの電子殻におけるすべての電子を [Ar] で置き換える.

$$\text{Ca の電子配置} = 1s^2 2s^2 2p^6 3s^2 3p^6 4s^2 = [\text{Ar}]4s^2$$

(20 電子)

貴ガスのアルゴンはこれらの 18 電子をもつ

[Ar] で置き換える

貴ガス表記法を用いた Ca の電子配置

練習問題 2・4　次の元素の電子配置を示せ. さらにその電子配置を貴ガス表記法に変換せよ.

(a) ナトリウム　　(b) ヨウ素

硫黄の含有量が多い石炭を燃焼させると酸化硫黄が生成し, それが水と反応すると亜硫酸や硫酸が生成する. 世界的に, これらの酸を含む雨が広大な森林を破壊している.

2・7 価 電 子

　元素の化学的性質は, 原子核による束縛が最も緩い電子, すなわち最も外側の電子殻にある電子に依存する. この電子殻を**原子価殻**という. 原子価殻の番号は, 周期表におけるその元素の周期番号となる.

原子価殻 valence shell

• 最も外側の電子殻に含まれる電子を**価電子**という.

価電子 valence electron

2・7A　価電子と族番号との関係

　原子価殻に含まれる電子（価電子）を識別するには，いつも最も大きな番号をもつ
電子殻に注目すればよい．たとえば，ベリリウムは 2s 軌道を占有する 2 個の価電子
をもつ．また塩素は，第三の電子殻に全部で 7 個（3s 軌道に 2 個と 3p 軌道に 5 個）
の電子があるので，7 個の価電子をもつ．

　周期表のある族に属する元素の電子配置を調べると，次の二つのことがわかる．

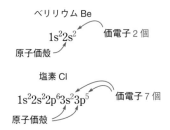

ベリリウム Be

$1s^2 2s^2$　価電子 2 個

原子価殻

塩素 Cl

$1s^2 2s^2 2p^6 3s^2 3p^5$　価電子 7 個

原子価殻

- 同じ族に属する元素は，同数の価電子をもち，電子配置が類似している．
- ヘリウムを除く主要族元素の価電子の数は，1 族，2 族に属する元素ではその元素の族番号に等しく，13〜18 族に属する元素では族番号から 10 を引いた数に等しい．

　たとえば，1 族に属するアルカリ金属はいずれも，s 軌道を占有する 1 個の価電子
をもつ．すなわち，アルカリ金属の価電子の電子配置は，一般に ns^1 と書くことがで
きる．ここで n はその元素が属する周期の番号である．

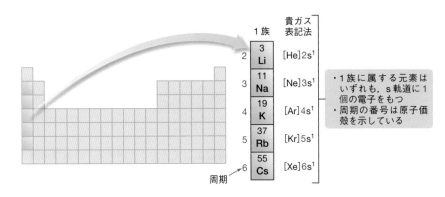

　このように周期表は，同じ列の元素が，類似の価電子の電子配置をもつように整理
されているのである．表 2・5 には，周期表の第 1 周期から第 3 周期までの主要族元
素における価電子の電子配置を示した．

- ある族に属する元素の化学的性質は類似している．これは，これらの元素が同じ価電子の電子配置をもつからである．

　18 族に属する貴ガスの電子配置には特に注意してほしい．これらの元素はいずれ
も，最も外側の電子殻が完全に電子でみたされている．すなわち，ヘリウムは完全に

表 2・5　**第 1 周期から第 3 周期の主要族元素における価電子の電子配置**

族番号	1	2	13	14	15	16	17	18[†]
第 1 周期	H $1s^1$							He $1s^2$
第 2 周期	Li $2s^1$	Be $2s^2$	B $2s^2 2p^1$	C $2s^2 2p^2$	N $2s^2 2p^3$	O $2s^2 2p^4$	F $2s^2 2p^5$	Ne $2s^2 2p^6$
第 3 周期	Na $3s^1$	Mg $3s^2$	Al $3s^2 3p^1$	Si $3s^2 3p^2$	P $3s^2 3p^3$	S $3s^2 3p^4$	Cl $3s^2 3p^5$	Ar $3s^2 3p^6$
一般的な電子配置	ns^1	ns^2	$ns^2 np^1$	$ns^2 np^2$	$ns^2 np^3$	$ns^2 np^4$	$ns^2 np^5$	$ns^2 np^6$

†　18 族元素の一般的な電子配置は，ヘリウムを除くすべての貴ガスに適用される．ヘリウムは
　　第 1 周期元素なので，電子は 2 個だけである．これらの電子は，第一の電子殻においてただ一つ
　　用いることができる軌道，1s 軌道を占有する．

3章では，完全に電子でみたされた原子価殻をもつことの重要性について学ぶ．

みたされた第一の電子殻（$1s^2$ 配置）をもつ．他の貴ガスは，s 軌道と p 軌道が完全にみたされた原子価殻（s^2p^6）をもつ．この電子配置は特に安定であり，結果として，これらの元素は単一原子として天然に存在する．

例題 2・5　価電子を識別する

次の電子配置をもつ元素について，電子の総数と価電子の数を求めよ．またそれぞれの元素の名称を示せ．
(a) $1s^2 2s^2 2p^6 3s^2 3p^2$
(b) $1s^2 2s^2 2p^6 3s^2 3p^6 4s^2 3d^{10} 4p^6 5s^2 4d^{10} 5p^6 6s^2 4f^{14} 5d^{10}$

解答　電子の総数は，上付文字を足し合わせることによって求めることができる．電子の総数は原子番号に等しいので，これから元素を特定することができる．価電子の数は，最も大きな番号をもつ電子殻に注目し，その電子殻に存在する電子の数を足し合わせればよい．

(a)　原子価殻
$1s^2 2s^2 2p^6 3s^2 3p^2$
価電子 4 個

電子の総数 ＝
$2 + 2 + 6 + 2 + 2 = 14$

答　ケイ素 Si，電子の総数 14，価電子数 4

(b)
原子価殻
$1s^2 2s^2 2p^6 3s^2 3p^6 4s^2 3d^{10} 4p^6 5s^2 4d^{10} 5p^6 6s^2 4f^{14} 5d^{10}$　電子の総数 ＝ 80
価電子 2 個

答　水銀 Hg，電子の総数 80，価電子数 2

練習問題 2・5　次の電子配置をもつ元素について，電子の総数と価電子の数を求めよ．またそれぞれの元素の名称を示せ．
(a) $1s^2 2s^2 2p^6 3s^2$　　(b) $1s^2 2s^2 2p^6 3s^2 3p^3$　　(c) $[Ar] 4s^2 3d^6$

問題 2・8　次の元素について，価電子の数を求めよ．また価電子の電子配置を示せ．
(a) フッ素　　(b) クリプトン　　(c) ゲルマニウム

ルイス記号 Lewis dot symbol

ルイス Gilbert Lewis

水銀（例題 2・5）は，1970 年代までは日本でも虫歯を治療するための歯科修復材料として利用されていた．水銀が環境に放出されると，それは水中の微生物によって有毒なメチル水銀に変換される．さらにこの可溶性の水銀化合物は，食物連鎖の頂点にあるサメやカジキのような魚類の体内に，危険な濃度にまで蓄積される．

2・7B　ルイス記号

原子のまわりの価電子の数を，**ルイス記号**によって表すことがある．これは米国の化学者ルイスに因んだ名称である．いくつかの代表的な例を示す．

	H	C	O	Cl
価電子の数	1	4	6	7
ルイス記号	H·	·Ċ·	·Ö·	·Cl̈:

- それぞれの点は 1 個の価電子を表す．
- 点は元素記号の左右および上下に置かれる．
- 価電子が 1 個から 4 個までは，単一の点が用いられる．5 個以上の場合には，2 個の点を一組にして表す．

元素記号のまわりの点の位置，すなわち左右であるか，上あるいは下であるかは問題ではない．たとえば，窒素の 5 個の価電子に対する次のルイス記号は，どれも同じである．

$$·\ddot{N}·\qquad ·\dot{N}:\qquad :\dot{N}·\qquad ·\ddot{N}·$$

問題 2・9　次のそれぞれの元素についてルイス記号を書け．
(a) ナトリウム　　(b) リン
(c) ネオン

2・8　周期的傾向

周期的傾向 periodic trend

元素の性質には**周期的傾向**を示すものが多い．すなわち，元素の性質の多くは，周期表の行を左から右へ，あるいは列を上から下へ移動するにつれて規則的に変化

する．この現象を示す代表的な二つの性質は，**原子の大きさとイオン化エネルギー**である．

原子の大きさ atomic size
イオン化エネルギー ionization energy

2・8A　原子の大きさ

原子の大きさは原子半径，すなわち原子核から原子価殻の外縁までの距離によって評価される．原子の大きさを特徴づける二つの周期的傾向がある．

- 周期表の列を上から下へ移動するにつれて，価電子が原子核から遠ざかるため，原子の大きさは増大する．

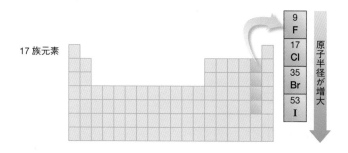

- 周期表の行を左から右へ移動するにつれて，原子核の陽子数が増大して電子をより近くへ引きつけるため，原子の大きさは減少する．

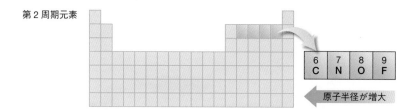

例題 2・6　周期的傾向を用いて原子の相対的な大きさを決定する

以下の周期表に示された元素 [1] と元素 [2] について，次の問いに答えよ．

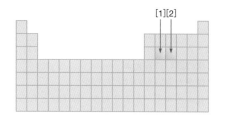

(a) 原子半径が大きいものはどちらか．

(b) それぞれの元素の名称を示せ．

解答　(a) 第 3 周期において，元素 [1] は元素 [2] よりも左側に位置しているので，原子半径はより大きい．

(b) 元素 [1] はケイ素である（第 3 周期，14 族）．元素 [2] はリンである（第 3 周期，15 族）．

練習問題 2・6　次の元素の組合わせのうち，原子半径が大きいものはどちらか．(a) 窒素とヒ素　(b) フッ素とリン

2・8B　イオン化エネルギー

負電荷をもつ電子は正電荷をもつ原子核に引き寄せられるので，電気的に中性の原子（中性原子）から電子を除去するためにはエネルギーが必要となる．電子の束縛が

カチオン cation, 陽イオンともいう.

より強固になるほど, それを除去するために必要なエネルギーも増大する. 中性原子から電子を除去すると**カチオン**が生成する.

$$Na \quad + \quad エネルギー \quad \longrightarrow \quad Na^+ \quad + \quad e^-$$

中性原子　　イオン化エネルギー　　　カチオン

- **イオン化エネルギー**は中性原子から電子を除去するために必要なエネルギーである.
- **カチオン**は正電荷をもち, 中性原子よりも電子の数が少ない.

イオン化エネルギーを特徴づける二つの周期的傾向がある.

- 周期表の列を上から下へ移動するにつれて, 価電子は正電荷をもつ原子核から遠ざかるため, イオン化エネルギーは減少する.

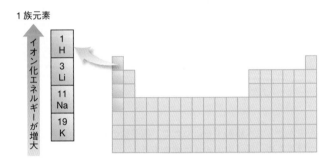

- 周期表の行を左から右へ移動するにつれて, 原子核の陽子数が増大するため, イオン化エネルギーは一般に増大する.

問題 2·10　次のそれぞれの元素の組合わせのうち, イオン化エネルギーが大きいものはどちらか.
(a) ケイ素とナトリウム
(b) 炭素とケイ素
(c) 硫黄とフッ素

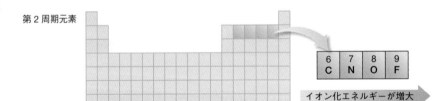

例題 2·7　周期的傾向を決定する

2種類の球**A**と**B**を考えよう. これらは周期表の同じ族に属する元素の原子を示している. 次の問いに答えよ.
(a) 原子番号がより大きな原子はどちらか.
(b) イオン化エネルギーがより大きい原子はどちらか.
(c) 電子をより容易に放出しやすい原子はどちらか.

解答　(a) **B**のほうが原子半径が大きい. したがって, 原子番号は**B**のほうが大きい.
(b) **A**は**B**よりも同じ列の上方にあるので, **A**のほうがイオン化エネルギーが大きい.
(c) **B**は**A**よりもイオン化エネルギーが小さいので, **B**のほうが容易に電子を放出しやすい.

練習問題 2·7　以下の周期表に示された元素 [1] と元素 [2] について, 次の問いに答えよ.
(a) 原子半径が大きいものはどちらか.
(b) イオン化エネルギーがより大きい原子はどちらか.

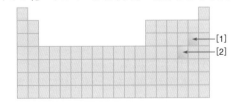

3 イオン化合物

自然界では原子が単独で存在することはほとんどなく，一般に互いに結びついて化合物を形成している．化合物にはイオン化合物と共有結合化合物がある．**イオン化合物**は正電荷をもつイオンと負電荷をもつイオンからなり，それらは電気的な引力によって強く結びついている．イオン化合物の例には，食卓塩に含まれる塩化ナトリウムや貝殻の主成分である炭酸カルシウムがある．3章では，イオン化合物に焦点を当て，その構造と性質を学ぶ．

高純度の銀が変色して輝きを失うのは，銀と硫黄から生成するイオン化合物の形成によるものである．

3・1 結合論入門

自然界において，個々の原子に出会うことはめったにない．その代わり，2個から何百，何千という原子が結びついて生成した化合物を，至るところでみることができる．たとえば，私たちが呼吸している酸素は，互いに結びついた2個の酸素原子からなり，また酸素を私たちの組織に運搬するヘモグロビンは，互いに結びついた何千という炭素，水素，酸素，窒素，硫黄原子から構成されている．2個の原子が互いに結びつくとき，"結合が形成された"という．

- 結合の形成は，2個の原子が結びついて安定な配列をとることである．

結合の形成によって常に，原子よりも安定な化合物が生成するため，結合の形成はエネルギー的に有利な過程である．ただし，周期表の18族に属する貴ガスだけは，単独の原子として安定である．すなわち，貴ガスは反応性に乏しく，容易に結合を形成することはない．これは貴ガスの電子配置が最初から特に安定なためである．この結果，結合の形成は次のような一つの重要な原理によって説明することができる．

- 結合の形成では，原子は電子を得るか，失うか，あるいは共有することによって，周期表においてその原子に最も近い貴ガスの電子配置を獲得する．

結合の形成には原子の価電子だけが関与する．形成される結合には，**イオン結合**と**共有結合**の異なる二つの種類がある．

イオン結合 ionic bond
共有結合 covalent bond

- 一つの原子から別の原子へ電子が移動することによって形成される結合を，**イオン結合**という．

- 二つの原子の間で電子を共有することによって形成される結合を，**共有結合**という.

元素の原子が形成する結合の種類は，周期表におけるその元素の位置によって決まる.

- 周期表の左側にある金属と右側にある非金属の間では，イオン結合が形成される.

イオン ion

図3・1に示すように，金属であるナトリウム Na と非金属である塩素 Cl_2 が結合すると，イオン化合物の塩化ナトリウム NaCl が生成する. 原子に含まれる陽子の数と電子の数が異なると，その化学種は電荷をもつことになる. このような化学種を**イオン**といい，イオンから形成される化合物をイオン化合物という. イオン化合物については§3・2において，イオンの形成過程から詳しく説明する.

- 二つの非金属，あるいはメタロイドと非金属の間では，共有結合が形成される.

分子 molecule

共有結合と分子については，4章で説明する.

共有結合によって結びついた二つ以上の原子からなる単体，あるいは化合物を**分子**という. たとえば，2個の水素原子が結合するときには，2個の電子が共有され，分子 H_2 が形成される.

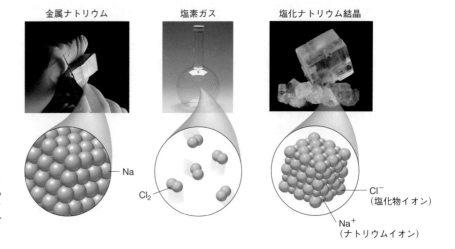

図3・1 **イオン化合物**. 金属ナトリウムと塩素ガスはいずれも単体である. 塩化ナトリウムはナトリウムイオンと塩化物イオンからなるイオン化合物である.

例題 3・1 イオン結合か共有結合かを推定する

次の化合物における結合はイオン結合か共有結合か.
(a) NaI（ヨウ化ナトリウム）　　(b) H₂O₂（過酸化水素）
解答　(a) ナトリウム Na は周期表の左側にある金属であり，ヨウ素 I は右側にある非金属である．したがって，NaI の結合はイオン結合である.
(b) H₂O₂ は非金属である水素と酸素だけを含むので，結合は共有結合であると推定される.

練習問題 3・1　次の化合物における結合はイオン結合か共有結合か.
(a) CO　　(b) CaF₂　　(c) MgO　　(d) HF

問題 3・1　ビタミン C の化学式は $C_6H_8O_6$ である．ビタミン C の原子の配列を知らなくても，この化合物の結合の種類を推定できる．ビタミン C にはどのような結合が存在するか.

3・2 イ オ ン

イオン化合物は反対の電荷をもつイオンから形成され，強い**静電引力**，すなわち反対の符号をもつ電荷が互いに引き合う電気的な力によって結びつけられている.

静電引力 electrostatic attraction

3・2A　カチオンとアニオン

イオンには**カチオン**と**アニオン**という二つの種類がある.

- カチオンは正電荷をもつイオンである．カチオンでは，電子の数が陽子の数よりも少ない.
- アニオンは負電荷をもつイオンである．アニオンでは，電子の数が陽子の数よりも多い.

カチオン cation, **陽イオン**ともいう.
アニオン anion, **陰イオン**ともいう.

イオンのもつ電荷の種類と大きさは，周期表の元素の位置に依存する．主要族元素の原子がイオンを形成する際には，原子が電子を失うか，あるいは電子を得ることによって，周期表におけるその元素に最も近い貴ガスの電子配置になる．これによってイオンは，完全にみたされた電子殻，すなわち原子核から最も離れた電子殻が電子で完全にみたされた特に安定な電子配置を獲得する.

たとえば，1 族に属するナトリウムの原子番号は 11 であるから，その電気的に中性の原子は 11 個の陽子と 11 個の電子をもつ．すなわち，ナトリウムは周期表において最も近い貴ガスであるネオンよりも電子が 1 個多い．ナトリウム原子が電子を 1 個失うと，+1 の電荷をもつカチオンが生成する．それは依然として 11 個の陽子をもっているが，その電子雲には 10 個の電子しかない.

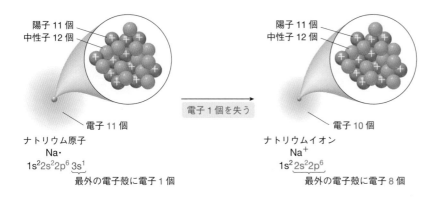

価電子の観点からみると，これは何を意味しているだろうか．電気的に中性のナト

リウム原子の電子配置は $1s^22s^22p^63s^1$ であり，それは 1 個の価電子をもつ．この価電子を失うと，ナトリウムイオン（Na^+ と表記される）を形成するが，それは貴ガスであるネオンの特に安定な電子配置 $1s^22s^22p^6$ をもつ．このように Na^+ は，2s 軌道と三つの 2p 軌道をみたす 8 個の電子をもっている．

　2 族に属するマグネシウムは電気的に中性の原子において，12 個の陽子と 12 個の電子をもつ．すなわち，マグネシウムは周期表において最も近い貴ガスであるネオンよりも電子が 2 個多い．マグネシウム原子が 2 個の電子を失うと，+2 の電荷をもつカチオンが生成する．それは依然として 12 個の陽子をもっているが，その電子雲には 10 個の電子しかない．

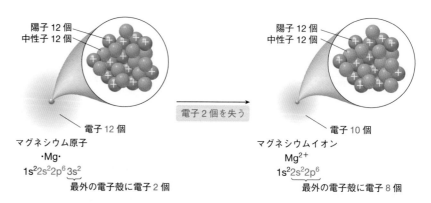

　価電子に注目すると，電気的に中性のマグネシウム原子の電子配置は $1s^22s^22p^63s^2$ で，それは 2 個の価電子をもつ．価電子を失うと，マグネシウムイオン（Mg^{2+} と表記される）を形成するが，それは貴ガスであるネオンの特に安定な電子配置 $1s^22s^22p^6$ をもつ．Mg^{2+} もまた，2s 軌道と三つの 2p 軌道をみたす 8 個の電子をもっている．

　ナトリウムとマグネシウムは金属の例である．

いくつかの金属，特にスズと鉛は，4 個の電子を失ってカチオンを形成することができる．

- 金属はカチオンを形成する．
- 原子は 1 個，2 個，あるいは 3 個の電子を失うことによって，電子で完全にみたされた最外の電子殻をもつカチオンを形成する．
- カチオンの大きさは，もとの電気的に中性の原子よりも小さくなる．これは，カチオンでは電子の数よりも陽子の数が多いので，正電荷をもつ原子核が残った電子をより近くに引きつけるためである．

　一方，17 族に属する塩素の電気的に中性の原子は，17 個の陽子と 17 個の電子をもつ．すなわち，塩素は周期表においてそれに最も近い貴ガスであるアルゴンよりも，

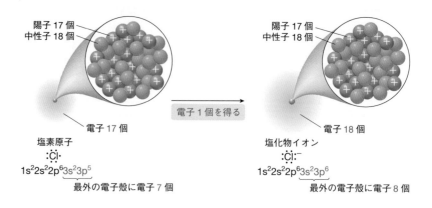

電子が1個少ない．塩素原子が電子を1個得ると，−1の電荷をもつアニオンが生成する．なぜなら，それは依然として17個の陽子をもっているが，その電子雲には18個の電子が存在するからである．

価電子に注目すると，電気的に中性の塩素原子の電子配置は$1s^2 2s^2 2p^6 3s^2 3p^5$で，それは7個の価電子をもつ．電子を1個獲得すると塩化物イオン（Cl^-と表記される）を形成するが，それは貴ガスであるアルゴンの特に安定な電子配置$1s^2 2s^2 2p^6 3s^2 3p^6$をもつ．Cl^-は，3s軌道と三つの3p軌道をみたす8個の電子をもっている．

塩素は非金属の例である．

- 非金属はアニオンを形成する．
- 原子は1個，2個，あるいは3個の電子を獲得することによって，電子で完全にみたされた最外の電子殻をもつアニオンを形成する．
- アニオンの大きさは，もとの原子よりも大きくなる．これは，アニオンでは電子の数が陽子の数よりも多いので，正電荷をもつ原子核による電子の束縛が緩いためである．

> イオンは，元素記号の右に，上付文字でその電荷を示すことによって表記する．Na^+やCl^-のように+1あるいは−1の電荷をもつイオンでは，数字の"1"は省略する．Mg^{2+}やO^{2-}のように電荷の大きさが"2"以上のときは，2+あるいは2−と表記する．

主要族元素から形成されるこれらのイオンは，いずれも8個の電子でみたされたs軌道と三つのp軌道をもっている．これをオクテットといい，次のような**オクテット則**が認められる．

オクテット則 octet rule

- 主要族元素はその最外の電子殻がオクテットを形成するとき，特に安定である．

分子図に示されたイオンを同定し，そのイオン記号を示せ．

電子2個

解答 　原子核に3個の陽子をもつ元素はリチウムである．原子核には3個の陽子があり，電子雲には2個の電子しかないので，イオンは正味の電荷+1をもつ．したがって，答はLi^+である．

練習問題 3・2 　次に示す陽子数と電子数をもつ化学種をイオン記号で表せ．
(a) 35陽子と36電子　　(b) 23陽子と21電子

次のイオンには，何個の陽子と電子が存在するか．
(a) Ca^{2+}　　(b) O^{2-}

解答 　(a) カルシウムCaは原子番号20であるから，陽子数は20である．電荷は+2であり電子よりも2個多く陽子があるので，イオンの電子数は18である．
(b) 酸素Oは原子番号8であるから，陽子数は8である．電荷は−2であり陽子よりも2個多く電子があるので，イオンの電子数は10である．

練習問題 3・3 　次のイオンには，何個の陽子と電子が存在するか．
(a) Se^{2-}　　(b) Fe^{3+}

問題 3・2 　次の図について以下の問いに答えよ．
(a) 球**A**と球**B**はSあるいはS^{2-}を表している．どちらがSで，どちらがS^{2-}か．(b) 球**C**と球**D**はLiあるいはLi^+を表している．どちらがLiで，どちらがLi^+か．

3・2B 　主要族元素における族番号とイオン電荷の関係

価電子の電子配置が同一の元素は，周期表において同じ族に属する．したがって，

同じ族に属する元素は，同じ電荷をもつイオンを形成する．さらに，主要族元素では，族番号を用いてその元素が生成するイオンの電荷を決定することができる．

- 金属はカチオンを形成する．1, 2 族の金属において，生成するカチオンの電荷と族番号は等しい．13 族の金属では +3 の電荷をもつカチオンが生成する．

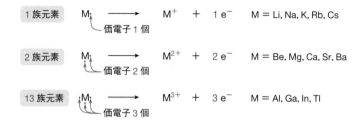

1 族元素（Li, Na, K, Rb, Cs）は 1 個の価電子をもつ．この電子が失われると，+1 の電荷をもつカチオンが生成する．2 族元素（Be, Mg, Ca, Sr, Ba）は 2 個の価電子をもつ．両方の電子が失われると，+2 の電荷をもつカチオンが生成する．13 族元素（Al, Ga, In, Tl）はカチオンを形成することもあるが，ふつうのイオン化合物にみられるのは Al だけである．Al は 3 個の価電子をもち，3 個の電子が失われると，+3 の電荷をもつカチオンが生成する．

1 族，2 族，13 族の元素に由来するカチオンは，Li^+ と Be^{2+} を除いて，すべて最外の電子殻がオクテットを形成している．Li^+ と Be^{2+} は，周期表においてそれらに最も近い貴ガスであるヘリウムと同一の電子配置 $1s^2$ をもっている．すなわち，Li^+ と Be^{2+} がオクテットをもたないにもかかわらず特に安定であるのは，電子で完全にみたされた最外の電子殻をもつためである．

- 非金属はアニオンを形成する．15, 16, 17 族の非金属において，生成するアニオンの電荷の大きさは 18 −（族番号）に等しい．

15 族元素	$\cdot\ddot{\mathrm{X}}\cdot$	$+ \; 3e^-$	$\longrightarrow$	$:\ddot{\mathrm{X}}:^{3-}$	X = N, P

価電子 5 個　　　　　　　　　　　電荷の大きさ = 18 −（族番号）= 18 − 15 = 3

16 族元素	$\cdot\ddot{\mathrm{X}}:$	$+ \; 2e^-$	$\longrightarrow$	$:\ddot{\mathrm{X}}:^{2-}$	X = O, S, Se

価電子 6 個　　　　　　　　　　　電荷の大きさ = 18 −（族番号）= 18 − 16 = 2

17 族元素	$:\ddot{\mathrm{X}}\cdot$	$+ \; 1e^-$	$\longrightarrow$	$:\ddot{\mathrm{X}}:^{-}$	X = F, Cl, Br, I

価電子 7 個　　　　　　　　　　　電荷の大きさ = 18 −（族番号）= 18 − 17 = 1

表 3・1　**主要族元素のイオン電荷**

族番号	価電子の数	得るあるいは失う電子の数	イオンの一般式
1	1	1 電子を失う	M^+
2	2	2 電子を失う	M^{2+}
13	3	3 電子を失う	M^{3+}
15	5	3 電子を得る	X^{3-}
16	6	2 電子を得る	X^{2-}
17	7	1 電子を得る	X^-

15 族元素は 5 個の価電子をもつ. 3 個の電子を獲得すると, −3 の電荷をもつアニオンが生成する (電荷の大きさは 18 − 15). 16 族元素は 6 個の価電子をもつ. 2 個の電子を獲得すると, −2 の電荷をもつアニオンが生成する (電荷の大きさは 18 − 16). 17 族元素は 7 個の価電子をもつ. 1 個の電子を獲得すると, −1 の電荷をもつアニオンが生成する (電荷の大きさは 18 − 17).

表 3・1 に主要族元素が形成するイオンの電荷について要約した. また, 図 3・2 の周期表には, 主要族元素から生成する一般的なイオンを示した.

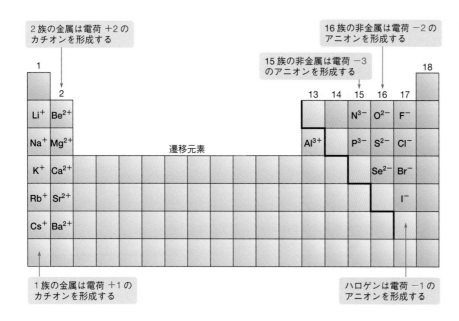

図 3・2　主要族元素から生成するおもなイオン

2 族の金属は電荷 +2 のカチオンを形成する

16 族の非金属は電荷 −2 のアニオンを形成する

15 族の非金属は電荷 −3 のアニオンを形成する

1 族の金属は電荷 +1 のカチオンを形成する

ハロゲンは電荷 −1 のアニオンを形成する

遷移元素

例題 3・4　族番号からイオンの電荷を決定する

次の元素について, 族番号を用いてその元素に由来するイオンの電荷を決定せよ.
(a) バリウム　　(b) 硫黄

解答　(a) バリウム Ba は 2 族元素であるので, +2 の電荷をもつカチオン Ba^{2+} を形成する.
(b) 硫黄 S は 16 族元素であるので, 大きさが 18 − 16 = 2 の負電荷をもつアニオン S^{2-} を形成する.

練習問題 3・4　次の元素について, 族番号を用いてその元素に由来するイオンの電荷を決定せよ. また, そのイオンと同一の電子配置をもつ貴ガスの元素記号と名称を記せ.
(a) マグネシウム　　(b) ヨウ素

3・2C　さまざまな電荷をもつ金属

遷移元素は他の金属と同様にカチオンを形成するが, その電荷の大きさを予想することは, 主要族元素の金属ほど簡単ではない. いくつかの遷移元素や主要族元素は, 複数の種類のカチオンを形成することがある. たとえば, 鉄は 2 種類の異なるカチオン Fe^{2+} と Fe^{3+} を形成する. Fe^{2+} は, Fe が 4s 軌道にある 2 個の価電子を失うこと

によって形成される．一方，Fe^{3+} は 4s 軌道の 2 個に加えて，3d 軌道から 1 個の合計 3 個の電子が失われることによって形成される．

　遷移元素に由来するカチオンは一般に，周期表においてその元素に最も近い貴ガスにはない d 電子を余分にもつので，オクテット則には従わない．図 3・3 には，遷移元素から形成される一般的なカチオンと，複数のカチオンを形成するいくつかの主要族元素をあわせて示した．

図 3・3　遷移元素および 14 族元素から生成するおもなカチオン

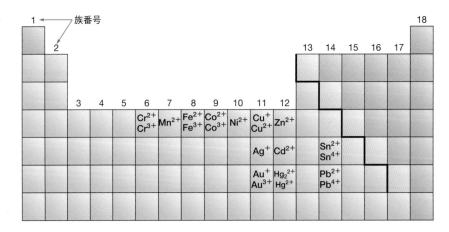

問題 3・3　次のカチオンに含まれる陽子と電子の数を求めよ．
(a) Au^+　　(b) Au^{3+}　　(c) Sn^{2+}　　(d) Sn^{4+}

人体において重要なイオン

　人体の細胞や器官が正常に機能するためには，多くの種類のイオンが必要とされる（図）．人体に存在する主要なカチオンは，Na^+，K^+，Ca^{2+}，Mg^{2+} である．K^+ と Mg^{2+} は細胞内に高濃度で存在し，Na^+ と Ca^{2+} は細胞の外にある体液に高濃度で存在する．Na^+ は血液や細胞外体液に存在する主要なカチオンであり，血液の体積や血圧を人体の器官が機能できる正常な範囲に維持するために，その濃度はさまざまな機構によって精密に制御されている．Ca^{2+} はおもに歯や骨のような固体の生体部位にみられるが，それはまた Mg^{2+} と同様に，適切な神経伝達や筋肉収縮のために必要である．

　これら 4 種類のカチオンに加えて，Fe^{2+} と Cl^- もまた人体にとって重要である．Fe^{2+} は赤血球による酸素の運搬において必須のイオンである．Cl^- は赤血球や胃液，および他の体液に存在する．Cl^- は Na^+ とともに，人体における体液バランスを調節するために，主要な役割を果たしている．

　Na^+ は毎日の食事で摂取すべき必須の無機物であるが，過剰な摂取は，高血圧や心臓疾患につながるとされている．18 歳以上の日本人の 1 日当たりのナトリウム必要量は，

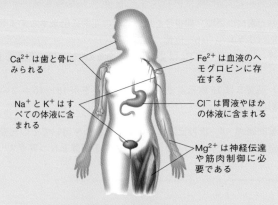

Ca^{2+} は歯と骨にみられる

Fe^{2+} は血液のヘモグロビンに存在する

Na^+ と K^+ はすべての体液に含まれる

Cl^- は胃液やほかの体液に含まれる

Mg^{2+} は神経伝達や筋肉制御に必要である

人体によくみられるイオン

600 mg（食塩相当量 1.5 g）である．しかし，この値は日本人の食生活を考慮すると現実的ではないため，1 日当たりの食塩摂取量の目標値として，男性 8.0 g 未満，女性 7.0 g 未満が定められている．

3・3　イオン化合物

　1個あるいは複数の電子が，周期表の左側に位置する金属から，右側に位置する非金属へ移動すると，**イオン結合**が生成する.

イオン結合 ionic bond

• イオン化合物はカチオンとアニオンから構成される.

　イオン化合物においてイオンは，反対の電荷をもつイオンの間に働く引力が最大になるように配列している. たとえば，塩化ナトリウム $NaCl$ はナトリウムイオン Na^+ と塩化物イオン Cl^- から形成され，それらが規則的に配列して結晶格子を形成している. それぞれの Na^+ は6個の Cl^- によって取囲まれており，それぞれの Cl^- もまた6個の Na^+ によって取囲まれている. このように，正電荷をもつカチオンはそれが引き合う電荷をもった粒子，すなわちアニオンとは近接して位置し，またそれが反発する電荷をもった粒子，すなわちカチオンからは離れて位置している.

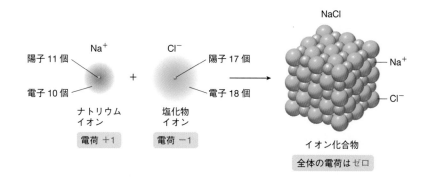

• イオン化合物における電荷の総和は，常に全体でゼロでなければならない.

　イオン化合物に対する化学式は，足し合わせると全体の電荷がゼロとなるイオンの比を示している. たとえば，ナトリウムイオンは +1 の電荷をもち，塩化物イオンは −1 の電荷をもつので，それぞれの Cl^- に対して一つの Na^+ がなくてはならない. したがって，塩化ナトリウムの化学式は $NaCl$ になる.

　異なる大きさの電荷をもつカチオンとアニオンが結合したときには，カチオンとアニオンの数は等しくはない. カルシウム Ca とフッ素 F から形成されるイオン化合物を考えよう. カルシウムは2族に属するので，2個の価電子を失って Ca^{2+} を形成する. 一方，フッ素は17族に属するので，他のハロゲンと同様に，1個の電子を獲得して F^- を形成する. Ca^{2+} と F^- が結合するとき，全体の電荷がゼロとなるために，それぞれの Ca^{2+} に対して二つの F^- がなくてはならない.

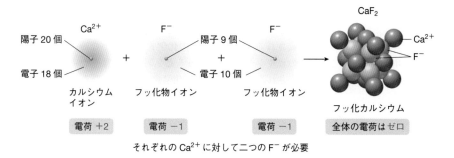

イオン化合物の化学式を書く際に，全体の電荷をゼロにするために二つ以上のイオンが必要なときには，下付文字を用いてそれを表す．上述の例では，それぞれの Ca^{2+} に対して二つの F^- が必要なので，化学式は CaF_2 となる．図3・4には，全体の電荷をゼロにするためのカチオンとアニオンの組合わせ方について，さらにいくつかの例を示した．

図3・4 **全体の電荷がゼロになるイオン化合物の例.** あるイオンが反対の電荷をもつイオンと結合してイオン化合物を生成するとき，イオンの数の比はそれぞれのイオンの電荷の大きさに依存する.

NaCl	Li₂O	BaI₂	Al₂O₃
Na^+ Cl^-	Li^+ O^{2-}	Ba^{2+} I^-	Al^{3+} O^{2-}
+1 −1	+2 −2	+2 −2	+6 −6

NaCl：1個の Na^+（電荷 +1）は1個の Cl^-（電荷 −1）と結合する
Li₂O：2個の Li^+（電荷 +1）は1個の O^{2-}（電荷 −2）と結合する
BaI₂：1個の Ba^{2+}（電荷 +2）は2個の I^-（電荷 −1）と結合する
Al₂O₃：2個の Al^{3+}（全部で電荷 +6）は3個の O^{2-}（全部で電荷 −6）と結合する

2種類の元素からなるイオン化合物の化学式を書くことは，役に立つ技術であり，以下に示す一連の段階に従って行うことができる．

How To　イオン化合物の化学式を書く方法

段階 1　どの元素がカチオンになり，どの元素がアニオンになるかを判定する．
• 金属はカチオンを形成し，非金属はアニオンを形成する．
• 主要族元素の族番号を用いて，電荷を決定する．
たとえば，カルシウムと酸素からなるイオン化合物は，金属であるカルシウムがカチオンになり，非金属である酸素がアニオンになる．2族に属するカルシウムは2個の電子を失って，Ca^{2+} を形成する．一方，16族に属する酸素は2個の電子を獲得して，O^{2-} を形成する．
段階 2　全体の電荷をゼロにするために，それぞれのイオンがいくつ必要かを決定する．
• カチオンとアニオンが同じ大きさの電荷をもつとき，それぞれ1個だけが必要である．

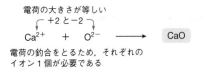

電荷の大きさが等しい
+2と−2
Ca^{2+} ＋ O^{2-} ⟶ CaO
電荷の釣合をとるため，それぞれのイオン1個が必要である

• Ca^{2+} と Cl^- の場合のように，カチオンとアニオンが異なる大きさの電荷をもつときは，イオンの電荷を用いて，それぞれ必要となるイオンの数を決定する．イオンがもつ電荷から，

• 電荷を釣合わせるために必要な，反対の電荷をもつイオンの数がわかる．
• カチオンに対して，アニオンの電荷と大きさが等しい下付文字をつける．アニオンに対して，カチオンの電荷と大きさが等しい下付文字をつける．

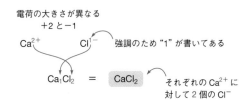

電荷の大きさが異なる
+2と−1
Ca^{2+}　　Cl^-　　強調のため "1" が書いてある
Ca_1Cl_2 ＝ CaCl₂　　それぞれの Ca^{2+} に対して2個の Cl^-

段階 3　化学式を書くときには，最初にカチオンを書き，つづいてアニオンを書く．電荷は省略する．
• 全体の電荷をゼロにするために必要なそれぞれのイオンの数を，下付文字を用いて表す．下付文字が書かれていないときは，"1" であるとみなされる．段階2で示したように，1個のカルシウムイオン Ca^{2+} と1個の酸化物イオン O^{2-} から形成されるイオン化合物の化学式は CaO となる．また，1個のカルシウムイオン Ca^{2+} と2個の塩化物イオン Cl^- から形成されるイオン化合物の化学式は CaCl₂ となる．

問題 3・4　次の元素の組合わせから形成されるイオン化合物の化学式を書け．
(a) 銀と硫黄　　(b) バリウムと酸素　　(c) マグネシウムとヨウ素

3・4 イオン化合物の命名法

前節でいくつかの簡単なイオン化合物の化学式の書き方を学んだので，次にその化合物を命名する方法を学ばなければならない．それぞれの化合物にあいまいでない名称をつける体系的な方法を，**命名法**という．

命名法 nomenclature

3・4A カチオンの名称

• 主要族元素の金属に由来するカチオンは，その元素の名称が与えられる．

一般に金属カチオンでは，電気的に中性の金属自身と区別するために，元素の名称の後に"イオン"という語をつける．たとえば，血液試料中のナトリウム濃度を決定するとき，実際に測定するのはナトリウムイオン Na^+ の濃度である．

金属が2種類の異なるカチオンを形成するときには，これらのカチオンを区別する方法が必要となる．この場合には，カチオンの名称に続けて，括弧に入れたローマ数字によってそのイオンの電荷を示す．たとえば，元素の鉄 Fe は2種類のカチオン Fe^{2+} と Fe^{3+} を形成する．それらはそれぞれ，鉄(II)イオン，鉄(III)イオンと命名する．

Na^+	K^+
ナトリウムイオン	カリウムイオン
Ca^{2+}	Mg^{2+}
カルシウムイオン	マグネシウムイオン

カリウムは心臓や骨格筋の機能，および神経による興奮伝達を正常に保つために，きわめて重要なカチオンである．電解質補給飲料を飲むことで，汗で失われた K^+ を補給することができる．

3・4B アニオンの名称

• アニオンは，日本語名では元素の名称の語尾を，"-化物イオン"に変える．英語名では元素の名称の最初の部分に接尾語"-ide"をつけることによって命名する．

Cl　－－－→　Cl^-
塩素　　　　　塩化物イオン
(chlorine)　　(chloride)
-素を-化物イオンに変える
[(-ine を -ide に変える)]

O　－－－→　O^{2-}
酸素　　　　　酸化物イオン
(oxygen)　　(oxide)
-素を-化物イオンに変える
[(-ygen を -ide に変える)]

表3・2に非金属元素に由来する一般的なアニオンの名称を示した．

表 3・2 一般的なアニオンの名称

元 素	イオン記号	名 称	元 素	イオン記号	名 称
臭素(bromine)	Br^-	臭化物イオン(bromide)	窒素(nitrogen)	N^{3-}	窒化物イオン(nitride)
塩素(chlorine)	Cl^-	塩化物イオン(chloride)	酸素(oxygen)	O^{2-}	酸化物イオン(oxide)
フッ素(fluorine)	F^-	フッ化物イオン(fluoride)	リン(phosphorus)	P^{3-}	リン化物イオン(phosphide)
ヨウ素(iodine)	I^-	ヨウ化物イオン(iodide)	硫黄(sulfur)	S^{2-}	硫化物イオン(sulfide)

3・4C 主要族元素の金属に由来するカチオンを含むイオン化合物の名称

主要族元素に由来するカチオンの電荷は，決して変化しない．このようなカチオンをもつイオン化合物は，日本語名では最初にアニオン部分をよび，つづいてカチオン部分を後につけることによって命名される．アニオン部分は元素の名称の語尾を

健康と医療におけるイオン化合物

　病気を予防したり良好な健康状態を維持するために，簡単なイオン化合物が薬剤や添加剤として用いられている．たとえば，必須栄養素のヨウ素が欠乏している患者には，ヨウ化カリウム KI が処方される．人体にとってヨウ素は，甲状腺ホルモンを合成するために必要である．日常の食事でヨウ素が不足すると，甲状腺ホルモンの生産が不十分になり，それを補うために甲状腺が肥大化して，甲状腺腫をつくることがある．また，塩化カリウム KCl は，体内のカリウム濃度が低い患者に処方されるイオン化合物である．体内のカリウム濃度を適切に保つことは，正常な体液バランスや器官機能

を維持するために必要である．
　フッ素には歯のエナメル質を強化し，虫歯を予防する働きがあるとされており，多くの歯磨き粉にはフッ化ナトリウム NaF が添加されている．

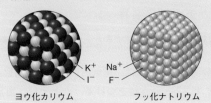

ヨウ化カリウム　　　　　フッ化ナトリウム

“‒化”とする．カチオンの電荷を特定する必要はなく，また電荷を釣合わせるために必要となるそれぞれのイオンの数を特定する必要もない．なお，英語名ではアニオン部分を先により，カチオン部分を後につける．

$$Na^+ \qquad\qquad F^- \qquad\dashrightarrow\qquad NaF$$
ナトリウムイオン　　　フッ化物イオン　　　　　　　　フッ化ナトリウム
(sodium)　　　　　　　(fluoride)　　　　　　　　　　(sodium fluoride)

$$Mg^{2+} \qquad\qquad Cl^- \qquad\dashrightarrow\qquad MgCl_2$$
マグネシウムイオン　　塩化物イオン　　　　　　　　　塩化マグネシウム
(magnesium)　　　　　(chloride)　　　　　　　　　　(magnesium chloride)

　たとえば，$BaCl_2$ は塩化バリウム（barium chloride）と命名され，二塩化バリウム（barium dichloride）ではない．それぞれのイオンの数は，全体の電荷がゼロでなければならないことから，その名称のなかに示されている．

例題 3・5　主要族元素の金属を含むイオン化合物の名称

次のそれぞれのイオン化合物を命名せよ．
(a) Na_2S　　　(b) $AlBr_3$
解答　(a) Na_2S　日本語名では，アニオン部分は硫黄の語尾を“‒化”として“硫化”となる．カチオン部分はナトリウムなので，名称は硫化ナトリウムとなる．英語名では，カチオンは sodium，アニオンは sulfur の末尾を接尾語 “-ide” で置き換えて sulfide となる．したがって，名称は sodium sulfide となる．
(b) $AlBr_3$　日本語名では，アニオン部分は臭素の語尾

を“‒化”として“臭化”となる．カチオン部分はアルミニウムなので，名称は臭化アルミニウムとなる．英語名では，カチオンは aluminium，アニオンは bromine の末尾を接尾語 “-ide” で置き換えて bromide となる．したがって，名称は aluminium bromide となる．

練習問題 3・5　次のそれぞれのイオン化合物を命名せよ．
(a) NaF　　　(b) $SrBr_2$　　　(c) Li_2O

3・4D　複数のカチオンを形成する金属を含むイオン化合物の名称

　複数のカチオンを形成する金属を含むイオン化合物を命名するには，まずカチオンの電荷を決定しなければならない．イオン化合物の化学式から，アニオン 1 個当たり何個のカチオンが存在するかがわかるので，カチオンの電荷を決定することができる．

How To　複数のカチオンを形成する金属を含むイオン化合物を命名する方法

例　$CuCl_2$ の名称を示せ.
段階 1　カチオンの電荷を決定する.
• それぞれが -1 の電荷をもつ塩化物イオン Cl^- が 2 個あるので，銅イオンは，全体の電荷をゼロにするために，$+2$ の電荷をもたねばならない.

$$CuCl_2 \xrightarrow{\quad Cl^-\,2\,個\quad} 全体の負電荷は -2$$

アニオンの電荷 -2 と釣合をとるため，
Cu は電荷 $+2$ をもたねばならない
$\longrightarrow Cu^{2+}$

段階 2　カチオンとアニオンを命名する.

• 元素の名称に続けて，ローマ数字によってそのイオンの電荷を示すことにより，カチオンを命名する.
• アニオンは，日本語名では元素の名称の語尾を "-化" とする. 英語名では，元素の名称の語尾を接尾語 "-ide" に変える.

$$Cu^{2+} \dashrightarrow 銅(II)イオン〔copper(II)〕$$
$$Cl^- \dashrightarrow 塩化物イオン（chloride）$$

段階 3　日本語名では，アニオン部分を先によび，カチオン部分を後につける. 英語名では，最初にカチオンの名称をよび，つづいてアニオンの名称をつける.

塩化銅(II)〔copper(II) chloride〕

例題 3・6 には，決まった電荷をもつ金属を含むイオン化合物と，変化する電荷をもつ金属を含むイオン化合物の命名における違いが示されている.

例題 3・6　**イオン化合物を命名する**

次のイオン化合物を命名せよ.
(a) SnF_2　　(b) Al_2O_3
解答　(a) SnF_2　Sn は複数のカチオンを形成するので，全体のアニオンの電荷からカチオンの電荷を決定する.

$$SnF_2 \xrightarrow{\quad F^-\,2\,個\quad} 全体の負電荷は -2$$

アニオンの電荷 -2 と釣合をとるため，Sn は電荷 $+2$ をもたねばならない
↓フッ化物イオン　　　↓スズ(II)イオン
（fluoride）　　　　　〔tin(II)〕

答　フッ化スズ(II)〔tin(II) fluoride〕

(b) Al_2O_3　Al イオンは決まった電荷 $+3$ をもつ.

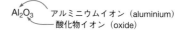
Al_2O_3　アルミニウムイオン（aluminium）
　　　　　酸化物イオン（oxide）

答　酸化アルミニウム（aluminium oxide）

練習問題 3・6　次のイオン化合物を命名せよ.
(a) $CrCl_3$　　(b) PbS　　(c) PbO_2

問題 3・5　鉄がさびると Fe_2O_3 が生成する. 鉄の空気酸化によって生成するこの化合物を命名せよ.

3・4E　イオン化合物の名称に基づく化学式の表記

これまでは，イオン化合物の化学式に名称を与えることに注目してきた. 一方，イオン化合物の名称から化学式を書くことも，身につけておくべき有用な技術である.

How To　イオン化合物の名称から化学式を導く方法

例　酸化スズ(IV)〔tin(IV) oxide〕の化学式を書け.
段階 1　カチオンとアニオンを同定し，それらの電荷を決定する.
• まずアニオン部分の名称が現れ，つづいてカチオンが現れる. 英語名では，先にカチオンの名称が現れ，つづいてアニオンが現れる.
• 複数のカチオンを形成する金属では，ローマ数字がカチオンの電荷を与える. この例では，スズがカチオンである. ローマ数字からスズイオンの電荷が $+4$ であることがわかるので，カチオンは Sn^{4+} となる. "酸化" は酸素のアニオン O^{2-}

の名称である（表3・2）.
段階 2　電荷を釣合わせる.
• カチオンの電荷を用いて，電荷を釣合わせるために必要なアニオンの数を決定する.

$$Sn^{4+} \qquad O^{2-}$$
カチオン　　アニオン　それぞれの電荷 $+4$ のカチオンに対して，電荷 -2 のアニオン 2 個が必要

段階 3　化学式はカチオンを最初に書く. 下付文字を用いて，全体の電荷がゼロになるために必要なそれぞれのイオンの数を示す. したがって，SnO_2 となる.

(a) 臭化カルシウム（calcium bromide）　　　(b) ヨウ化銅(I)〔copper(I) iodide〕
(c) 臭化鉄(Ⅲ)〔iron(Ⅲ) bromide〕　　　　(d) 酸化ナトリウム（sodium oxide）

3・5　イオン化合物の物理的性質

　イオン化合物は結晶性の固体であり，カチオンの正電荷とアニオンの負電荷の相互作用が最大になるように配列したイオンから構成される．結晶格子におけるイオンの配列様式は，イオンの相対的な大きさと電荷によって決まる．イオン性固体は，反対の電荷をもつイオン間に働くきわめて強い引力によって，ばらばらにならずに形状を保っている．このことは，イオン化合物の融点や沸点にどのような影響を与えるのだろうか．

　物質が融解により固体から液体になるときには，エネルギーが必要である．これは，規則正しく配列した固体の粒子間に働く引力に，部分的に打勝つ必要があるためである．イオン化合物では，非常に強い静電引力によってイオンが結びつけられているので，それらを互いに分離するためには，きわめて大きなエネルギーを必要とする．この結果，イオン化合物は非常に高い融点をもつ．たとえば，NaCl の融点は 801 ℃ である．

　きわめて大きなエネルギーは，液相のイオン間に働く引力に打勝って，イオンが互いに離れて存在し，無秩序にふるまう気相を形成する際にも必要である．このため，イオン化合物は非常に高い沸点をもつ．液体 NaCl の沸点は 1413 ℃ である．

　非常に多くのイオン化合物は水に可溶である．図3・5に示すように，イオン化合物が水に溶解すると，イオンはばらばらになり，アニオンとカチオンはそれぞれ溶媒の水分子によって取囲まれる．水分子とイオンとの相互作用が，結晶のイオン間に働く強い引力に打勝つために必要なエネルギーを供給する．

溶解については 8 章で詳しく述べる.

図 3・5　**NaCl の水への溶解**. NaCl が水に溶解すると，Na$^+$ と Cl$^-$ はそれぞれ水分子によって取囲まれる. これらのイオンと水分子との相互作用によって，結晶格子を形成しているイオンをばらばらにするために必要なエネルギーが供給される.

水溶液 (aqueous solution) は液体の水に溶解した物質を含んでいる.

　イオン化合物が水に溶解すると，得られた水溶液は電気を通す．これによって，イオン化合物と 4 章で述べる共有結合化合物を識別することができる．それらは水に溶解してもイオンを生成しないため，その水溶液は電気を通さない．

3・6　多原子イオン

　イオンが複数の原子から構成されることもある．それが電荷をもつのは，そのイオンを形成するすべての原子の原子核に含まれる陽子の総数と，電子の総数が異なるからである．

- 複数の原子からなるカチオンあるいはアニオンを**多原子イオン**という．

多原子イオン polyatomic ion

　多原子イオンを構成する原子どうしは共有結合によって結びつけられているが，イオンは電荷をもつので，他のイオンとはイオン結合によって結合する．たとえば，硫酸カルシウム $CaSO_4$ はカルシウムイオン Ca^{2+} と，多原子アニオンである硫酸イオン SO_4^{2-} からなる．$CaSO_4$ は骨折した際に用いるギプスをつくるために利用される．

　主要な多原子カチオンは**オキソニウムイオン** H_3O^+ と，**アンモニウムイオン** NH_4^+ の2種類だけである．

オキソニウムイオン oxonium ion
アンモニウムイオン ammonium ion

H_3O^+
オキソニウム
イオン

NH_4^+
アンモニウム
イオン

H_3O^+ は9章で述べる酸塩基の化学において重要な役割を果たす．

　対照的に，いくつかの一般的な多原子アニオンがある．そのほとんどは，一つ，あるいは複数の酸素原子と結合した炭素，硫黄，リンのような非金属元素を含んでいる．代表的な例は，**炭酸イオン** CO_3^{2-}，**硫酸イオン** SO_4^{2-}，**リン酸イオン** PO_4^{3-} である．表3・3にはよくみられる多原子アニオンを一覧表にまとめた．

炭酸イオン carbonate
硫酸イオン sulfate
リン酸イオン phosphate

　ほとんどの多原子アニオンの名称は，日本語名ではその母体となる酸の名称の後に“イオン”という語をつける．英語名では酸の名称“-ic acid”の最初の部分に，接尾語“-ate”をつけることによって命名する．ただし，水酸化物イオン OH^-（hydroxide）とシアン化物イオン CN^-（cyanide）はこの一般則の例外である．このほかに多原子イオンの命名法には，次に述べるような注目に値する二つの特徴がある．

- 非金属元素と複数の酸素原子からなる多原子アニオンにおいて，酸素原子が一つ少ないアニオンには，日本語名では“亜”をつける．英語名では接尾語“-ate”を“-ite”に変える．たとえば，SO_4^{2-} が硫酸イオン（sulfate）であるのに対して，SO_3^{2-} は亜硫酸イオン（sulfite）である．
- あるアニオンに H^+ を付け加えて生成するアニオンは，日本語名では“水素”を付け加える．英語名ではもとのアニオンに“hydrogen”をつける．たとえば，SO_4^{2-} が硫酸イオン（sulfate）であるのに対して，HSO_4^{2-} は硫酸水素イオン（hydrogensulfate）である．

SO_4^{2-}
硫酸イオン

SO_3^{2-}
亜硫酸イオン

HSO_4^-
硫酸水素イオン

医薬品に使われるイオン化合物

　イオン化合物はいくつかの一般用医薬品の有効成分になっている．例として，制酸薬である炭酸カルシウム $CaCO_3$，制酸薬や緩下薬の有効成分である水酸化マグネシウム $Mg(OH)_2$，貧血症の治療に用いられる硫酸鉄(II) $FeSO_4$ がある．

　いくつかのイオン化合物は，静脈注射用薬剤として投与される．炭酸水素イオン HCO_3^- は血液の酸塩基平衡を制御する重要な多原子イオンである．血液が酸性になり過ぎた場合には，炭酸水素ナトリウム $NaHCO_3$ が静脈注射によって投与され，酸性を低下させる．緩下薬である硫酸マグネシウ

Ca^{2+}
CO_3^{2-}
$CaCO_3$

Mg^{2+}
OH^-
$Mg(OH)_2$

Fe^{2+}
SO_4^{2-}
$FeSO_4$

ム $MgSO_4$ もまた，妊娠に伴う著しい高血圧によってひき起こされる発作を抑制するために，静脈注射によって与えられる．

カキや他の貝類の殻は，おもに炭酸カルシウム $CaCO_3$ からできている．

表 3・3　一般的な多原子アニオンの名称

非金属元素	化学式	名　称
炭素(carbon)	$CO_3{}^{2-}$	炭酸イオン(carbonate)
	$HCO_3{}^-$	炭酸水素イオン(hydrogencarbonate)
	$CH_3CO_2{}^-$	酢酸イオン(acetate)
	CN^-	シアン化物イオン(cyanide)
窒素(nitrogen)	$NO_3{}^-$	硝酸イオン(nitrate)
	$NO_2{}^-$	亜硝酸イオン(nitrite)
酸素(oxygen)	OH^-	水酸化物イオン(hydroxide)
リン(phosphorus)	$PO_4{}^{3-}$	リン酸イオン(phosphate)
	$HPO_4{}^{2-}$	リン酸水素イオン(hydrogenphosphate)
	$H_2PO_4{}^-$	リン酸二水素イオン(dihydrogenphosphate)
硫黄(sulfur)	$SO_4{}^{2-}$	硫酸イオン(sulfate)
	$HSO_4{}^-$	硫酸水素イオン(hydrogensulfate)
	$SO_3{}^{2-}$	亜硫酸イオン(sulfite)
	$HSO_3{}^-$	亜硫酸水素イオン(hydrogensulfite)

3・6A　多原子イオンを含むイオン化合物の化学式の表記

　多原子イオンを含むイオン化合物の化学式を書くことは，単一の電荷をもつ原子からなるイオン化合物の化学式を書くことと同じであり，§3・3で概要を述べた方法に従えばよい．

　カチオンとアニオンが同じ大きさの電荷をもつとき，全体の電荷をゼロにするためには，それぞれのイオンが一つだけ必要となる．

　マグネシウムイオン Mg^{2+} と水酸化物イオン OH^- のように，電荷の大きさが異なるイオンから形成される化合物では，イオンの電荷から，電荷を釣合わせるために必要な反対の電荷をもつイオンの数がわかる．

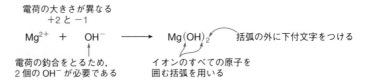

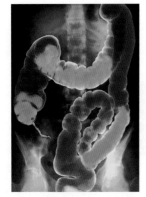

硫酸バリウム $BaSO_4$ は，X線撮影によって消化器系を視覚化するための造影剤として利用される．

　多原子イオンであることを示すために，括弧が用いられる．また，電荷を釣合わせるために必要なそれぞれのイオンの数を，下付文字を用いて表す．たとえば，Mg^{2+} と OH^- からなるイオン化合物の化学式は $Mg(OH)_2$ と表記される．MgO_2H_2 や $MgOH_2$ ではないことに注意せよ．

例題 3・7　多原子イオンを含むイオン化合物の化学式を書く

カルシウムとリン酸イオンから形成されるイオン化合物の化学式を書け.

解答

[1]　カチオンとアニオンを同定し, それらの電荷を決定する.

- カルシウムはカチオンを形成し, 図3・2からカルシウムの電荷は +2 (Ca^{2+}) である.
- リン酸イオンは −3 の電荷をもつ多原子アニオン (PO_4^{3-}) である.

[2]　電荷を釣合わせる.

- カチオンとアニオンの電荷の大きさが異なるので, それぞれのイオンの電荷を用いて, 全体の電荷がゼロとなるようにそれぞれのイオンの相対的な数を決定する.
- イオンの電荷から, 電荷を釣合わせるために必要な反対の電荷をもつイオンの個数がわかる.

[3]　化学式は最初にカチオンを書き, つづいてアニオンを書く. さらに, 必要となるそれぞれのイオンの数を, 下付文字を用いて表す.

- 電荷を釣合わせるために, PO_4^{3-} 二つに対して三つの Ca^{2+} が必要となる. したがって, 化学式は $Ca_3(PO_4)_2$ である.

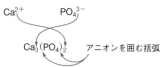

練習問題 3・7　次のカチオンとアニオンの組合わせから形成されるイオン化合物の化学式を書け.

(a) カリウムイオンと硝酸イオン
(b) アンモニウムイオンと硫酸イオン
(c) カルシウムイオンと硫酸水素イオン
(d) バリウムイオンと水酸化物イオン

3・6B　多原子イオンを含むイオン化合物の命名

多原子アニオンをもつイオン化合物は, §3・4C と §3・4D に概要を述べた方法に従って命名される. 表3・3に示したアニオンの名称と構造を記憶する簡単な方法はない.

例題 3・8　多原子イオンを含むイオン化合物を命名する

次のイオン化合物を命名せよ.

(a) $NaHCO_3$　　(b) $Al_2(SO_4)_3$

解答　(a) $NaHCO_3$　ナトリウムイオン (sodium cation) は +1 の決まった電荷をもつ. アニオン HCO_3^- は炭酸水素イオン (hydrogencarbonate) とよばれる.

答　炭酸水素ナトリウム (sodium hydrogencarbonate)

(b) $Al_2(SO_4)_3$　アルミニウムイオン (aluminium cation) は +3 の決まった電荷をもつ. SO_4^{2-} は硫酸イオン (sulfate) とよばれる.

答　硫酸アルミニウム (aluminium sulfate)

練習問題 3・8　次のイオン化合物を命名せよ.

(a) $Ca(OH)_2$　　(b) $Mn(CH_3CO_2)_2$　　(c) $Fe(HSO_3)_3$
(d) $Mg_3(PO_4)_2$

骨粗鬆症の治療

生体のほとんどの部分は共有結合によって形成される化合物からなるが, 骨の約70%は**ヒドロキシアパタイト** (hydroxyapatite) という化学式 $Ca_{10}(PO_4)_6(OH)_2$ をもつ複雑なイオン性の固体からなっている. 人の生涯を通して, ヒドロキシアパタイトは絶えず分解し, 再生される. しかし, 閉経後の女性はしばしば, 骨が分解する速さが合成される速さを上回るため, 骨がもろくなり壊れやすくなることがある. この状態を**骨粗鬆症** (osteoporosis) という.

近年, ある薬剤が骨粗鬆症に有効であることが示された. この薬剤はアレンドロン酸ナトリウムであり, 骨が分解する速さを抑制することによって骨密度を増大させる. アレンドロン酸ナトリウムは化学式 $Na[C_4H_{12}NO_7P_2]$ をもつイオン化合物であり, ナトリウムイオン Na^+ と多原子アニオン $[C_4H_{12}NO_7P_2]^-$ を含んでいる.

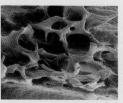

正常な骨(左)と骨粗鬆症によってもろくなった骨(右). 骨粗鬆症になると骨密度が減少するため, 骨はもろくなり折れやすくなる.

4

共有結合化合物

共有結合化合物の塩化メチル CH_3Cl は，火山の噴火によって大気中に放出される多くの気体の一つである．

　私たちが日常生活で接するほとんどの化合物は，**共有結合化合物**である．共有結合は原子間で電子を共有することによって形成される結合である．空気の主成分である窒素と酸素，また私たちの身体をおもに構成する水はいずれも共有結合化合物である．さらにほとんどの医薬品やプラスチック，合成繊維など化学工業製品は実質的にすべて共有結合化合物である．4 章では，共有結合から形成される化合物の重要な性質について学ぶ．

4・1　共有結合論入門

　§3・1 において，共有結合は二つの原子の間で電子を共有することによって形成されることを学んだ．たとえば，それぞれ 1 個の電子をもつ 2 個の水素原子 H· が結びつくとき，2 個の電子からなる共有結合が形成される．負電荷をもつ 2 個の電子は，正電荷をもつ両方の水素原子核にひきつけられ，水素分子 H_2 が生成する．この配置は特に安定である．なぜなら，それぞれの水素原子は電子を共有することによって，ヘリウムの安定な貴ガス電子配置を獲得するからである．

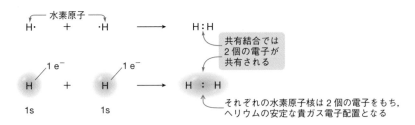

・共有結合は，原子が価電子を共有することにより形成される二電子結合である．
・共有結合によって形成される単体あるいは化合物を，**分子**という．

分子 molecule

　一般に，二つの元素記号の間を実線でつなぐことによって，これらの原子間に形成される二電子結合を表記する．たとえば，水素分子 H_2 は次のように書く．

$$H_2 \ = \ H{:}H \ = \ H{-}H$$

二電子結合

　水素 H_2 のように，ただ2個の原子から形成される分子を**二原子分子**という．水素に加えて，他の六つの単体，すなわち窒素 N_2, 酸素 O_2, フッ素 F_2, 塩素 Cl_2, 臭素 Br_2, ヨウ素 I_2 が二原子分子として存在する．

二原子分子 diatomic molecule

　フッ化水素 HF は2種類の異なる原子，水素 H とフッ素 F の間で形成される二原子分子の例である．H は価電子を1個もち，F は価電子を7個もつ．H と F はそれぞれ1電子を供与し，それらを共有することによって単一の二電子結合を形成する．

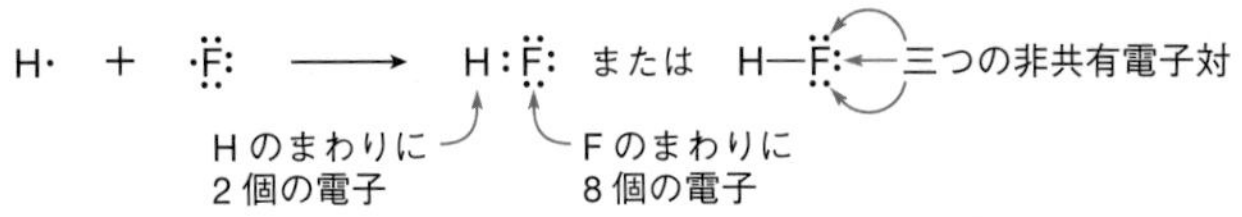

H・　+　・F̈: ────→　H:F̈: または　H—F̈:──三つの非共有電子対

Hのまわりに　　　　Fのまわりに
2個の電子　　　　　8個の電子

　分子が形成されることによって，H と F は両方とも原子価殻が完全にみたされる．すなわち，H は2個の電子によって取囲まれ，ヘリウムの貴ガス電子配置となる．一方，F は8個の電子によって取囲まれ，ネオンの貴ガス電子配置を獲得する．フッ素原子は一つの共有結合において2個の電子を水素原子と共有し，また水素原子と共有しない3対の電子対をもっている．これらの共有されていない電子対を**非共有電子対**，あるいは**孤立電子対**という．

非共有電子対 unshared electron pair

孤立電子対 lone pair

非共有電子対 ＝ 孤立電子対

- 共有結合の形成では，原子は電子を共有することによって周期表で，その原子に最も近い貴ガスの電子配置を獲得する．

　この結果，水素は2個の電子を共有する．他の主要族元素はその最外電子殻がオクテットを形成するときに，特に安定となる．

問題 4・1　ルイス記号（§2・7B）を用いて，水素原子と塩素原子からどのように二原子分子 HCl が形成されるかを説明せよ．また，それぞれの原子が，周期表でそれに最も近い貴ガスの電子配置をもつことを示せ．

　2個の原子がイオン結合ではなく，共有結合を形成するのはどのようなときだろうか．一般に，共有結合は2個の非金属が結びつくときに形成される．非金属は容易には電子を失わないので，その結果として，ある非金属から別の非金属への電子の移動は起こりにくい．また，共有結合はメタロイドが非金属と結合するときにも形成される．さらに，最外電子殻が電子で完全にみたされたイオンを生成するには，数個の電子を獲得するかあるいは失う必要がある元素では，共有結合の形成が有利となる．

　メタン CH_4, アンモニア NH_3, 水 H_2O は共有結合をもつ分子の例であり，それぞれの主要族元素が8個の電子によって取囲まれている．メタンは水田において有機物質の分解によって放出される気体であり，それぞれ2個の電子からなる四つの炭素－水素共有結合をもっている．農業用肥料に用いられるアンモニアの窒素原子は，三つの結合と一つの非共有電子対をもつので，その最外電子殻はオクテットを形成している．水の酸素原子もまた，二つの結合と二つの非共有電子対をもつので，その最外電子殻はオクテットを形成している．

　次の図に示すような分子に対する点電子構造式を，**ルイス構造**という．ルイス構造は分子におけるすべての価電子，すなわち結合における共有電子対と非共有電子対の位置を示すものである．ルイス構造を書くための一般的な方法は§4・2で学ぶ．

ルイス構造 Lewis structure

　一般に原子は，いくつの共有結合を形成するのだろうか．予想どおり，それは周期

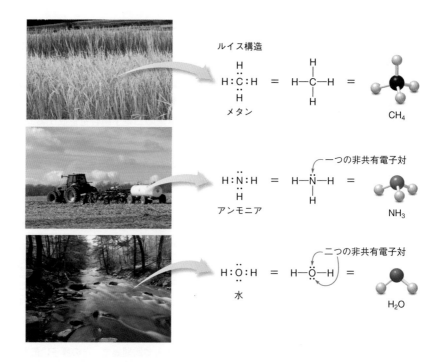

表におけるその原子の位置に依存する．第1周期では，水素はその1個の価電子によって，一つの共有結合を形成する．他の主要族元素の原子は一般に，そのまわりに8個より多くの電子をもつことはできない．したがって，電気的に中性の分子を形成している原子について，次の二つの結論が導かれる．

- 1個，2個あるいは3個の価電子をもつ原子は一般に，それぞれ一つ，二つ，三つの結合を形成する．
- 4個以上の価電子をもつ原子は，その最外電子殻がオクテットを形成するのに十分な数の結合を形成する．すなわち，4個以上の価電子をもつ原子については，次式が成り立つ．

$$\boxed{予想される結合の数} = 8 - \boxed{価電子の数}$$

図4・1にはこれらの指標を用いて，いくつかの一般的な元素が形成する共有結合の一般的な数を要約した．水素を除いて，これらの一般的な元素における結合の数は，次の規則に従う．

$$\boxed{結合の数} + \boxed{非共有電子対の数} = 4$$

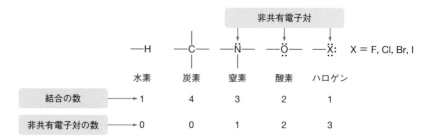

図 4・1　一般的な主要族元素の結合様式

例題 4・1　共有結合の数を予想する

図4・1を参照せずに，次の原子がいくつの共有結合を形成するかを予想せよ.
(a) B　　(b) N

解答　(a) ホウ素Bは3個の価電子をもつ. したがって，Bは三つの共有結合を形成すると予想される.
(b) 窒素Nは5個の価電子をもつ. Nの価電子は4個以上であるから，三つ（8−5＝3）の共有結合を形成すると予想される.

練習問題 4・1　次の原子がいくつの共有結合を形成するかを

予想せよ.
(a) F　　(b) Si　　(c) O　　(d) P

問題 4・2　次の分子について，水素を除くすべての主要族元素がオクテットを形成するように，それぞれの原子上に非共有電子対を記せ.

(a)
```
    H
    |
H—C—Cl
    |
    H
```
(b)
```
H—N—O—H
    |
    H
```

4・2　ルイス構造

　共有結合化合物の分子式から，その分子を構成するすべての原子の種類と数がわかるが，どの原子が互いに結合しているかはわからない. たとえば，アンモニアの分子式NH_3は，アンモニアが1個の窒素原子と3個の水素原子からなることを示しているが，アンモニアは三つの窒素−水素共有結合をもち，窒素原子には非共有電子対があることはわからない. これに対して，ルイス構造は原子間のつながりを示し，価電子によるすべての結合と非共有電子対がどこに存在するかを示す.

4・2A　ルイス構造の表記法
　ルイス構造を書くための三つの一般的な規則がある.

> 1. 価電子のみを表記する.
> 2. 水素を除くすべての主要族元素はオクテットを形成する.
> 3. すべての水素に2個の電子を表記する.

　§4・1では，共有結合によって形成されるいくつかの分子について，そのルイス構造を示した. 一つの結合からなる二原子分子のルイス構造を書くことは容易であるが，3個以上の原子からなる化合物についても，次に示す一般的な方法に従えば，比較的簡単にルイス構造を書くことができる.

How To　ルイス構造の書き方

段階 1　結合を形成していると推測される原子が互いに隣り合わせになるように，原子を配列させる.
• 水素とハロゲンは一つの結合を形成するだけなので，常に分子の周辺部に置く.

CH_4
```
    H
    |
H—C—H
    |
    H
```
（H C H H ではない）
水素原子は二つの結合を形成することができない

• 最初の推測として，図4・1に示した一般的な結合様式を用いて原子を配列させる.

窒素原子は一般に三つの結合を形成するので，Nのまわりに三つの原子を置く

CH_5N
```
  H
  |
H C N H
  |
  H H
```
（H C N H ではない）

炭素原子は一般に四つの結合を形成するので，Cのまわりに四つの原子を置く

（つづく）

実際に，原子の配列がすぐにはわからないこともある．このため，問題中で，原子の配列が明示される場合も少なくない．

段階 2　価電子の数を求める.

- 主要族元素の族番号を用いて，それぞれの原子の価電子の数を求める．
- 価電子の合計が，ルイス構造を書く際に考慮しなければならない電子の総数となる．

段階 3　原子の周囲に電子を配置させる.

- 隣り合う二つの原子間のすべてに一つの結合を書く．そのさい，それぞれの H の周囲には 2 個の電子が配置され，H を除くすべての主要族元素の原子の周囲には 8 を超える数の電子が配置されないようにする．
- 残ったすべての電子を用いて，それぞれの原子がオクテット

を形成するように非共有電子対を配置する．末端の原子から始めるとよい．

- もしすべての価電子を用いたにもかかわらず，オクテットを形成していない原子がある場合には，段階 4 に進む．

段階 4　オクテットを形成させるために，必要に応じて多重結合を用いる.

- オクテットを完成させるために不足している 2 個の電子ごとに，隣接する原子の一つの非共有電子対を一つの結合電子対に変換する．これによって隣接する原子との間に，§4・2B に述べるような二重結合あるいは三重結合が形成される．単一の共有結合は 2 個の電子からなるのに対して，二重結合は 4 個の電子から形成され，三重結合は 6 個の電子から形成される．

まず例題4・2で，単結合だけを含む2種類の分子のルイス構造を書く問題をやってみよう．

例題 4・2　ルイス構造を書く

メタノールは分子式 CH_4O をもち，少量を摂取しただけで失明をひき起こし，死に至ることすらある有毒な化合物である．メタノールのルイス構造を書け．

解答

[1]　原子を配列させる.

```
        H
    H  C  O  H      ・Cのまわりに四つの原子
        H            ・Oのまわりに二つの原子
```

[2]　価電子の数を求める.

- それぞれの原子の族番号を用いて，価電子の数を決定する．

元素	族番号	価電子の数		原子の数		合計
C	14	4	×	1	=	$4e^-$
O	16	6	×	1	=	$6e^-$
H	1	1	×	4	=	$4e^-$
				価電子の総数	=	$14e^-$

[3]　結合と非共有電子対を書き加える.

- 段階 [3] では，まず隣接するすべての原子間に結合を書き，これによって 10 個の価電子が用いられる．酸素原子の周囲には 4 個の電子しかないので，まだオクテットが形成されていない．そこで酸素原子に二つの非共有電子対を書き加える

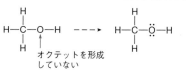

ことによって，オクテットを完成させる．これで 14 個の価電子がすべて用いられたことになる．書いたルイス構造が正しいかどうかを確認するには，次の三つの質問に対して yes と回答できなければならない．

- すべての価電子が用いられているか．
- それぞれの H は 2 個の電子によって取囲まれているか．
- H を除くすべての主要族元素は 8 個の電子によって取囲まれているか．

三つの質問に対する回答がすべて yes であるので，CH_4O の正しいルイス構造が書けたことになる．

練習問題 4・2　次のそれぞれの共有結合から形成される分子のルイス構造を書け．

(a) CH_3F　　(b) H_2O_2　　(c) C_2H_6

4・2B　多重結合

分子のルイス構造を書く際に，単結合だけでは，必ずしもすべての主要族元素（水素を除く）がオクテットを形成できない場合がある．たとえば，窒素分子 N_2 のルイス構造を書くとき，それぞれの窒素原子は 5 個の価電子をもつので配置すべき電子は

共有結合と心血管系

　生体器官は共有結合によって形成される分子にあふれている．まず，身体における主要な成分である水は分子である．さらに，筋肉を形成するタンパク質，代謝によりエネルギーとなる炭水化物，蓄積される脂肪，遺伝情報の運搬体であるDNAも，すべて共有結合によって形成される分子である．これらの分子のいくつかはきわめて大きく，何百あるいは何千という共有結合から形成されている．

　図は心臓内部の血管の模式図であり，さらに心臓，血管，血液に存在するいくつかの分子，水，ヘモグロビン，酸素，グリシン，ニトログリセリンの構造を示している．血液は，水と，タンパク質であるヘモグロビンを含む赤血球からなる．ヘモグロビンは共有結合によって形成される大きな化合物であり，酸素分子と錯体を形成し，身体全体の組織に酸素を運搬する．心筋は共有結合からなる複雑なタンパク質分子から構成されており，タンパク質はより小さな分子から合成される．図に，それらの分子の一つであるグリシンの三次元構造を示した．また，共有結合化合物は心臓病を治療するためにも用いられる．たとえば，ニトログリセリンは血管が狭くなったときに用いられる薬剤であり，血流を増大させ，それによって心臓への酸素運搬を増大させる効果をもつ．

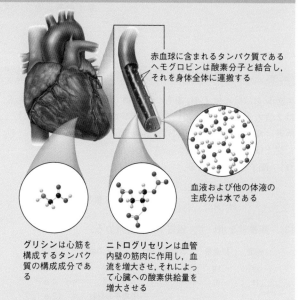

赤血球に含まれるタンパク質であるヘモグロビンは酸素分子と結合し，それを身体全体に運搬する

血液および他の体液の主成分は水である

グリシンは心筋を構成するタンパク質の構成成分である

ニトログリセリンは血管内壁の筋肉に作用し，血流を増大させ，それによって心臓への酸素供給量を増大させる

共有結合からなる分子とヒトの心臓．　水，酸素，ヘモグロビン，グリシン，ニトログリセリンなど，いくつかの共有結合化合物が心臓の化学に関与している．

10個である．もし一つのN–N結合だけを書くならば，残りの四つの非共有電子対をどのように配置しても，片方あるいは両方の窒素原子が8個の電子をもつことはできない．

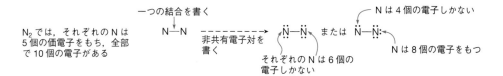

　このような場合，非共有電子対を結合電子対に変換し，多重結合を形成させなければならない．上記の例では，両方の窒素原子が8個の電子をもつためには4個の電子が不足しているので，二つの非共有電子対を二つの結合電子対に変換し，三重結合を形成させなければならない．

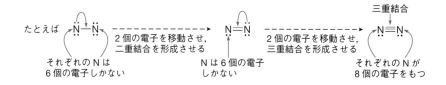

- 三重結合は三つの二電子結合から形成され，6個の電子を含む．

例題4・3は二重結合を含むルイス構造を書く問題である．

- 二重結合は二つの二電子結合から形成され，4個の電子を含む.
- すべての価電子を結合と非共有電子対に配置したのち，オクテットを形成していない原子がある場合には，多重結合を形成させる.

例題 4・3　多重結合をもつ化合物のルイス結合を書く

エチレンは分子式 C_2H_4 をもつ化合物であり，それぞれの炭素は2個の水素と結合している. エチレンのルイス構造を書け.

解答　ルイス構造を書くには，How To に述べた段階 [1]〜[4] に従えばよい.

[1]　原子を配列させる.

```
H C C H
  H H
```
・それぞれのCは2個のHをもつ

[2]　族番号を用いて，価電子の数を求める.

元素	族番号	価電子の数		原子の数		合計
C	14	4	×	2	=	$8e^-$
H	1	1	×	4	=	$4e^-$
				価電子の総数	=	$12e^-$

[3]　結合と非共有電子対を書き加える.

まず結合を書く　つづいて非共有電子対を書く

オクテットを形成していない

隣接する原子の間に五つの結合を書き，残った2個の電子を非共有電子対として一つのCに書き加える. しかし，一つのC

がまだオクテットを形成していない.

[4]　両方のCがオクテットを形成するように，一つの非共有電子対を2個の炭素原子をつなぐ一つの結合電子対へと変換し，二重結合を形成させる.

非共有電子対を移動させる　二重結合

エチレン

・それぞれのCが四つの結合をもつ
・それぞれのCが8個の電子で取囲まれている

これによって12個の電子がすべて用いられ，それぞれの炭素原子はオクテットを形成し，それぞれの水素原子は2個の電子によって取囲まれている. したがって，この構造はエチレンの正しいルイス構造である. エチレンは炭素−炭素二重結合を一つもつ.

練習問題 4・3　次の化合物について，原子の配列が与えられている. それぞれの化合物のルイス構造を書け.
(a)　シアン化水素　HCN　H C N
(b)　ホルムアルデヒド　CH_2O　H C O／H
(c)　ギ酸　CH_2O_2　O／H C O H

ギ酸 CH_2O_2（練習問題4・3c）はある種のアリに刺されたときの痛みの原因となる.

4・3　オクテット則の例外

共有結合化合物を構成するほとんどの一般的な元素，すなわち炭素，窒素，酸素，ハロゲンは，オクテット則に従う. 注意すべき例外は水素であり，これは結合電子対にただ2個の電子を収容する. さらなる例外として，13族元素のホウ素，および周期表における第3周期以降の元素，特にリンと硫黄がある.

4・3A　13 族 元 素

ホウ素のような周期表の13族元素は，電気的に中性の分子においてオクテットを形成するために十分な数の価電子をもっていない. たとえば，BF_3 のルイス構造を書くと，ホウ素原子がただ6個の電子によって取囲まれていることがわかる. これに対してできることは何もない. 単にホウ素原子には，オクテットを形成するために十分な数の電子がないのである.

Bのまわりには6個の電子しかない

4・3B　第3周期元素

オクテット則に対するもう一つの例外は，周期表における第3周期以降に位置するいくつかの元素で起こる．これらの元素は，電子を受け入れることができる空のd軌道をもつため，その周囲に8個より多くの電子をもつことができる．このような元素のなかで，最もよくみられる元素がリンと硫黄である．これらはその周囲に10個の電子をもつことができ，12個の電子をもつことさえある．

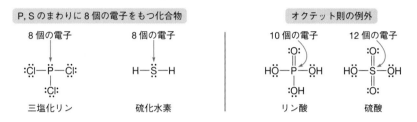

| P, Sのまわりに8個の電子をもつ化合物 | | オクテット則の例外 | |

三塩化リン　　　硫化水素　　　　　　　リン酸　　　硫酸

PCl$_3$のリンやH$_2$Sの硫黄はオクテット則に従っているが，リン酸H$_3$PO$_4$や硫酸H$_2$SO$_4$はそうではない．H$_3$PO$_4$のリン原子は10個の電子によって取囲まれている，またH$_2$SO$_4$の硫黄原子は12個の電子によって取囲まれている．

問題 4・3　グリホサートは最も広く用いられている除草剤である．以下に示すグリホサートの構造式について，次の問いに答えよ．
(a) すべての窒素原子と酸素原子がオクテットを形成するように，それらの周囲に非共有電子対を書き加えよ．(b) 与えられた構造式において，リン原子は何個の電子に取囲まれているか．(c) グリホサートを構成する原子のうち，オクテット則に従っていない原子を示せ．

4・4　共　　鳴

共有結合からなるイオン，すなわち多原子イオンについて，ルイス構造を書かなければならない場合がある．この場合には，原子の周囲に配置すべき価電子の数を求めるときに，イオンの電荷を考慮しなければならない．すなわち，多原子イオンの価電子を数える際には，次の方針に従う．

- 一つの負電荷に対して電子1個を加える．
- 一つの正電荷に対して電子1個を減らす．

たとえば，シアン化物イオンCN$^-$のルイス構造を書くときに配置すべき価電子の数は，炭素原子の4個と窒素原子の5個に負電荷の電子1個を加えて，10個となる．それぞれの原子がオクテットを形成するために，二つの原子を三重結合によって結びつけなければならない．さらに，炭素原子と窒素原子の両方に非共有電子対が一つず

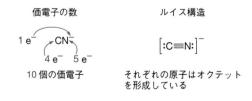

価電子の数　　　　　　ルイス構造

1 e$^-$　CN$^-$

4 e$^-$　5 e$^-$

$[:\text{C}\equiv\text{N}:]^-$

10個の価電子　　　それぞれの原子はオクテット
　　　　　　　　を形成している

つ配置される.

　しばしば二つ以上の正しいルイス構造が,与えられた原子の配列に対して可能な場合がある.例題 4・4 は,炭酸水素イオン HCO_3^- に対して,二つのルイス構造が可能であることを示している.このような場合,二つの異なるルイス構造を**共鳴構造**という.

共鳴構造 resonance structure

• 原子の配列は同じであるが,電子の配置が異なる複数のルイス構造が存在するとき,それらを共鳴構造という.

例題 4・4　共鳴構造を書く

炭酸水素イオン HCO_3^- は以下に示す原子の配列をもつ.HCO_3^- のルイス構造を書け.

$$O$$
$$H\ O\ C\ O$$

解答　How To に述べた段階 [1]〜[4] に従ってルイス構造を書く.

[1]　原子を配列させる.

$$O$$
$$H\ O\ C\ O$$

[2]　族番号を用いて,価電子の数を求める.

元素	族番号	価電子の数		原子の数		合計
C	14	4	×	1	=	$4e^-$
O	16	6	×	3	=	$18e^-$
H	1	1	×	1	=	$1e^-$
負電荷		1				$1e^-$
				価電子の総数	=	$24e^-$

[3]　結合と非共有電子対を書き加える.

まず結合を書く　　つづいて非共有電子対を書く

$$H-O-C-O \qquad H-\ddot{O}-C-\ddot{O}$$

オクテットを形成していない

四つの結合を書き,残りの16個の電子を非共有電子対として配置させる.しかし,まだ炭素原子はオクテットを形成していない.

[4]　酸素原子上の一つの非共有電子対を結合電子対に変換させ,炭素–酸素二重結合を形成させる.

　このように,炭酸水素イオンでは,二つの異なるルイス構造 A と B が書けることがわかる.A と B は共鳴構造である.

練習問題 4・4　次のイオンについて,もう一つの共鳴構造を書け.

問題 4・4　一酸化二窒素 N_2O は甘いにおいをもつ気体であり,しばしば歯科医療の麻酔薬として利用される.N_2O 分子は中心に窒素原子をもつ.N_2O について三つの共鳴構造を書け.

一酸化二窒素 N_2O(問題 4・4)は一般的な弱い麻酔薬であり,しばしば歯科治療に用いられる.N_2O は吸引すると幸福感や穏やかな幻覚をひき起こすので,笑気ガスとよばれることもある.

　二つの共鳴構造は,多重結合の場所と非共有電子対の位置が異なっている.例題 4・4 で示したルイス構造 A と B では,一つの C=O の場所と一つの非共有電子対の位置が異なっている.一般に,二つのルイス構造が共鳴構造であることを示すために,双頭の矢印 ⟷ が用いられる.

二重結合の位置が異なっている

非共有電子対の位置が異なっている

　構造 A と構造 B のどちらが HCO_3^- に対する正しい表記であろうか.答は"どちら

も正しくはない"である．HCO_3^- の真の構造は，両方の共鳴構造を重ね合わせたものであり，**共鳴混成体**とよばれる．一つの共鳴構造では二重結合として書かれ，他の共鳴構造では単結合として書かれている炭素−酸素結合は，実際には C−O と C=O の間の中間的な結合であることが実験的に示されている．共鳴によって，非共有電子対と多重結合の結合電子対が存在できる領域が拡大するため，分子が安定化される．このような場合，複数の共鳴構造をもつ分子やイオンは，**共鳴安定化**されているという．

共鳴構造は多原子イオンだけでなく，電気的に中性の分子についても書くことができる．たとえば，**オゾン** O_3 は，二重結合と非共有電子対の位置が異なる二つの共鳴構造として表される*．

$$O_3: \quad \ddot{O}=\ddot{O}-\ddot{O}: \quad \longleftrightarrow \quad :\ddot{O}-\ddot{O}=\ddot{O}:$$

二つの共鳴構造において位置が異なる結合と非共有電子対を赤色で示す

共鳴混成体 resonance hybrid

共鳴安定化 resonance stabilization

オゾン ozone

* 訳注：厳密には，ルイス構造に書かれた原子の価電子の数とその原子がもつ本来の価電子の数が異なる場合には，その差に相当する電荷（形式電荷）を付す場合が多い．形式電荷を付すと O_3 の共鳴構造は次のように表される．

$$:\ddot{O}=\overset{+}{\ddot{O}}-\ddot{O}:^- \quad \longleftrightarrow \quad {}^-:\ddot{O}-\overset{+}{\ddot{O}}=\ddot{O}:$$

4・5 共有結合化合物の命名法

水 H_2O やアンモニア NH_3 のように，いつも慣用名でよばれる共有結合化合物もあるが，これらの名称からは，分子に含まれる原子については何もわからない．2種類の元素からなる共有結合化合物は，以下に述べる体系的な命名法により，それらを構成する元素の種類と数に対応する名称をつけることができる．

How To 二つの元素からなる共有結合化合物の命名法

例 次の共有結合化合物を命名せよ．
(a) NO_2 (b) N_2O_4
段階 1 日本語名では，電気的に陰性の元素を先に書き，電気的に陽性の元素を後につける．電気的に陰性の元素は語尾を"-化"とする．英語名では最初に表記される非金属をその元素の名称によって命名し，それにつづいて2番目の元素を接尾語"-ide"を用いて命名する．
- 両方の例の化合物では，電気的に陰性の元素は酸素である．日本語名では，酸素を命名するために，"酸化"とする．
- 化学式で最初に表記される非金属は窒素であり，酸素は2番目の元素である．英語名では，酸素（oxygen）の名称を"oxide"に変換する．
段階 2 接頭語を用いて，それぞれの元素の原子数を示す．
- 日本語名では，後につける元素がただ1個の場合は"一"を省略する．しかし，最初に表記する元素に対しては省略しない．
- 英語名では，それぞれの元素に対して，表4・1に示す接頭語を用いる．最初の元素がただ一つの原子のときには，接頭語"mono-"は省略するが，第二の元素に対しては省略しない．接頭語と元素名の表記において，二つの母音が互いに隣接するときには，最初の母音を省略する．たとえば，mono- + oxide は monooxide ではなく，monoxide となる．
(a) NO_2 は2個の酸素原子を含むので，"二酸化"となる．窒素原子は一つなので，日本語名では"一"は省略される．したがって，NO_2 は"二酸化窒素"となる．英語名では，nitrogen dioxide となる．
(b) N_2O_4 は4個の酸素原子と2個の窒素原子をもつので，日本語名は"四酸化二窒素"となる．英語名では4個の酸素原子に対して接頭語"tetra-"を用い，a を省略して tetroxide となる（tetraoxide ではない）．したがって，dinitrogen tetroxide となる．

表 4・1 命名法における接頭語

原子数	接頭語
1	モノ
2	ジ
3	トリ
4	テトラ
5	ペンタ
6	ヘキサ
7	ヘプタ
8	オクタ
9	ノナ
10	デカ

　日本語名では化学式で記載される元素の順番と，その名称の元素の順番は逆になる．したがって，日本語名から化学式を書くには，2番目に書かれた元素の元素記号を先に記し，最初の元素の元素記号をそれに続ける．そして，それぞれの元素の原子数を化学式の下付文字として表す．英語名から化学式を書くときには，名称に示された元素の順番に元素記号を書く．

問題 4・5　次の化合物を命名せよ．
(a)　CS_2　　(b)　SO_2　　(c)　PCl_5　　(d)　BF_3
問題 4・6　次の化合物に対する化学式を書け．
(a)　四フッ化ケイ素(silicon tetrafluoride)　　(b)　三塩化リン(phosphorus trichloride)
(c)　三酸化二窒素(dinitrogen trioxide)

4・6　分子の形状

　ルイス構造を用いると，分子に含まれる特定の原子のまわりの形状を推定することができる．H_2O 分子を考えてみよう．ルイス構造からはどの原子が互いに結合しているかだけがわかり，その幾何学的な構造については全くわからない．H_2O 分子は屈曲形だろうか，それとも直線形だろうか．

結合角は何度だろうか

H—O—H

　与えられた原子のまわりの形状を推定するためには，まず，その原子をいくつの基が取囲んでいるかを決定しなければならない．ここで基とは，原子あるいは非共有電子対をいう．そして，**原子価殻電子対反発理論（VSEPR理論ともいう）**を用いて，形状を推定する．VSEPR 理論は，電子対は互いに反発するという事実に基づいている．すなわち，VSEPR 理論の基本的な考え方は，次のように要約される．

> • これらの基を互いにできるだけ遠ざけるようにした配置が，最も安定な配置である．

原子価殻電子対反発理論　valence shell electron pair repulsion, 略称 **VSEPR理論**

オ ゾ ン

　オゾン O_3 は，成層圏とよばれる上層の大気において，酸素分子 O_2 と酸素原子 O との反応によって生成する．成層圏のオゾンは生命を維持するために不可欠なものである．なぜならオゾンは，太陽から放射される有害な紫外線から，地球表面を保護するための障壁の役割を果たしているからである（右図）．この保護層におけるオゾン濃度が減少すると，皮膚がんや白内障の発生率の増大など，いくつかの重大な結果が直ちにひき起こされるものと考えられている．

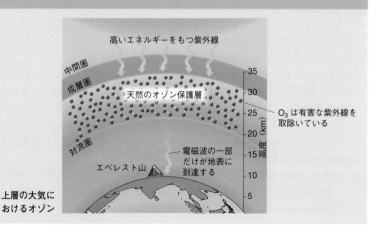

一般に，原子はそれを取囲む基の数に依存して，次の3種類の配置をとることができる.

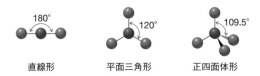

直線形   平面三角形   正四面体形

- 二つの基に囲まれた原子は直線形をとり，180°の結合角をもつ.
- 三つの基に囲まれた原子は平面三角形をとり，120°の結合角をもつ.
- 四つの基に囲まれた原子は正四面体形をとり，109.5°の結合角をもつ.

いくつかの分子を検討してみよう. それぞれの場合について，ルイス構造に示された特定の原子のまわりの基の数を用いて，その幾何学的な構造を予想することができる.

4・6A 二つの基に囲まれた原子

ただ二つの基だけに囲まれた原子はすべて直線形をとり，180°の結合角をもつ. この幾何学的構造をもつ分子の例に，二酸化炭素 CO_2 とシアン化水素 HCN がある. 両方の分子について，中心原子のまわりの形状を推定するために，ルイス構造を書き，中心原子を取囲む基，すなわち原子と非共有電子対の数を数えてみよう.

CO_2 のルイス構造は，中心の炭素原子を二つの酸素原子が取囲んだ構造になる. すべての原子がオクテットを形成し，通常の結合数をもつためには，二つの炭素－酸素二重結合が必要となる. 炭素原子は二つの酸素原子だけに取囲まれており，非共有電子対は存在しない. したがって，炭素原子は二つの基に囲まれているので，分子は直線形であり，O－C－O結合角は180°と推定される.

二酸化炭素は VSEPR 理論のもう一つの重要な特徴を示している. 特定の原子のまわりの幾何学的な構造を予測するときには，多重結合は無視してかまわない. ただ原子と非共有電子対を数えればよい.

同様に，HCN のルイス構造は，中心の炭素原子を一つの水素原子と一つの窒素原子が取囲んだ構造になる. 炭素と窒素がオクテットを形成し，通常の結合数をもつためには，炭素－窒素三重結合が必要となる. 炭素原子は二つの原子だけに取囲まれており，非共有電子対は存在しない. したがって，炭素原子は二つの基に囲まれているので，分子は直線形であり，H－C－N結合角は180°と推定される.

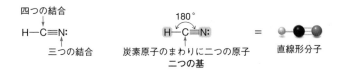

シアン化水素 HCN はアーモンド臭をもつきわめて有毒な気体であり，いくつかの天然に存在する分子からも生成する. たとえば，南米やアフリカで栽培されるキャッサバに含まれるリナマリンという化合物はそれ自身は有毒ではないが，水といくつかの酵素が存在すると HCN が生成する. キャッサバを生のまま食べると，生成する HCN によって病気になり，死に至る場合もある.

ホルムアルデヒド H_2CO は反応性が高く，潜在的な危険性をもつ物質である．長い年月が経つと，ホルムアルデヒドを原材料とする接着剤や断熱剤が分解し，ホルムアルデヒドを再生することがある．オリヅルランは大気からホルムアルデヒドを除去する作用をもち，天然の空気清浄器として働くことが知られている．

4·6B　三つの基に囲まれた原子

　三つの基に囲まれた原子はすべて平面三角形をとり，120°の結合角をもつ．この幾何学的構造をもつ分子の例に，三フッ化ホウ素 BF_3 とホルムアルデヒド $H_2C=O$ がある．

ホウ素原子のまわりに　　　平面三角形分子　　　炭素原子のまわり　　　平面三角形分子
三つの原子　　　　　　　　　　　　　　　　に三つの原子
三つの基　　　　　　　　　　　　　　　　**三つの基**

　BF_3 では，ホウ素原子は三つのフッ素原子だけに取囲まれており，非共有電子対は存在しない．したがって，ホウ素原子は三つの基に囲まれている．$H_2C=O$ の炭素原子も同様の状況にある．炭素原子は三つの原子，すなわち二つの水素原子と一つの酸素原子に取囲まれており，非共有電子対は存在しない．したがって，炭素原子は三つの基に囲まれている．三つの基を互いにできるだけ遠ざけるようにするために，これらの基は平面三角形に配列し，結合角は120°になる．

4·6C　四つの基に囲まれた原子

　四つの基に囲まれた原子はすべて正四面体形をとり，ほぼ109.5°の結合角をもつ．たとえば，簡単な有機化合物であるメタン CH_4 は中心に炭素原子をもち，それぞれが正四面体の頂点方向を向いた四つの炭素−水素結合をもつ．

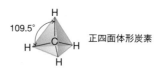

正四面体形炭素

　正四面体の三次元的な構造を，二次元の紙面の上にどのように表記したらよいだろうか．このためには，二つの結合を紙面上に置き，一つの結合を紙面の前方に向け，またもう一つの結合を紙面の後方に向けて，次の慣例に従って表記する．

- 紙面上の結合は，実線を用いて表す．
- 紙面の前方に向いた結合は，くさびを用いて表す．
- 紙面の後方に向いた結合は，破線のくさびを用いて表す．

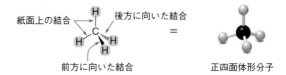

紙面上の結合　　　後方に向いた結合

前方に向いた結合　　　　　正四面体形分子

　これまでの例では，中心原子のまわりの基はいずれも他の原子であったが，基は非共有電子対でもよい．NH_3 と H_2O は四つの基によって囲まれた中心原子をもつが，基のうちのいくつかは非共有電子対である分子の例である．
　アンモニア NH_3 のルイス構造は，四つの基，すなわち三つの水素原子と一つの非共有電子対によって囲まれた窒素原子をもつ．四つの基を互いにできるだけ遠ざけるようにするために，窒素原子のまわりの三つの水素原子と一つの非共有電子対は，正

四面体の頂点方向を向く．実際の H−N−H 結合角は 107° であり，これは正四面体形の結合角 109.5° に近い．アンモニアの窒素原子のまわりの基の一つは非共有電子対であり，他の原子ではないので，アンモニアの形状は**三角錐形**とよばれる．

三角錐形 trigonal pyramidal

水 H_2O のルイス構造は，四つの基，すなわち二つの水素原子と二つの非共有電子対によって囲まれた酸素原子をもつ．H_2O では，酸素原子のまわりの二つの水素原子と二つの非共有電子対は，正四面体の頂点方向を向く．実際の H−O−H 結合角は 105° であり，これは正四面体形の結合角 109.5° に近い．水の酸素原子のまわりの二つの基は非共有電子対であるから，水は屈曲形となる．

よくみられる分子の形状を表 4・2 に要約した．分子の三次元的な形状は，分子の極性を決める要因となる．これについては §4・8 で説明する．

表 4・2　**原子のまわりの一般的な形状**

基の総数	原子の数	非共有電子対の数	原子のまわりの形状	結合角(°)	例
2	2	0	●—A—● 直線形	180	CO_2, HCN
3	3	0	平面三角形	120	BF_3, H_2CO
4	4	0	正四面体形	109.5	CH_4
4	3	1	三角錐形	約 109.5	NH_3
4	2	2	屈曲形	約 109.5	H_2O

次の化学種について，ルイス構造を用いてそれぞれに含まれる第2周期元素の原子のまわりの形状を推定せよ．

(a) $H-C\equiv C-H$
アセチレン

(b) $\left[\begin{array}{c} H \\ | \\ H-N-H \\ | \\ H \end{array}\right]^{+}$
アンモニウムイオン

解答　原子のまわりの形状を予測するには，正確なルイス構造が必要であるが，本問では問題に与えられている．つづいて，原子のまわりの基の数を求め，表4・2の情報を用いてその原子のまわりの形状を推定する．

(a) $H-C\equiv C-H$ のそれぞれの炭素原子は二つの原子，すなわち一つの炭素原子と一つの水素原子に囲まれており，非共有電子対は存在しない．したがって，それぞれの炭素原子は二つの基に囲まれているので，その形状は直線形であり，結合角は180°と推定される．

$$H-\overset{180°}{C}=C-H$$
$$180°$$

(b) NH_4^{+} の窒素原子は四つの水素原子に囲まれている．した

がって，窒素原子は四つの基によって囲まれているので正四面体形であり，結合角は109.5°である．

$$109.5°\quad \overset{+}{N}$$
正四面体形

練習問題 4・5　次の分子について，矢印で示された原子のまわりの形状を推定せよ．分子構造を推定する前に，忘れずにすべての必要な非共有電子対を配置したルイス構造を書くこと．

(a) H_2S　(b) CH_2Cl_2　(c) NCl_3　(d) $H_2C=CH_2$
　　↑　　　　　↑　　　　　↑　　　　　↑

問題 4・7　以下に構造式を示したジヒドロキシアセトンについて，次の問いに答えよ．
(a) この分子にはいくつの正四面体形の炭素原子があるか．
(b) この分子にはいくつの平面三角形の炭素原子があるか．

$$H-\overset{\overset{H}{|}}{O}-\overset{\overset{H}{|}}{C}-\overset{:\overset{..}{O}:}{C}-\overset{\overset{H}{|}}{C}-\overset{\overset{H}{|}}{O}-H$$

4・7　電気陰性度と結合の極性

共有結合において二つの原子が電子を共有しているとき，結合を形成している電子は，二つの原子核に同じ程度で引きつけられているだろうか．その程度は，結合における原子の**電気陰性度**に依存する．

電気陰性度 electronegativity

- **電気陰性度**は，結合における原子の電子に対する引きつけやすさの尺度である．電気陰性度の値から，特定の原子がどのくらい結合を形成している電子を“ほしがって”いるかがわかる．

それぞれの元素の電気陰性度には，0から4までの数値が割り当てられている．数値が大きいほど，元素はより電気陰性であり，結合を形成している電子をそれ自身の方に引きつける．図4・2に主要族元素に対する電気陰性度の値を示す．貴ガスは一

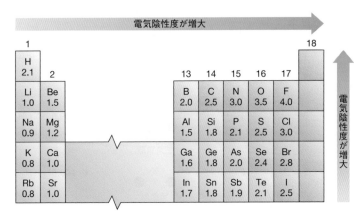

図 4・2　主要族元素における電気陰性度の値

般に結合を形成しないため，電気陰性度の値は割り当てられていない.

電気陰性度の値は周期的傾向を示す.

- 周期表の周期を左から右へ移動するにつれて，原子核の電荷が増大するため，元素の電気陰性度は増大する（貴ガスを除く）.
- 周期表の族を上から下へ移動するにつれて，元素の電気陰性度は減少する．これは原子半径が増大するにつれて，価電子が原子核からより遠くに押しやられるためである.

　一般に非金属は金属に比べて，原子核が電子を保持しそれ自身の方に引きつける傾向が強いため，電気陰性度の値が大きい．結果として，最も電気陰性な元素，すなわちフッ素と酸素は周期表の右側上方に位置し，最も電気陰性度の小さい元素は周期表の左側下方に位置する.

　電気陰性度の値は，結合を形成している電子が，二つの原子の間に等しく共有されているか，それともどちらかに偏って共有されているかを示すための指標として用いられる．たとえば，結合している二つの原子が同じ場合はいつでも，結合を形成している電子はそれぞれの原子によって同じ程度に引きつけられている．電子は二つの原子に等しく共有されており，このような場合，結合は**無極性**であるという．たとえば，$C-C$ 結合は無極性であり，F_2 を形成している $F-F$ 結合も同様に無極性である．また，類似の電気陰性度をもつ二つの異なる原子が結合している場合も，同様に考えてよい．たとえば，炭素原子と水素原子の電気陰性度はそれぞれ 2.5, 2.1 であり差が小さいので，$C-H$ 結合は無極性であるとみなすことができる.

無極性 nonpolar

 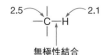

炭素原子と水素原子の電気陰性度の
小さい差は無視する

　対照的に，電気陰性度が異なる原子の間の結合では，結合を形成している電子は偏って共有されることになる．たとえば，$C-O$ 結合では，電子は電気陰性度が小さい C (2.5) から，電気陰性度がより大きい O (3.5) の方へと引きつけられている．このような場合，結合は**極性**であるといい，**極性共有結合**とよばれることもある．また，極性の結合には部分的な電荷の分離が生じており，このような結合は"**双極子をもつ**"という.

極性 polar

極性共有結合 polar covalent bond

双極子 dipole

　結合における極性の方向はしばしば，電気陰性度の小さい原子を尾部として，頭部が電気陰性度の大きな原子に向いた矢印によって示される．矢印の尾部には，矢印に垂直な短い線をつける．別の示し方として，正あるいは負の電荷にギリシャ文字の小文字のデルタ δ を用いる方法があり，電子が偏って共有されていることを δ+ と δ− の記号で表す.

$$\overset{\delta+}{\underset{\uparrow}{-C}}\overset{\delta-}{-O-}$$ 双極子

C−O 結合は
極性である

- 電気陰性度がより小さい原子には記号 δ+ をつける.
- 電気陰性度がより大きい原子には記号 δ− をつける.

　当然の疑問は，電気陰性度の差がどのくらい大きければ，結合は極性であるといってよいのか，ということであろう．しかし，それに答えることはむずかしい．この差についてはあいまいな値が定められているだけであり，それは一つの目安として用いるのがよい．一般に極性共有結合は，二つの原子の電気陰性度の差が 0.5 以上である

原子間の結合とされている．

　結合における二つの原子の電気陰性度の差が増大するにつれて，共有されている電子は，電気陰性な原子の方へより強く引きつけられる．電気陰性度の差が1.9より大きくなると，電子は実質的に電気陰性度の小さい原子から大きな原子へと移動し，結合はイオン結合とみなされる．表4・3には，結合における二つの原子の電気陰性度の差と，形成される結合の様式との関係をまとめた．

表 4・3　電気陰性度の差と結合様式

電気陰性度の差	結合様式	電子の共有
0.5 以下	無極性結合	電子は等しく共有されている
0.5〜1.9	極性結合	電子は偏って共有されている．電子は電気陰性度の大きい原子の方に引きつけられている
1.9 以上	イオン結合	電子は電気陰性度の小さい原子から大きい原子へ移動している

例題 4・6　結合を無極性結合，極性共有結合，イオン結合に分類する

電気陰性度の値を用いて，次の結合を，無極性結合，極性共有結合，イオン結合のいずれかに分類せよ．
(a) Cl_2　　(b) HCl　　(c) NaCl
解答　(a) Cl_2　3.0 (Cl) − 3.0 (Cl) = 0　　無極性結合
(b) HCl　3.0 (Cl) − 2.1 (H) = 0.9　　極性共有結合
(c) NaCl　3.0 (Cl) − 0.9 (Na) = 2.1　　イオン結合

練習問題 4・6　電気陰性度の値を用いて，次の化合物における結合を，無極性結合，極性共有結合，イオン結合のいずれかに分類せよ．
(a) MgO　　(b) F_2　　(c) ClF
(d) H_2O　　(e) NH_3

4・8　分子の極性

　これまでは，単一の結合の極性について考えてきた．共有結合によって形成される分子が全体として極性か，あるいは無極性か．それは二つの因子，すなわち分子を構成する個々の結合の極性と，分子全体の形状に依存する．極性の結合をもたないか，あるいは一つの極性共有結合をもつとき，次の規則が成り立つ．

- 極性の結合をもたない分子は，無極性分子である．
- 一つの極性共有結合をもつ分子は，極性分子である．

　メタン CH_4 はすべてのC−H結合が無極性であるため，無極性分子である．対照的に，塩化メチル CH_3Cl は極性共有結合を一つだけもつので，極性分子である．分子全体の双極子の方向は，ただ一つの極性共有結合の双極子の方向と同一である．

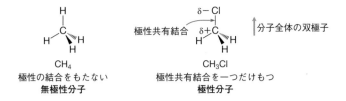

CH₄ / 極性の結合をもたない / **無極性分子**　　CH_3Cl / 極性共有結合を一つだけもつ / **極性分子**

　複数の極性共有結合をもつ共有結合化合物では，分子の形状が分子全体の極性を決定する．

- 個々の結合の双極子が打消されない場合は，その分子は極性である．
- 個々の結合の双極子が打消される場合は，その分子は無極性である．

複数の極性共有結合をもつ分子の極性を決定するには，次の手順に従う．

1. 電気陰性度の差に基づいて，すべての極性共有結合を確認する．
2. 個々の原子のまわりの基の数を求めることによって，そのまわりの形状を推定する．
3. 個々の結合の双極子が打消されるか，それとも強め合うかを決定する．

図4・3に極性の結合をもつ極性分子と無極性分子のいくつかの例を示した．分子全体の双極子は，分子を構成するすべての結合の双極子の総和となる．

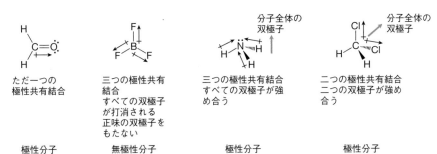

図4・3　極性分子と無極性分子の例

ただ一つの
極性共有結合

極性分子

三つの極性共有
結合
すべての双極子
が打消される
正味の双極子を
もたない

無極性分子

三つの極性共有結合
すべての双極子が強
め合う

極性分子

二つの極性共有結合
二つの双極子が強め
合う

極性分子

例題 4・7　分子の極性を決定する

次の分子は，極性かあるいは無極性かを決定せよ．
(a) H_2O　　(b) CO_2

解答　(a) H_2O　酸素原子と水素原子の電気陰性度はそれぞれ3.5, 2.1であり，その差は1.4であるから，それぞれのO−H結合は極性である．H_2Oの酸素原子はそのまわりに二つの原子と二つの非共有電子対をもつので，H_2Oの酸素原子は屈曲形である．したがって，二つのO−H結合の双極子はいずれも上方を向き，強め合うので，H_2Oは全体として双極子をもつ．すなわち，H_2Oは極性分子である．

分子全体の双極子はH−O−H結合角を二
等分する方向である．屈曲形構造によって，
二つの双極子が強め合うことが示される

(b) CO_2　酸素原子と炭素原子の電気陰性度はそれぞれ3.5, 2.5であり，その差は1.0であるから，それぞれのC−O結合は極性である．CO_2のルイス構造 (§4・6A) は炭素原子が二つの基，すなわち2個の酸素原子によって囲まれていることを示しているので，CO_2は直線形となる．したがって，二つの双極子は大きさが等しく方向が反対であるため，それらは打消し合う．すなわち，CO_2は正味の双極子をもたない無極性分子である．

正味の双極子をもたない

練習問題 4・7　次の分子における極性の結合を示せ．さらに，それぞれの分子が極性か，あるいは無極性かを決定せよ．
(a) HCl　　(b) C_2H_6　　(c) CH_2F_2　　(d) HCN　　(e) CCl_4

玄米は無精白の全粒穀物であり，ビタミン B_6 を豊富に含んでいる．

例題 4・8 比較的複雑な分子について構造的特徴を決定する

ビタミン B_6 の球棒模型を示す．この模型を用いて，次の問いに答えよ．
(a) 球棒模型をルイス構造に変換せよ．必要なすべての非共有電子対を書き加えること．
(b) 模型に示した原子 [1]〜[3] のまわりの形状を推定せよ．
(c) 模型に示した結合 A〜D を，極性あるいは無極性のいずれかに分類せよ．

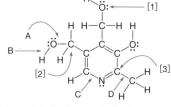

ビタミン B_6

解答 (a) ルイス構造（右図）
(b) [1] の酸素原子は二つの原子と二つの非共有電子対に囲まれているので屈曲形である．
[2] の炭素原子は四つの原子に囲まれているので正四面体形である．
[3] の炭素原子は三つの原子に囲まれており，非共有電子対をもたないので，平面三角形である．
(c) 酸素と窒素の電気陰性度はそれぞれ 3.5, 3.0 であり，炭素 (2.5) や水素 (2.1) よりもずっと電気陰性である．したがって，結合 A, B, C は極性である．結合 D は二つの炭素原子の間の結合であるため，無極性である．

エタノールはアルコール性飲料に含まれるいわゆる“アルコール”であり，世界で最も広く乱用されている薬物である．エタノールは体内でアセトアルデヒドに代謝されるが，この有毒な化合物が，過剰にエタノールを摂取したことによるいくつかの悪影響の原因となる．

練習問題 4・8 以下に構造式を示す化合物について，次の問いに答えよ．
1) それぞれの炭素原子のまわりの形状を推定せよ．
2) それぞれの結合を，極性あるいは無極性のいずれかに分類せよ．

(a) エタノール
(b) アセトアルデヒド

共有結合化合物の薬剤と医薬品

　医療に用いられるほとんどの薬剤や医薬品は，共有結合によって形成されている．ただ数個の原子からなる簡単な分子もあれば，きわめて複雑な分子もある．本章で学んだ考え方は，分子の大きさにかかわらず，すべての分子に適用される．

　過酸化水素 H_2O_2 は簡単な共有結合化合物であり，外傷の消毒に用いられる．本章で学んだ事項から，H_2O_2 の構造について非常に多くのことがわかる．H_2O_2 のルイス構造は一つの O–O 結合をもち，それぞれの酸素原子は二つの非共有電子対をもち，オクテットが形成されている．それぞれの酸素原子は二つの原子と二つの非共有電子対に囲まれているので，屈曲構造をもつ．O–O 結合は無極性であるが，酸素原子と水素原子の電気陰性度はそれぞれ 3.5, 2.1 で，電気陰性度の差は 1.4 と大きいので，二つの O–H 結合は極性である．

　アセトアミノフェンは鎮痛薬や解熱薬に用いられる医薬品である．その構造は H_2O_2 よりも複雑であるが，なお多くのことを理解することができる．それぞれの酸素原子は二つの非共有電子対をもち，窒素原子は一つの非共有電子対をもっている．アセトアミノフェンには六つの極性共有結合があり，下図に赤色で示した．それぞれの原子のまわりの基の数から，その形状を推定することができる．下図に標識したように，この分子には四つの基に囲まれた正四面体形の炭素原子1個と，平面三角形の炭素原子が2個存在する．

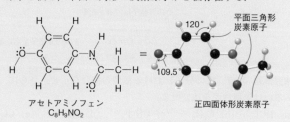

アセトアミノフェン $C_8H_9NO_2$

5

化 学 反 応

これまで原子と化合物について学んできたが，ここで注意を化学反応に向けることにしよう．反応は化学という学問体系の中心に位置する．反応を理解することによって，天然にある物質を異なった，またより優れた性質をもつ新しい物質へ変換することが可能になる．一方で，私たちの体内で起こる食物の代謝も，新たな化合物とエネルギーを生み出す一連の反応過程である．5章では，化学反応の基本的な原理を学ぶ．

雷によって，O_2 から O_3 が生成する．O_3 は地上では不必要な汚染物質である．しかし，成層圏では太陽から放射される有害な電磁波を遮断し地上を保護する役割を果たす．

5・1　化学反応入門

　物理変化と化学変化の違いについては，§1・2ですでに述べた．しかし，2〜4章で化合物やそれを構成する原子について学んだので，今ではそれらの違いについてもっとよく理解できるはずである．

5・1A　物理変化と化学変化の一般的特徴

- 物理変化は，物質の組成は変化せずに，その物理的状態が変化する過程である．

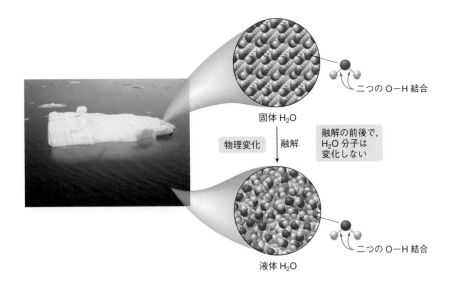

二つの O−H 結合

固体 H_2O

物理変化　融解

融解の前後で，H_2O 分子は変化しない

二つの O−H 結合

液体 H_2O

　　状態の変化，たとえば融解や沸騰は物理変化の身近な例である．氷（固体の水）が融けて液体の水になるとき，固相では秩序的に配列していた水の分子が，液相ではより無秩序にふるまうようになる．しかし，結合の開裂や形成は全く起こらない．すべての水分子 H_2O は固相でも液相でも，二つの O－H 結合から形成されている．

・ **化学変化（あるいは化学反応）は，ある物質の別の物質への変換である．**

反応物 reactant
生成物 product

　　化学反応では出発物質の結合が開裂し，新たな結合が形成されて最終物質に至る．一般に，化学反応の始まりとなる物質を**反応物**，最終的に得られる物質を**生成物**という．天然ガスの主成分であるメタン CH_4 を酸素 O_2 存在下で燃焼させると，二酸化炭素 CO_2 と水 H_2O が生成する．この過程は化学反応の例である．メタンの C－H 結合と酸素分子の O－O 結合が開裂し，新たに C－O 結合と H－O 結合が形成されて，生成物に至る．

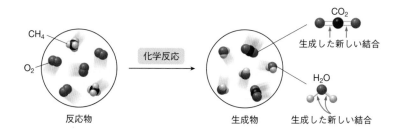

反応物　　　　　　　　　　　　　　生成物

例題 5・1　物理変化と化学反応を見分ける

次の分子図で示すそれぞれの過程は，物理変化と化学反応のどちらであるか．

(a)

(b)

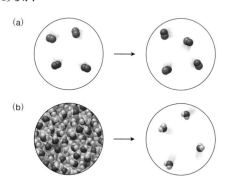

解答　(a) は化学反応を示している．反応物は結合した青球で

示す N_2 分子 2 個と結合した赤球で示す O_2 分子 2 個からなり，一方，生成物は結合した青球と赤球で示す NO 分子 4 個からなる．

(b) は物理変化の一つである沸騰を示している．なぜなら，液体の H_2O 分子が気体の H_2O 分子へ変換され，結合は変化していないからである．

練習問題 5・1　次の分子図で示す過程は，物理変化と化学反応のどちらであるか．判断した理由も説明せよ．

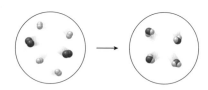

　　化学反応は，視覚的な変化を伴うことがある．たとえば，2 種類の無色の反応物が有色の生成物を与える場合や気体が放出される場合，あるいは 2 種類の液体の反応物から固体の生成物が得られる場合もある．化学反応ではしばしば熱が発生し，反応容器が温かく感じられることもある．また，傷口を消毒するために過酸化水素 H_2O_2 を用いたときも，化学反応による特徴的な変化がみられる．このとき，血液に含まれる酵素カタラーゼによって H_2O_2 が水 H_2O と酸素 O_2 に変化する化学反応が起こるた

め，図5・1に示すように，O_2 の発生が泡となって観察される．

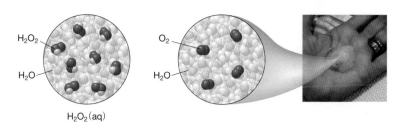

5・1B　化学反応式の表記

- 反応において，何が反応を開始する反応物であるか，および反応により何が生成物として得られるかを，化学式と他の記号を用いて表した式を**化学反応式**という．

化学反応式 chemical equation

　化学反応式では，反応物を左側に，生成物を右側に書き，それらの間には，反応物から生成物に向けた水平の矢印（**反応矢印**）を書く．メタンの燃焼では，メタン CH_4 と酸素 O_2 を反応物として矢印の左側に書き，二酸化炭素 CO_2 と水 H_2O を生成物として右側に書く．

反応矢印 reaction arrow

$$化学反応式\quad \underbrace{CH_4 \ + \ 2\overset{係数}{O_2}}_{反応物} \ \longrightarrow \ \underbrace{CO_2 \ + \ 2\overset{係数}{H_2O}}_{生成物}$$

　いくつかの化学式の前に数字が記されているが，この数字を**係数**という．係数は反応する，あるいは生成する特定の単体や化合物の分子の数を示している．化学式の前に数字がないときには，係数は"1"であるとみなしてよい．メタンの燃焼では，化学反応式の係数から1分子の CH_4 と2分子の O_2 が反応して，1分子の CO_2 と2分子の H_2O が生成することがわかる．

係数 coefficient

　化学式に下付文字があるときは，その下付文字に係数を掛けた値が，その化学式における特定の元素の原子の総数となる．

2個の O_2 分子　＝　4個の酸素原子　　　　2個の H_2O 分子　＝　2個の酸素原子　＋　4個の水素原子

　係数が用いられるのは，すべての化学反応は，自然の基本的原理である**質量保存の法則**に従うからである．すなわち，質量保存の法則は次のように表すことができる．

質量保存の法則 law of conservation of matter

- 化学反応において原子は生成することもなければ，消滅することもない．

　反応において結合の開裂や生成は起こるけれども，反応物におけるそれぞれの元素の原子数は，生成物におけるその元素の原子数と同じである．係数は反応式の"釣合をとる"ために用いられており，これによって，それぞれの元素の原子数が反応式の両側で同じになっている．

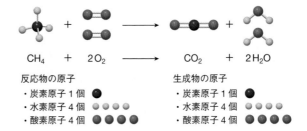

$$CH_4 + 2O_2 \longrightarrow CO_2 + 2H_2O$$

反応物の原子   生成物の原子
・炭素原子1個 ●   ・炭素原子1個 ●
・水素原子4個 ○○○○   ・水素原子4個 ○○○○
・酸素原子4個 ●●●●   ・酸素原子4個 ●●●●

表 5・1 化学反応式に用いられる記号	
記号	意味
$\longrightarrow$	反応矢印
Δ	加熱
(s)	固体
(l)	液体
(g)	気体
(aq)	水溶液

化学反応式において，注意すべき二つの用法がある．反応を起こすために加熱する必要があるときには，矢印の上にギリシャ文字のデルタ Δ を書く場合がある．また，しばしば反応物と生成物の物理的状態を，それぞれの化学式の隣に示すことがある．固体，液体，気体のそれぞれについて (s)，(l)，(g) が用いられる．反応に水溶液が用いられる場合，すなわち反応物を水に溶解させる場合には，記号 (aq) を反応物の隣につける．これらの記号を付け加えると，メタンの燃焼の化学反応式は次式のようになる．

メタンの燃焼 $CH_4(g) + 2O_2(g) \xrightarrow{\Delta} CO_2(g) + 2H_2O(g)$

表5・1には化学反応式に用いられる記号をまとめた．

例題 5・2   係数と下付文字を用いて原子数を求める

以下の化学反応式について，反応物と生成物を分類して示せ．さらに，それぞれの元素の原子が，反応式の右辺と左辺にそれぞれ何個存在するかを示せ．

$$C_2H_6O(l) + 3O_2(g) \longrightarrow 2CO_2(g) + 3H_2O(g)$$

解答 この反応式では，反応物は C_2H_6O と O_2 であり，生成物は CO_2 と H_2O である．係数が書かれていない場合は，係数は"1"であるとみなしてよい．化学式が係数と下付文字の両方をもつときには，下付文字と係数を掛け合わせることにより，それぞれの元素の原子数を求めることができる．

$1 C_2H_6O = 2C + 6H + 1O$

$3O_2 = 6O$ 下付文字2に係数3を掛ける

$2CO_2 = 2C + 4O$ それぞれの下付文字に係数2を掛ける
                   $2 \times 1C = 2C,\ 2 \times 2O = 4O$

$3H_2O = 6H + 3O$ それぞれの下付文字に係数3を掛ける
                   $3 \times 2H = 6H,\ 3 \times 1O = 3O$

反応物と生成物におけるそれぞれの元素の原子の総数を求めるには，左辺と右辺でそれぞれの原子数を足し合わせればよい．

$$C_2H_6O(l) + 3O_2(g) \longrightarrow 2CO_2(g) + 3H_2O(g)$$

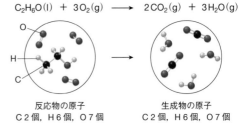

反応物の原子   生成物の原子
C 2個，H 6個，O 7個   C 2個，H 6個，O 7個

練習問題 5・2 以下に示す化学反応式について，反応物と生成物を分類して示せ．さらに，それぞれの元素の原子が，反応式の右辺と左辺にそれぞれ何個存在するかを示せ．

(a) $2C_8H_{18} + 25O_2 \longrightarrow 16CO_2 + 18H_2O$
(b) $2Na_3PO_4(aq) + 3MgCl_2(aq) \longrightarrow Mg_3(PO_4)_2(s) + 6NaCl(aq)$

5・2   化学反応式の釣合のとり方

実験室で反応を行う際には，目的とする生成物を得るために，それぞれどのくらいの量の反応物を反応させなければならないかを知る必要がある．例として，アスピリン $C_9H_8O_4$ を，決まった量，たとえば100 g のサリチル酸 $C_7H_6O_3$ から合成したいとしよう．この反応を実行するためには，どのくらいの量の酢酸 $C_2H_4O_2$ が必要であるかを決定しなければならない．この種の計算は，まず釣合のとれた化学反応式を書くことから始まる．

釣合のとれた化学反応式 balanced chemical equation

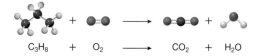

サリチル酸　　　　　　酢酸　　　　　　　　アスピリン
$C_7H_6O_3$　　　　　　$C_2H_4O_2$　　　　　　　$C_9H_8O_4$　　　　H_2O

　この化学反応式は，このままで釣合がとれており，それぞれの化学式の前の係数は"1"である．すなわち，1分子のサリチル酸と1分子の酢酸が反応して，1分子のアスピリンと1分子の水が生成する．しかし，一般に化学反応式は，それぞれの元素の原子数を式の両辺で等しくするために，いくつかの化学式の前に係数をつけることによって，釣合をとらなければならない．

How To　化学反応式の釣合のとり方

例　プロパン C_3H_8 と酸素 O_2 から二酸化炭素 CO_2 と水 H_2O が生成する反応について，釣合のとれた化学反応式を書け．
段階 1　正確な化学式を用いて化学反応式を書く．

- 反応矢印の左側に反応物を書き，右側に生成物を書く．ついで，係数を加えることなく，反応式の釣合がとれているかどうかを確認する．

$$C_3H_8 + O_2 \longrightarrow CO_2 + H_2O$$

- この反応式は，このままでは釣合がとれていない．なぜなら，炭素，水素，酸素のすべての元素について，反応式の両辺で原子数が異なっているためである．たとえば，左辺には3個の炭素原子があるが，右辺には炭素原子は1個しかない．
- 反応式の釣合をとるために，化学式の下付文字は決して変えてはならない．下付文字を変えることは，化合物の種類を変えることになる．たとえば，上式において CO_2 を CO へ変えれば反応式の両辺に2個の酸素原子があることになるので，酸素原子の釣合をとることができる．しかし，それは二酸化炭素を一酸化炭素に変えてしまうので適切ではない．

段階 2　一つずつの元素について，係数を用いて化学反応式の釣合をとる．

- まず，最も複雑な化学式に注目し，そして反応式の両辺において一つの化学式だけに現れる元素から始める．複数の反応物や生成物に現れている元素は，最後に残しておく．この例では，C_3H_8 における炭素あるいは水素のいずれかから始めるとよい．左辺には3個の炭素原子があるので，右辺の CO_2 に係数3をつける．

$$C_3H_8 + O_2 \longrightarrow 3CO_2 + H_2O$$
左辺には3個の炭素原子　　　炭素原子の釣合をとるために係数3を置く

- C_3H_8 の8個の水素原子の釣合をとるために，右辺の H_2O の前に係数4を置く．

$$C_3H_8 + O_2 \longrightarrow 3CO_2 + 4H_2O$$
左辺には8個の水素原子　　　水素原子の釣合をとるために係数4を置く（4×H_2O 中の2個の水素原子＝8個の水素原子）

- 釣合のとれていない唯一の元素は酸素であり，この時点で，右辺には3個の CO_2 分子から6個と4個の H_2O 分子から4個の合計10個の酸素原子がある．右辺の10個の酸素原子の釣合をとるために，左辺の O_2 の前に係数5を置く．

$$C_3H_8 + 5O_2 \longrightarrow 3CO_2 + 4H_2O$$
酸素原子の釣合をとるために係数5を置く　　　右辺には10個の酸素原子

段階 3　用いられている係数が，最も小さい整数の組合わせになっていることを確認する．

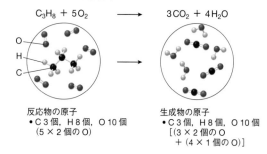

$$C_3H_8 + 5O_2 \longrightarrow 3CO_2 + 4H_2O$$

反応物の原子
- C 3個，H 8個，O 10個（5×2個のO）

生成物の原子
- C 3個，H 8個，O 10個［(3×2個のO + (4×1個のO)]

- この化学反応式は釣合がとれている．なぜなら，炭素，水素，酸素のすべての元素について，両辺の原子数が同じである．
- しばしば，反応式は釣合がとれてはいるが，最も小さい整数の組合わせが係数として用いられていないことがある．たとえば，釣合をとることによって，次の化学反応式が得られたとしよう．

$$2C_3H_8 + 10O_2 \longrightarrow 6CO_2 + 8H_2O$$

- この反応式は炭素，水素，酸素のすべての元素について，両辺の原子数は同じである．しかし，係数を最も小さい整数の組合わせとするために，段階3の最初の式に示したように，それぞれの係数を2で割らなければならない．

プロパンと酸素との反応により，二酸化炭素と水とともに多量のエネルギーが生じる．生じたエネルギーは，調理や家庭用暖房，衣類の乾燥，発電機や自動車の動力の供給などに利用されている．プロパンや他の化石燃料の燃焼によって，毎年，莫大な量の CO_2 が大気に加えられ，明らかな環境への影響が現れている．

例題 5・3 と例題 5・4 には，化学反応式の釣合のとり方のさらなる例を示した．例題 5・3 は，反応物と生成物の原子数の間に奇数-偶数の関係があるときの反応式の釣合のとり方を，例題 5・4 は，いくつかの多原子アニオンを含む反応式の釣合のとり方を示している．

問題 5・1　次のそれぞれの反応について，釣合のとれた化学反応式を書け．

(a) $C_6H_{12}O_6 + O_2 \longrightarrow CO_2 + H_2O$　　(b) $CH_4 + Cl_2 \longrightarrow CH_2Cl_2 + HCl$

例題 5・3　反応物と生成物の原子数の間に奇数-偶数の関係がある化学反応式の釣合をとる

アジ化ナトリウム NaN_3 は Na^+ と多原子アニオンのアジ化物イオン N_3^- からなるイオン化合物である．自動車のエアバッグが膨張するのは，アジ化ナトリウムが速やかにナトリウム Na と気体の窒素 N_2 に分解する反応を利用している（図5・2）．この反応について，釣合のとれた反応式を書け．

解答

[1]　正確な化学式を用いて反応式を書く．

$$NaN_3 \longrightarrow Na + N_2$$
アジ化ナトリウム

• この反応式は，窒素原子について釣合がとれていない．すなわち，左辺には3個の窒素原子があるが，右辺には窒素原子は2個しかない．

[2]　係数を用いて化学反応式の釣合をとる．

• 反応物側の窒素原子は奇数個（3個）であり，生成物側の窒素原子は偶数個（2個）である．この場合，原子数を釣合わせるために，二つの係数を置くことが必要となる．左辺の NaN_3 の前に係数2を置き，反応物側に全部で6個の窒素原子とする．さらに，右辺の N_2 の前に係数3を置き，生成物

係数2を置き，左辺に6個の窒素原子とする
$$2NaN_3 \longrightarrow Na + 3N_2$$
係数3を置き，右辺に6個の窒素原子とする

側も全部で6個の窒素原子とする．このように，反応物と生成物の原子数の間に，一方が1以外の奇数，他方が偶数という関係があるときは，いつでも二つの係数を置くことが必要となる．

• 右辺の N_2 の下付文字は，左辺の NaN_3 の前の係数2と同じ数字である．同様に，左辺の NaN_3 の下付文字は，右辺の N_2 の前の係数3と同じ数字である．

• 左辺の二つのナトリウム原子について，右辺のナトリウム原子の前に2を置くことによって釣合をとる．

$$2NaN_3 \longrightarrow 2Na + 3N_2$$
ナトリウム原子の釣合をとるために係数2を置く

[3]　確認と単純化を行う．

• それぞれの元素について反応式の両辺の原子数が同じであるから，この反応式は釣合がとれている．

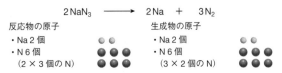

$$2NaN_3 \longrightarrow 2Na + 3N_2$$

反応物の原子	生成物の原子
・Na 2個	・Na 2個
・N 6個	・N 6個
（2×3個のN）	（3×2個のN）

練習問題 5・3　エタン C_2H_6 と O_2 から CO_2 と H_2O が生成する反応について，釣合のとれた反応式を書け．

(a) エアバッグを膨張させる化学反応

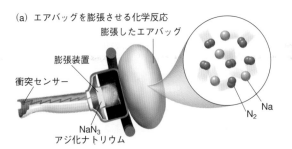

膨張したエアバッグ
膨張装置
衝突センサー
NaN_3
アジ化ナトリウム
Na
N_2

(b) 正面衝突によって展開されたエアバッグ

図 5・2　自動車のエアバッグの化学．ひどい交通事故が起こると電気センサーが作動し，アジ化ナトリウム NaN_3 が加熱されてナトリウム Na と窒素ガス N_2 への変換が進行し，エアバッグの膨張がひき起こされる．発生した窒素ガスによってバッグは 40 ミリ秒以内に完全に膨らみ，これによって乗客が重傷を負うことが防がれる．この最初の反応で生成したナトリウムは危険な物質であるが，すぐに安全なナトリウム塩に変換される．信頼できる自動車用のエアバッグが開発されるまでに 30 年が費やされた．

例題 5・4　多原子イオンを含む反応式の釣合をとる

次の反応式の釣合をとれ.

$$Ca_3(PO_4)_2 + H_2SO_4 \longrightarrow CaSO_4 + H_3PO_4$$
リン酸カルシウム　　硫酸　　　　　硫酸カルシウム　リン酸

解答

[1]　正確な化学式を用いて反応式を書く.

• それぞれの化合物の正しい化学式は問題文に与えられている. 本問では多原子イオン PO_4^{3-} と SO_4^{2-} が含まれているが, このように, 反応物と生成物が多原子イオンを含むときには, 個々の原子について釣合をとるよりむしろ, それぞれのイオンを単位として釣合をとるとよい. たとえば, 問題に与えられた反応式では PO_4^{3-} の釣合がとれていない. すなわち, 左辺には二つの PO_4^{3-} があるが, 右辺には一つしかない.

[2]　係数を用いて化学反応式の釣合をとる.

• $Ca_3(PO_4)_2$ に注目しよう. 3個のカルシウム原子は, 右辺の $CaSO_4$ の前に係数3を置くことによって釣合をとることができる. また, 2個の PO_4^{3-} は, 右辺の H_3PO_4 の前に係数2を置くことによって釣合をとることができる.

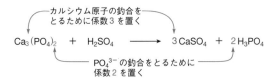

• 二つの成分, すなわち水素原子と硫酸イオン SO_4^{2-} はまだ釣合がとれていない. 両方は, 左辺の H_2SO_4 の前に係数3を置くことによって釣合をとることができる.

[3]　確認を行う.

• 2種類の元素 Ca と H の原子, および2種類の多原子アニオンについて, 反応式の両辺の数が同じであるから, この反応式は釣合がとれている.

$$Ca_3(PO_4)_2 + 3H_2SO_4 \longrightarrow 3CaSO_4 + 2H_3PO_4$$

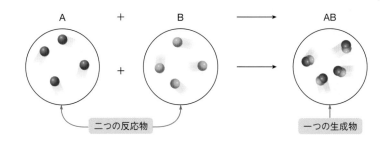

練習問題 5・4　次の化学反応式の釣合をとれ.
(a) $Al + H_2SO_4 \longrightarrow Al_2(SO_4)_3 + H_2$
(b) $Na_2SO_3 + H_3PO_4 \longrightarrow H_2SO_3 + Na_3PO_4$

5・3　反応の様式

　きわめて多様な化学反応が知られているが, 多くの反応は, 少数の主要な様式に分類することができる. 本節では, 結合反応, 分解反応, 単一置換反応, 二重置換反応を扱う. §5・4では, 酸化と還元を含む反応について学ぶ.

9章では, 章全体を通して酸塩基反応について学ぶ.

5・3A　結合反応と分解反応

• **結合反応**は二つ以上の反応物が結びついて, 単一の生成物を与える反応である.

結合反応 combination reaction

　一般的な結合反応では, 反応物Aと反応物Bが結びついて, 生成物ABが生じる.

リン酸は例題5・4で示した化学反応によって工業的に製造されている. 主要なリン酸肥料であるリン酸水素二アンモニウム $(NH_4)_2HPO_4$ はリン酸 H_3PO_4 から合成される.

水素 H_2 と酸素 O_2 から水 H_2O が生成する反応は，結合反応の例である．反応物は単体の場合も化合物の場合もあるが，生成物は常に化合物である．表5・2に結合反応のいくつかの例を示した．

表 5・2 結合反応の例

N_2	$+ 3H_2 \longrightarrow 2NH_3$
Ca	$+ Br_2 \longrightarrow CaBr_2$
$H_2C{=}CH_2$	$+ Cl_2 \longrightarrow ClCH_2CH_2Cl$

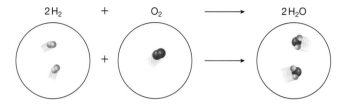

分解反応 decomposition reaction

- **分解反応**は単一の反応物が，二つ以上の生成物へ変換される反応である．

一般的な分解反応では，反応物 AB から生成物 A と生成物 B が生じる．

表 5・3 分解反応の例

$2NH_3$	$\longrightarrow N_2$	$+ 3H_2$
$2KClO_3$	$\longrightarrow 2KCl$	$+ 3O_2$
CH_3CH_2Cl	$\longrightarrow H_2C{=}CH_2$	$+ HCl$

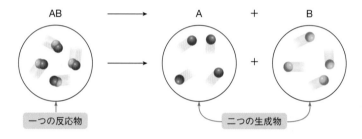

汚染された空気の赤褐色は，二酸化窒素 NO_2 によるものである．二酸化窒素は刺激性の気体であり，例題5・5に示す反応によって生成する．

臭化水素 HBr が水素 H_2 と臭素 Br_2 へ変換される反応は，分解反応の例である．また，自動車のエアバックで起こる NaN_3 の Na と N_2 への変換（例題5・3）も分解反応である．生成物は単体の場合も化合物の場合もあるが，反応物は常に化合物である．表5・3に分解反応の例を示した．

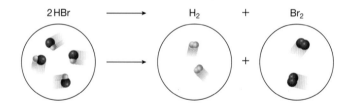

結合反応と分解反応を比較すると，次のことがいえる．

- 結合反応はただ一つの生成物を生成するが，分解反応はただ一つの反応物から始まる．

例題 5・5   反応を結合反応あるいは分解反応に分類する

次の分子図に示された反応について，釣合のとれた反応式を書

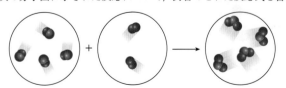

け．さらに，この反応を結合反応，分解反応のいずれかに分類せよ．

解答　赤球は酸素原子，青球は窒素原子を示すので，分子図は4個の NO 分子と2個の O_2 分子から4個の NO_2 分子が生成する反応を示している．釣合のとれた反応式の係数は，最も小さい整数の組合わせでなければならないため，それぞれの分子数

(つづく)

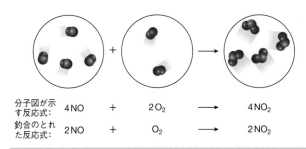

<table>
<tr><td>分子図が示す反応式:</td><td>4NO</td><td>+</td><td>2O$_2$</td><td>⟶</td><td>4NO$_2$</td></tr>
<tr><td>釣合のとれた反応式:</td><td>2NO</td><td>+</td><td>O$_2$</td><td>⟶</td><td>2NO$_2$</td></tr>
</table>

を 2 で割る必要がある.

　二つの反応物が結びついて単一の生成物が得られたので, この反応は結合反応である.

練習問題 5・5　次の反応を結合反応, 分解反応のいずれかに分類せよ.

(a) Cu(s) + S(s) ⟶ CuS(s)

(b) CuCO$_3$(s) ⟶ CuO(s) + CO$_2$(g)

5・3B　置 換 反 応

　反応物の元素が他の元素と置き換わる反応を, **置換反応**という. 置換反応は個々の反応によって, さらに単一置換反応, あるいは二重置換反応に分類される. 置換反応では常に, 二つの反応物と二つの生成物が存在する.

置換反応 replacement reaction

- ある化合物を構成する一つの元素が他の元素と置き換わり, 生成物として異なる化合物と単体が得られる反応を**単一置換反応**という.

単一置換反応 single replacement reaction

　一般的な単一置換反応では, 反応物 A と BC から生成物 B と AC が生成する.

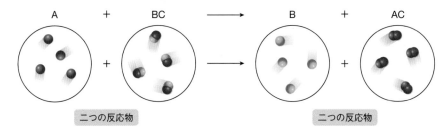

A　　+　　BC　　⟶　　B　　+　　AC

二つの反応物　　　　　　　二つの反応物

　亜鉛 Zn と塩化銅(II) CuCl$_2$ から, 塩化亜鉛 ZnCl$_2$ と銅 Cu が生成する反応は, 単一置換反応の例である. Zn が化合物 CuCl$_2$ 中の Cu と置き換わる. 最も一般的な単一置換反応は, 単体と化合物が反応物となり, 単体と化合物が生成物として得られる.

Zn が Cu と置き換わる

<table>
<tr><td>Zn</td><td>+</td><td>CuCl$_2$</td><td>⟶</td><td>ZnCl$_2$</td><td>+</td><td>Cu</td></tr>
<tr><td>単体</td><td></td><td>化合物</td><td></td><td>化合物</td><td></td><td>単体</td></tr>
</table>

- 二つの化合物がそれぞれの"部分", すなわち原子あるいはイオンを交換し, 二つの新たな化合物が生成する反応を**二重置換反応**という.

二重置換反応 double replacement reaction

　一般的な二重置換反応では, 反応物 AB と CD から, 反応物における A と C の交換によって生成物 AD と CB が生成する.

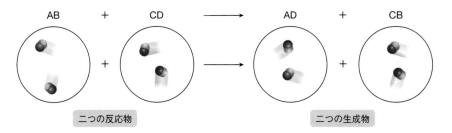

AB　　+　　CD　　⟶　　AD　　+　　CB

二つの反応物　　　　　　　二つの生成物

　塩化バリウム $BaCl_2$ と炭酸カリウム K_2CO_3 から，炭酸バリウム $BaCO_3$ と塩化カリウム KCl が生成する反応は，二重置換反応の例である．カチオン Ba^{2+} と K^+ が置き換わって，新たな二つのイオン化合物が生成する．二重置換反応では，二つの化合物が反応物となり，二つの化合物が生成物として得られる．

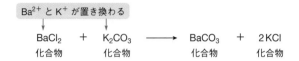

$$BaCl_2 \quad + \quad K_2CO_3 \quad \longrightarrow \quad BaCO_3 \quad + \quad 2\,KCl$$
化合物　　　　化合物　　　　　　　化合物　　　　化合物

　表 5・4 にさらにいくつかの単一置換反応および二重置換反応の例を示す．

表 5・4　単一置換反応と二重置換反応の例

反応形式	例	説　明
単一置換反応	$2\,NaCl + Br_2 \longrightarrow 2\,NaBr + Cl_2$	化合物 $NaCl$ 中の元素 Cl が Br と置換する
	$Fe + CuSO_4 \longrightarrow FeSO_4 + Cu$	化合物 $CuSO_4$ 中の元素 Cu が Fe と置換する
二重置換反応	$AgNO_3 + NaCl \longrightarrow AgCl + NaNO_3$	Ag^+ と Na^+ が交換する
	$HCl + NaOH \longrightarrow H_2O + NaCl$	H と Na^+ が交換する

例題 5・6　反応を単一置換反応あるいは二重置換反応に分類する

次の反応を，単一置換反応あるいは二重置換反応のいずれかに分類せよ．
(a) $CuO + 2\,HCl \longrightarrow CuCl_2 + H_2O$
(b) $Zn + 2\,HCl \longrightarrow ZnCl_2 + H_2$
解答　(a) 反応において，化合物 CuO 中の Cu^{2+} と化合物 HCl 中の水素原子が交換して，新たな二つの化合物が生成する．したがって，この反応は二重置換反応である．

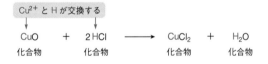

$$CuO \quad + \quad 2\,HCl \quad \longrightarrow \quad CuCl_2 \quad + \quad H_2O$$
化合物　　　　化合物　　　　　　化合物　　　　化合物

(b) 反応において，Zn が化合物 HCl 中の水素原子と置き換わり，新たな化合物と新たな単体が生成する．したがって，この反応は単一置換反応である．

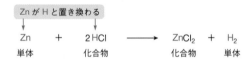

$$Zn \quad + \quad 2\,HCl \quad \longrightarrow \quad ZnCl_2 \quad + \quad H_2$$
単体　　　　　化合物　　　　　　化合物　　　　単体

練習問題 5・6　次の反応を，結合反応，分解反応，単一置換反応，二重置換反応のいずれかに分類せよ．
(a) $2\,HgO \longrightarrow 2\,Hg + O_2$
(b) $Mg + ZnCl_2 \longrightarrow MgCl_2 + Zn$
(c) $H_2C{=}CH_2 + HBr \longrightarrow CH_3CH_2Br$
(d) $KNO_3 + HBr \longrightarrow KBr + HNO_3$

5・4　酸化反応と還元反応

　酸化反応と還元反応は，電子の移動を含む反応として化学反応の一つの分類を形成する．

5・4A　酸化還元反応の一般的特徴

　ある元素から別の元素へと電子が移動する反応は，化学反応によくみられる様式の一つである．たとえば，鉄がさびるとき，メタンや木材が燃えるとき，あるいは電池から電気が発生するときには，ある元素が電子を獲得し，他の元素が電子を失っている．これらの反応には酸化反応と還元反応が含まれている．

- ある元素が電子を失う反応を**酸化反応**という.
- ある元素が電子を獲得する反応を**還元反応**という.

酸化反応 oxidation reaction

還元反応 reduction reaction

酸化と還元は逆の過程であり，一つの反応で両方が同時に起こる．そのため，しばしば二つをあわせて**酸化還元反応**，あるいは**レドックス反応**とよばれる．酸化還元反応にはいつも二つの成分，すなわち酸化されるものと還元されるものが存在する.

酸化還元反応 oxidation-reduction reaction

レドックス反応 redox reaction

- 酸化還元反応には，ある元素から別の元素への電子の移動が含まれる.

金属 Zn と Cu^{2+} との反応は酸化還元反応の例である．この反応の様子を図5・3に示す.

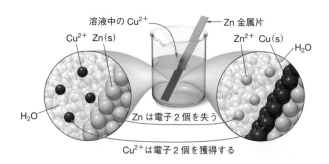

図 5・3 **酸化還元反応: Zn から Cu^{2+} への電子の移動.** Cu^{2+} を含む溶液に Zn の金属片を投入すると，酸化還元反応が進行する．この反応では，Zn が2個の電子を失って Zn^{2+} となり，溶液中に溶出する．一方，Cu^{2+} は2個の電子を獲得して金属 Cu となり，溶液から析出して，Zn 金属片の表面に被膜を形成する.

- Zn は電子2個を失い，Zn^{2+} を生成する．すなわち，Zn は酸化される.
- Cu^{2+} は電子2個を獲得し，金属 Cu を生成する．すなわち，Cu^{2+} は還元される.

これらのそれぞれの過程は，電子を失ったか，あるいは獲得したかを明確に示すために，次式のように別べつの反応として表記することができる．このような反応を**半反応**という.

半反応 half reaction

電子を失う = 酸化

酸化半反応　　　　　　　Zn ⟶ Zn^{2+} + $2e^-$

還元半反応　Cu^{2+} + $2e^-$ ⟶ Cu

電子を得る = 還元

- 他の化合物を酸化する化合物を**酸化剤**という．酸化剤は電子を獲得して，それ自身は還元される.
- 他の化合物を還元する化合物を**還元剤**という．還元剤は電子を失い，それ自身は酸化される.

酸化剤 oxidizing agent

還元剤 reducing agent

上記の例では，Zn が電子を失い，Cu^{2+} が電子を獲得する．したがって，Zn は Cu^{2+} に電子を与え，Cu^{2+} の還元をひき起こしたので，Zn は還元剤である．一方，Cu^{2+} は Zn の電子を奪い，Zn の酸化をひき起こしたので，Cu^{2+} は酸化剤である.

酸化還元反応の生成物を理解するためには，どの原子あるいはイオンが電子を獲得

し, どの原子あるいはイオンが電子を失ったかを決定する必要がある. このためには, 次の指針を用いるとよい.

- 電気的に中性な原子では, 金属は電子を失い, 非金属は電子を獲得する.
- イオンでは, カチオンは電子を獲得しやすく, アニオンは電子を失いやすい.

　たとえば, 金属であるナトリウム Na やマグネシウム Mg は容易に電子を失い, それぞれカチオン Na^+, Mg^{2+} を生成する. すなわち, それらは酸化される. 一方, 非金属である O_2 や Cl_2 は容易に電子を獲得し, $2O^{2-}$, $2Cl^-$ を生成する, すなわち, それらは還元される. Cu^{2+} のような正電荷をもつイオンは, 2個の電子を獲得することによって Cu に還元される. 一方, 負電荷をもつ2個の Cl^- は, 2個の電子を失うことによって Cl_2 に酸化される. 図5·4にはこれらの反応と, さらにいくつかの酸化還元反応の例を示す.

図 5·4　**酸化反応と還元反応の例**

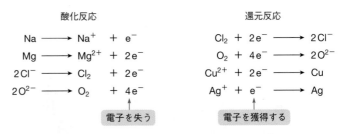

例題 5·7　**酸化還元反応にかかわる化学種を識別する**

次の反応において, 酸化された化学種および還元された化学種を示せ. また, それぞれの化学種の半反応を表す式を書き, それぞれの化学種において獲得された, あるいは失われた電子の数を示せ.

$$Mg(s) + 2H^+(aq) \longrightarrow Mg^{2+}(aq) + H_2(g)$$

解答　金属である Mg は2個の電子を失って, Mg^{2+} に酸化される. 2個の H^+ は全部で2個の電子を獲得し, 非金属である

$$Mg(s) \longrightarrow Mg^{2+}(aq) + 2e^-$$
Mg は酸化される

$$2H^+(aq) + 2e^- \longrightarrow H_2(g)$$
H^+ は還元される　　電荷の釣合をとるために2個の電子が必要

H_2 に還元される.

　半反応の反応式を書く際には, 反応式の両辺で全電荷が同じになるように, 必要な数の電子 e^- を書き加える必要がある. 2個の H^+ は全部で +2 の電荷をもつので, 反応式の両辺の全電荷をゼロとするために, 2個の e^- を獲得しなければならない.

練習問題 5·7　次の反応において, 酸化された化学種および還元された化学種を示せ. また, それぞれの化学種の半反応を表す式を書き, それぞれの化学種において獲得された, あるいは失われた電子の数を示せ.
(a) $Fe^{3+}(aq) + Al(s) \longrightarrow Al^{3+}(aq) + Fe(s)$
(b) $2AgBr \longrightarrow 2Ag + Br_2$

5·4B　酸化還元反応の例

　酸化反応と還元反応は, 一般的にみられる多くの過程に含まれている. たとえば, ヨウ素 I_2 や過酸化水素 H_2O_2 のような一般的な消毒薬は酸化剤であり, 酸化反応によって傷口を清浄にし, 感染症の原因となる微生物を殺している.
　また, 鉄 Fe がさびるときには, 鉄が空気中の酸素によって酸化され, 酸化鉄(Ⅲ) Fe_2O_3 が生成する. この酸化還元反応では, 電気的に中性の鉄原子が Fe^{3+} に酸化され, 単体の O_2 が O^{2-} に還元される.

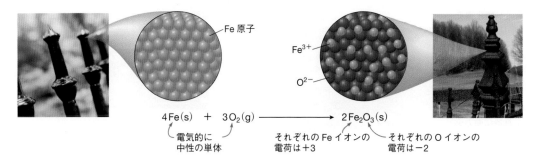

$$4Fe(s) \ + \ 3O_2(g) \ \longrightarrow \ 2Fe_2O_3(s)$$

電気的に
中性の単体

それぞれのFeイオンの
電荷は+3

それぞれのOイオンの
電荷は−2

　実用電池は酸化還元反応を起こす金属とカチオンから構成されている．電子が金属からカチオンへと移動するときに電流が流れ，それによって電球，ラジオ，コンピューター，時計などに電力が供給される．たとえば，図5・5に示すように，アルカリ電池はふつう亜鉛 Zn 粉末とマンガン(Ⅳ)イオン Mn^{4+}，および水酸化ナトリウム NaOH あるいは水酸化カリウム KOH から構成されている．

$$Zn \ + \ 2MnO_2 \ \longrightarrow \ ZnO \ + \ Mn_2O_3$$

Mn^{4+}　　　　Zn^{2+}　Mn^{3+}

　この酸化還元反応では，電気的に中性の Zn が Zn^{2+} に酸化され，Mn^{4+} は Mn^{3+} に還元される．酸化物イオン O^{2-} は，単に金属イオンの電荷を釣合わせているだけであり，酸化も還元もされない．
　反応によっては，どちらの反応物が酸化され，どちらが還元されたか明らかではない場合もある．たとえば，メタン CH_4 の酸素との燃焼により CO_2 と H_2O が生成する反応では，電子を失った，あるいは電子を獲得したことがはっきりとわかる金属もカチオンもない．しかしこの反応は酸化還元反応である．このような反応において，酸

ペースメーカー

　ペースメーカーは個人の胸に埋込まれ，適切な心拍数を維持するために用いられる小型の電子機器である（図）．ペースメーカーには，酸化還元反応によって電気的な刺激を発生する長寿命の小さい電池が内蔵されている．
　現在使用されているほとんどのペースメーカーは，電池にリチウム–ヨウ素電池を用いている．それぞれの電気的に中性なリチウム原子は，1電子を失うことによって Li^+ に酸化される．一方，それぞれの I_2 分子は2電子を獲得することによって還元され，2個の I^- を生成する．釣合のとれた反応式では，1個の I_2 分子に対して2個のリチウム原子が必要になるので，リチウム原子が失う電子の数は，I_2 が獲得す

る電子の数に等しくなる．

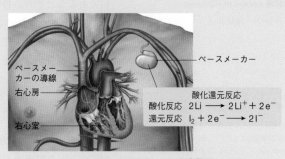

酸化還元反応
酸化反応 $2Li \longrightarrow 2Li^+ + 2e^-$
還元反応 $I_2 + 2e^- \longrightarrow 2I^-$

ペースメーカーにおけるリチウム–ヨウ素電池．ペースメーカーは，心臓の拍動を誘発するための小さな電気的刺激を発生させる機器である．現在のペースメーカーは心臓が正常に拍動しているときを認識し，心拍数が低下したときだけ電気的な信号を発生する．このような機器は"デマンド型(応需型)"ペースメーカーとよばれ，従来の"固定型"モデル，すなわち心拍数を一定の値に維持するために連続的に刺激を発生させるペースメーカーと急速に置き換わりつつある．

・I_2 は2電子を獲得して，
　2個の I^- になる
・I_2 は還元される

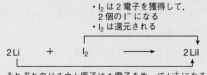

$$2Li \ + \ I_2 \ \longrightarrow \ 2LiI$$

・それぞれのリチウム原子は1電子を失って Li^+ になる
・Li は酸化される

図 5・5 **懐中電灯の電池：酸化還元反応の例.** アルカリ電池は，亜鉛 Zn 粉末と二酸化マンガン MnO_2，ペースト状の水酸化ナトリウム NaOH あるいは水酸化カリウム KOH から構成される．電気的に接続されると，Zn は電子を失い，その電子は MnO_2 中の Mn^{4+} へと流れる．発生した電流は，電球やラジオなどの電気機器に動力を与えるために利用される．

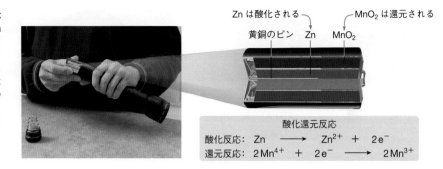

Zn は酸化される　　　　　　MnO_2 は還元される
黄銅のピン　Zn　MnO_2

酸化還元反応
酸化反応:　$Zn \longrightarrow Zn^{2+} + 2e^-$
還元反応:　$2Mn^{4+} + 2e^- \longrightarrow 2Mn^{3+}$

化された化学種と還元された化学種を識別するには，酸素原子と水素原子を数えることが最良の方法である場合が多い．

- ある化学種が酸素原子を獲得するか，あるいは水素原子を失うと，その化学種は酸化される．
- ある化学種が酸素原子を失うか，あるいは水素原子を獲得すると，その化学種は還元される．

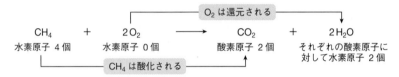

O_2 は還元される

$$CH_4 \quad + \quad 2O_2 \quad \longrightarrow \quad CO_2 \quad + \quad 2H_2O$$
水素原子 4 個　　　水素原子 0 個　　　　　酸素原子 2 個　　それぞれの酸素原子に対して水素原子 2 個

CH_4 は酸化される

問題 5・2 次の反応において，酸化された化学種および還元された化学種を示せ．なお，酸化物イオン O^{2-} は反応において変化していない．

$$Zn + HgO \longrightarrow ZnO + Hg$$

この反応では，CH_4 は二つの酸素原子を獲得して CO_2 を生成しているので，酸化されている．一方，O_2 は二つの水素原子を獲得して H_2O を生成しているので，還元されている．

5・5　物質量とアボガドロ数

§5・2では化学反応式について，原子と分子の視点から説明したが，実際には個々の原子や分子はきわめて小さい．もっと大きな量の原子や分子を扱うほうがずっと便利であることから，科学者は**物質量**という概念を用いる．物質量の単位は**モル**（単位 mol）であり，これによって物質の量が定義される．その考え方は，1 ダースが 12 個を意味し，炭酸飲料 1 ケースが 24 缶を意味することとよく似ている．ただ一つの違いは，物質量の定義はもっと大きいことである．

物質量 amount of substance
モル mole，単位 mol

- 6.02×10^{23} 個の粒子，たとえば原子，分子，イオンなどを含む物質の量を 1 mol という．

アボガドロ数 Avogadro's number

＊ 訳注：アボガドロ数の厳密な値は $6.02214076 \times 10^{23}$ である．かつては 1 mol は，"正確に 12 g の炭素-12 に含まれる原子の数と等しい数の粒子を含む物質の量" と定義されていたが，2019 年に改正された．したがって，現在の定義では，1 mol の炭素-12 は正確に 12 g ではないが，有効数字 3 桁の範囲では 12.0 g として差支えない．

アボガドロ定数 Avogadro constant

アボガドロ Amedeo Avogadro

6.02×10^{23} を**アボガドロ数**という＊．あるいは，単位 mol^{-1} をつけて，$6.02 \times 10^{23} \, mol^{-1}$ を**アボガドロ定数**という．この名称は 19 世紀において最初に物質量の概念を提案したイタリアの科学者アボガドロにちなんだものである．1 mol の物質は常に，アボガドロ数個の粒子を含んでいる．

炭素原子 1 mol ＝ 6.02×10^{23} 個の炭素原子
H_2O 分子 1 mol ＝ 6.02×10^{23} 個の H_2O の分子
ビタミン C 分子 1 mol ＝ 6.02×10^{23} 個のビタミン C 分子

アボガドロ定数は，ある物質の物質量と，その物質に含まれる原子や分子の数を関係づける変換因子として用いることができる．

$$\text{二つの変換因子} \quad \frac{1\ \text{mol}}{6.02 \times 10^{23}\ \text{原子}} \quad \text{あるいは} \quad \frac{6.02 \times 10^{23}\ \text{原子}}{1\ \text{mol}}$$

これらの変換因子を用いると，与えられた物質量の物質の中にいくつの原子や分子が含まれるかを決定することができる．指数表記法で書かれた数の計算を行うために，まずこの形式で書かれた数の掛け算や割り算を行う方法を学ばなければならない．

> 指数表記法によって，数値は $y \times 10^x$ と表記される．y を係数(coefficient)といい，x を 10 のべき乗の指数(exponent)という(§1・6参照)．

- 指数表記法で書かれた二つの数の掛け算を行うときには，それぞれの係数を掛け合わせ，10 のべき乗に示された指数を足し合わせる．

$$(3.0 \times 10^5) \times (2.0 \times 10^2) = 6.0 \times 10^7$$

指数を足し合わせる (5+2)／係数を掛け合わせる (3.0×2.0)

- 指数表記法で書かれた二つの数の割り算を行うときには，それぞれの係数の割り算を行い，10 のべき乗に示された指数の差を求める．

$$\frac{6.0 \times 10^2}{2.0 \times 10^{20}} = 3.0 \times 10^{-18}$$

係数の割り算をする (6.0÷2.0)／指数の差を求める (2−20)

例題 5・8 と例題 5・9 において，物質量と分子数を互いに変換する問題をやってみよう．これらは，§1・7B で説明した変換因子を用いて問題を解く段階的な手法に従って解けばよい．

例題 5・8 与えられた物質の物質量を分子数に変換する

5.0 mol の二酸化炭素 CO_2 に含まれる分子数を求めよ．
解答
[1] もとの量と求めるべき量を明確にする．

5.0 mol の CO_2 （もとの量）　CO_2 の分子数（求めるべき量）

[2] 変換因子を書き出す．
- 不必要な単位 mol が消去されるように，mol を分母にもつ変換因子を選択する．

$$\frac{1\ \text{mol}}{6.02 \times 10^{23}\ \text{分子}} \quad \text{あるいは} \quad \boxed{\frac{6.02 \times 10^{23}\ \text{分子}}{1\ \text{mol}}}$$

mol が消去されるようにこの変換因子を選ぶ

[3] 問題を整理し，解答を得る．
- もとの量と変換因子を掛け合わせ，求めるべき量を得る．

$$5.0\ \text{mol} \times \frac{6.02 \times 10^{23}\ \text{分子}}{1\ \text{mol}} = 30. \times 10^{23}\ \text{分子}$$
$$= 3.0 \times 10^{24}\ \text{個の}\ CO_2\ \text{分子}$$

mol が消去される／1 から 10 までの数値に変換する

答　CO_2 5.0 mol の分子数は 3.0×10^{24} 個
- 係数 30 が 10 よりも大きいので，掛け算を行うとまず，指数表記法ではない書き方の解答が得られる．小数点を一つ左側に移動し，指数を 1 だけ増加させると，適切な指数表記法で書かれた解答を得ることができる．

練習問題 5・8　次のそれぞれの物質量の物質に含まれる分子数を求めよ．
(a) 2.5 mol のペニシリン
(b) 0.25 mol の NH_3

例題 5・9   与えられた分子数を物質量に変換する

8.62×10²⁵分子のアスピリンの物質量は何 mol か.
解答
[1]   もとの量と求めるべき量を明確にする.

$$\underset{\text{もとの量}}{8.62×10^{25}分子のアスピリン} \quad \underset{\text{求めるべき量}}{アスピリンの物質数}$$

[2]   変換因子を書き出す.
• 不必要な単位 "分子数" が消去されるように, "分子数" を分母にもつ変換因子を選択する.

$$\frac{6.02×10^{23}分子}{1\,mol} \quad あるいは \quad \boxed{\frac{1\,mol}{6.02×10^{23}分子}}$$

"分子数" が消去されるように
この変換因子を選ぶ

[3]   問題を整理し, 解答を得る.
• もとの量と変換因子を掛け合わせ, 求めるべき量を得る.
• 指数表記法で書かれた数の割り算を行うために, 係数の割り算を行い (8.62÷6.02), 10 のべき乗に示された指数の差を求める (25−23).

"分子数" が消去される

$$8.62×10^{25}分子 \quad × \quad \frac{1\,mol}{6.02×10^{23}分子}$$

$$= \quad 1.43×10^{2}\,mol \quad = \quad 143\,mol のアスピリン$$

答   アスピリン 8.62×10²⁵分子の物質量は 143 mol

練習問題 5・9   次の分子数の水の物質量は何 mol か.
(a) 6.02×10²⁵分子   (b) 9.0×10²⁴分子

5・6   質量と物質量の変換

§2・3において, 元素の平均質量を統一原子質量単位 (u) で表し, その1uに対する相対的な質量を原子量ということを学んだ. それぞれの元素の原子量は, 周期表の元素記号のすぐ下に示されている. たとえば, 炭素の原子量は 12.01 である. 原子量を用いて, 化合物の質量を計算することができる.

式量 formula weight

• 化合物に含まれるすべての原子の原子量の総和を**式量**という.

"式量" という用語は, イオン化合物と共有結合化合物の両方に対して用いられる. 共有結合化合物は, イオンではなく分子から形成されているので, 式量の代わりに一般に**分子量**という用語が使われる. たとえば, イオン化合物の塩化ナトリウム NaCl の式量は 58.44 であり, これは Na の原子量 22.99 と Cl の原子量 35.45 を足し合わせることによって求められる. 下付文字を含む化学式をもつ化合物の式量は, 以下に示す段階的方法に従って求めればよい.

分子量 molecular weight

Na の原子量 =	22.99
Cl の原子量 =	35.45
NaCl の式量 =	58.44

How To   化合物の式量の求め方

例   硫酸鉄(II) FeSO₄ は貧血を治療するための鉄の補助剤として利用される. FeSO₄ の式量を求めよ.
段階 1   正しい化学式を書き, 下付文字からそれぞれの元素の原子数を求める.
• FeSO₄ には Fe が 1 原子, S が 1 原子, O が 4 原子含まれている.
段階 2   それぞれの元素の原子数と原子量を掛け合わせ, それらの結果の総和を求める.

$$
\begin{array}{rl}
Fe\ 1\,原子 × 55.85 = & 55.85 \\
S\ 1\,原子 × 32.07 = & 32.07 \\
O\ 4\,原子 × 16.00 = & \underline{64.00} \\
FeSO_4\ の式量 = & 151.92
\end{array}
$$

問題 5・3   次のイオン化合物の式量を求めよ.
(a) CaCO₃   (b) KI

5・6A　モル質量

　実験室で反応を行うとき，単一の原子や分子は小さすぎて，測りとることはできない．そのかわり，物質は天秤で秤量され，その量は一般に，統一原子質量単位ではなく g 単位で記録される．与えられた質量の物質に，何個の原子あるいは分子が含まれるかを決定するために，**モル質量**が用いられる．

モル質量 molar mass

> ・ 物質 1 mol の質量を**モル質量**といい，g/mol 単位で表す．

　周期表に示された元素の原子のモル質量（g/mol 単位）の値は，その原子量の値と同じである．たとえば，炭素の原子量は 12.01 であるから，そのモル質量は 12.01 g/mol である．すなわち，1 mol の炭素原子は 12.01 g の質量をもつ．

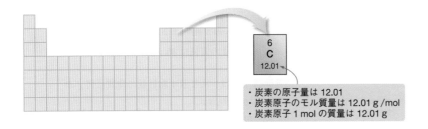

- ・炭素の原子量は 12.01
- ・炭素原子のモル質量は 12.01 g/mol
- ・炭素原子 1 mol の質量は 12.01 g

> ・ 化合物のモル質量（g/mol 単位）の値は，その化合物の式量の値に等しい．

　NaCl の式量は 58.44 であるから，そのモル質量は 58.44 g/mol である．すなわち，1 mol の NaCl は 58.44 g の質量をもつ．例題 5・10 に示すように，化合物の式量を用いてその化合物のモル質量を求めることができる．

例題 5・10　モル質量を求める

ニコチン $C_{10}H_{14}N_2$ はタバコに含まれる有毒な，習慣性のある精神刺激剤である．ニコチンのモル質量を求めよ．

解答

$$
\begin{array}{ll}
\text{C} & 10\ \text{原子} \times 12.01 = 120.1 \\
\text{H} & 14\ \text{原子} \times 1.008 = 14.11 \\
\text{N} & 2\ \text{原子} \times 14.01 = \underline{28.02} \\
& \text{ニコチンの式量} = 162.23 \\
& \phantom{\text{ニコチンの}}\text{四捨五入して } 162.2
\end{array}
$$

答　ニコチンの式量は 162.2 と求められるので，ニコチンのモル質量は 162.2 g/mol である．

練習問題 5・10　ギンコライド B $C_{20}H_{24}O_{10}$ はイチョウから単離された複雑な構造をもつ化合物である．ギンコライド B のモル質量を求めよ．イチョウの根や樹皮，種子の抽出物は，現在も使われている非常に多くの天然由来の栄養補助剤を含んでいる．

イチョウ *Ginkgo biloba* から得られる抽出物にはギンコライド B（練習問題 5・10）が含まれている．ギンコライド B は複雑な構造をもつ化合物であり，1988 年に米国ハーバード大学のノーベル化学賞受賞者コーリー（E. J. Corey）の研究室において，一連の化学反応によって合成された．

5・6B　質量と物質量の関係

　モル質量は非常に有用な量である．なぜならモル質量によって，物質の物質量と質量を関係づけることができるからである．すなわち，モル質量は変換因子として用いることができる．たとえば，水 H_2O のモル質量は 18.02 g/mol であるから，次の二

つの変換因子を書くことができる.

$$\frac{18.02 \text{ g H}_2\text{O}}{1 \text{ mol}} \quad \text{あるいは} \quad \frac{1 \text{ mol}}{18.02 \text{ g H}_2\text{O}}$$

これらの変換因子を用いると,与えられた水の物質量を質量に,あるいは与えられた水の質量を物質量に変換することができる.

例題 5・11   与えられた物質量を質量へ変換する

0.25 mol の水の質量を求めよ.

解答

[1]　もとの量と求めるべき量を明確にする.

$$\underset{\text{もとの量}}{0.25 \text{ mol の水}} \qquad \underset{\text{求めるべき量}}{\text{水の質量 (g)}}$$

[2]　変換因子を書き出す.

• 不必要な単位 mol が消去されるように,mol を分母にもつ変換因子を選択する.

$$\frac{1 \text{ mol}}{18.02 \text{ g H}_2\text{O}} \quad \text{あるいは} \quad \boxed{\frac{18.02 \text{ g H}_2\text{O}}{1 \text{ mol}}}$$
mol が消去されるようにこの変換因子を選ぶ

[3]　問題を整理し,解答を得る.

• もとの量と変換因子を掛け合わせ,求めるべき量を得る.

$$0.25 \text{ mol} \times \frac{18.02 \text{ g H}_2\text{O}}{1 \text{ mol}} = 4.5 \text{ g の水}$$
mol が消去される

答　水 0.25 mol の質量は 45 g

練習問題 5・11　次に示す物質量の物質は何 g か.

(a) 0.500 mol の NaCl

(b) 3.60 mol のエチレン C_2H_4

例題 5・12   与えられた質量を物質量へ変換する

アスピリン $C_9H_8O_4$ のモル質量は 180.2 g/mol である.アスピリン 1.00×10^2 g の物質量を求めよ.

解答

[1]　もとの量と求めるべき量を明確にする.

$$\underset{\text{もとの量}}{\text{アスピリン 100 g}} \qquad \underset{\text{求めるべき量}}{\text{アスピリンの物質量}}$$

[2]　変換因子を書き出す.

• 不必要な単位 g が消去されるように,g を分母にもつ変換因子を選択する.

$$\frac{180.2 \text{ g アスピリン}}{1 \text{ mol}} \quad \text{あるいは} \quad \boxed{\frac{1 \text{ mol}}{180.2 \text{ g アスピリン}}}$$
g が消去されるようにこの変換因子を選ぶ

[3]　問題を整理し,解答を得る.

• もとの量と変換因子を掛け合わせ,求めるべき量を得る.

$$100 \text{ g} \times \frac{1 \text{ mol}}{180.2 \text{ g アスピリン}} = 0.555 \text{ mol のアスピリン}$$
g が消去される

答　アスピリン 100 g の物質量は 0.555 mol

練習問題 5・12　次に示す質量の物質は何 mol か.

(a) 25.5 g の CH_4

(b) 25.0 g の水

5・6C　質量と原子数あるいは分子数との関係

物質のモル質量からその物質 1 mol の質量がわかり,1 mol は 6.02×10^{23} 個の分子あるいは原子を含んでいる.したがって,モル質量を用いると,物質の質量とそれに含まれる分子あるいは原子の数との関係を示すことができる.たとえば,アスピリンのモル質量は 180.2 g/mol であるから,アスピリンの質量と分子数の間に次の関係が存在する.

$$\frac{180.2 \text{ g アスピリン}}{1 \text{ mol}} = \frac{180.2 \text{ g アスピリン}}{6.02 \times 10^{23} \text{ 分子}}$$
1 mol = 6.02×10^{23} 分子

例題 5・13　物質の質量を分子数へ変換する

アスピリン $C_9H_8O_4$ のモル質量は 180.2 g/mol である．325 mg のアスピリンの錠剤には何分子のアスピリンが含まれているか.

解答

[1]　もとの量と求めるべき量を明確にする.

$$\underset{\text{もとの量}}{\text{アスピリン 325 mg}} \qquad \underset{\text{求めるべき量}}{\text{アスピリンの分子数}}$$

[2]　変換因子を書き出す.

- mg と分子数を直接関係づける変換因子はないが，mg と g，および g と分子数を関係づける方法は知っている．いいかえれば，この問題を解くためには二つの変換因子が必要となる.
- 不必要な単位 mg と g が消去されるように，これらを分母にもつ変換因子を選択する.

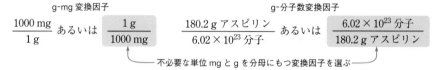

[3]　問題を整理し，解答を得る.

- それぞれの項を一つの項の分子にある単位が隣接する項の分母にある単位を消去するように配列する．必要な単位である "個（分子数）" が一つの項の分子になければならない.

$$325\ \text{mg アスピリン} \times \frac{1\ \text{g}}{1000\ \text{mg}} \times \frac{6.02\times10^{23}\ \text{分子}}{180.2\ \text{g アスピリン}} = 1.09\times10^{21}\ \text{分子のアスピリン}$$

mg が消去される　　g が消去される

答　アスピリン 325 mg には 1.09×10^{21} 分子が含まれる

練習問題 5・13　ペニシリン $C_{16}H_{18}N_2O_4S$ のモル質量は 334.4 g/mol である．500.0 mg のペニシリンの錠剤には何分子のペニシリンが含まれているか.

5・7　化学反応式における物質量の計算

　物質量とモル質量について学んだので，ここで釣合のとれた化学反応式に戻ることにしよう．§5・2 で学んだように，釣合のとれた化学反応式の係数から，その反応の反応物あるいは生成物の分子数を知ることができる.

- 釣合のとれた化学反応式から，その反応にかかわる反応物の物質量，およびその反応で得られる生成物の物質量がわかる.

$$1\ N_2(g) \qquad + \qquad 1\ O_2(g) \quad \xrightarrow{\Delta} \quad 2\ NO(g)$$

1 分子 N_2　　　　　1 分子の O_2　　　　　2 分子の NO
1 mol の N_2　　　　1 mol の O_2　　　　　2 mol の NO

（強調のため，係数 "1" を書いている）

　例として，高温において N_2 と O_2 から一酸化窒素 NO が生成する反応を考えよう．この反応の釣合のとれた化学反応式は，1 分子の N_2 が 1 分子の O_2 と結合して，2 分子の NO が生成することを示している．この式はまた，1 mol の N_2 が 1 mol の O_2 と結合して，2 mol の NO を生成することを示している.

釣合のとれた化学反応式の係数から，反応にかかわる物質の物質量の比がわかる．したがって，それは変換因子として用いることができる．例題 5・14 に示すように，物質量の比は，その反応にかかわる反応物の相対的な物質量と，その反応物から得られる生成物の相対的な物質量を示している．

一酸化窒素 NO は，自動車のエンジンや石炭燃焼炉などのきわめて高温の条件下で N_2 と O_2 から生成する．NO は活性な大気汚染物質であり，さらにオゾン O_3 や硝酸 HNO_3 などの他の大気汚染物質の生成にかかわる．HNO_3 は酸性雨の一成分である．酸性雨は森林を破壊し，河川を酸性化するため，魚類や野生動物の生息にとって有害である．

物質量の比	$\dfrac{1\ mol\ N_2}{1\ mol\ O_2}$	$\dfrac{1\ mol\ N_2}{2\ mol\ NO}$	$\dfrac{1\ mol\ O_2}{2\ mol\ NO}$
	二つの反応物 N_2 と O_2	反応物と生成物 N_2 と NO	反応物と生成物 O_2 と NO

- 釣合のとれた反応式の係数からわかる物質量の比を用いると，ある化合物 A の物質量を他の化合物 B の物質量に変換することができる．

$$A\ の物質量 \xrightarrow[\text{物質量–物質量変換因子}]{} B\ の物質量$$

例題 5・14　釣合のとれた反応式を用いて生成物の物質量を決定する

一酸化炭素 CO は有毒ガスであり，血液中のヘモグロビンと結合することによって，体内の組織へ運搬される酸素の量を低下させる．天然ガスに含まれるエタン C_2H_6 を，ある条件下で酸素とともに燃焼させたとき，CO が生成した．次に示す釣合のとれた反応式を用いて，3.5 mol の C_2H_6 から生成した CO の物質量を求めよ．

$$2\,C_2H_6(g) + 5\,O_2(g) \xrightarrow{\Delta} 4\,CO(g) + 6\,H_2O(g)$$

解答
[1]　もとの量と求めるべき量を明確にする．

$$\underset{\text{もとの量}}{3.5\ mol\ の\ C_2H_6} \qquad \underset{\text{求めるべき量}}{CO\ の物質量}$$

[2]　変換因子を書き出す．

- 釣合のとれた反応式の係数を用いて，二つの化合物 C_2H_6 と CO に関する物質量–物質量変換因子を書く．不要な単位 "C_2H_6 の物質量" が消去されるように，それを分母にもつ変換因子を選択する．

$\dfrac{2\ mol\ C_2H_6}{4\ mol\ CO}$　あるいは　$\boxed{\dfrac{4\ mol\ CO}{2\ mol\ C_2H_6}}$ ← C_2H_6 の物質量が消去されるようにこの変換因子を選ぶ

[3]　問題を整理し，解答を得る．
- もとの量と変換因子を掛け合わせ，求めるべき量を得る．

$$3.5\ mol\ C_2H_6 \times \frac{4\ mol\ CO}{2\ mol\ C_2H_6} = 7.0\ mol\ の\ CO$$

C_2H_6 の物質量が消去される

答　CO の物質量は 7.0 mol

練習問題 5・14　例題 5・14 に示した釣合のとれた反応式を用いて，次のそれぞれの問いに答えよ．
(a) 3.0 mol の C_2H_6 を完全に反応させるために必要な O_2 は何 mol か．
(b) 0.50 mol の C_2H_6 から生成する H_2O は何 mol か．
(c) 3.0 mol の CO を生成するために必要な C_2H_6 は何 mol か．

5・8　化学反応式における質量の計算

物質量は，非常に小さい分子のきわめて大きな数を単位としているので，一般的な化学反応で用いられる物質の物質量や分子数を，直接測定する方法はない．その代わり，実験室では天秤を用いて，反応に用いる反応物の質量や反応で得られる生成物の質量を測定する．物質の質量とその物質量は，モル質量（§5・6）によって関係づけられる．

5・8A　反応物の物質量を生成物の質量へ変換

反応物の物質量が与えられたとき，反応によって期待される生成物の質量を決定するためには，二つの操作が必要である．まず，釣合のとれた化学反応式の係数を用い

て，何 mol の生成物が期待できるかを決定する（§5・7）．つづいて，モル質量を用いて，生成物の物質量を質量に変換する（§5・6）．それぞれの段階に変換因子が必要となる．

$$\underset{\text{物質量}}{\boxed{\begin{array}{c}\text{反応物の}\\\text{物質量}\end{array}}} \xrightarrow[\text{物質量-物質量変換因子}]{[1]} \boxed{\begin{array}{c}\text{生成物の}\\\text{物質量}\end{array}} \xrightarrow[\text{モル質量変換因子}]{[2]} \boxed{\begin{array}{c}\text{生成物の}\\\text{質量}\end{array}}$$

How To　反応物の物質量を生成物の質量に変換する方法

例　上層の大気では，太陽から放射される高いエネルギーの電磁波によって酸素 O_2 がオゾン O_3 に変換される．以下に示す釣合のとれた反応式を用いて，9.0 mol の O_2 から生成する O_3 の質量を求めよ．

$$3\,O_2(g) \xrightarrow{\text{太陽光}} 2\,O_3(g)$$

段階 1　物質量-物質量変換因子を用いて，反応物の物質量を生成物の物質量に変換する．

• 釣合のとれた化学反応式を用いて，物質量-物質量変換因子を書く．

$$\frac{3\text{ mol } O_2}{2\text{ mol } O_3} \quad \text{あるいは} \quad \boxed{\frac{2\text{ mol } O_3}{3\text{ mol } O_2}} \leftarrow \begin{array}{l}O_2\text{ の物質量が消去されるよ}\\\text{うにこの変換因子を選ぶ}\end{array}$$

• 反応物の物質量 9.0 mol と変換因子を掛け合わせ，生成物の物質量を得る．この例では，6 mol の O_3 が生成する．

段階 2　生成物のモル質量を用いて，生成物の物質量を生成物の質量に変換する．

• 生成物 O_3 のモル質量を用いて，変換因子を書く．O_3 のモル質量は 48.00 g/mol である（3 個の酸素原子×一つの酸素原子のモル質量 16.00 g/mol ＝ 48.00 g/mol）．

$$\frac{1\text{ mol } O_3}{48.00\text{ g } O_3} \quad \text{あるいは} \quad \boxed{\frac{48.00\text{ g } O_3}{1\text{ mol } O_3}} \leftarrow \begin{array}{l}\text{mol が消去されるように}\\\text{この変換因子を選ぶ}\end{array}$$

• 段階 1 で得られた生成物の物質量と変換因子を掛け合わせ，生成物の質量を得る．

$$\underset{\text{mol が消去される}}{\underset{\text{物質量}}{\boxed{\begin{array}{c}\text{生成物の}\\\text{物質量}\end{array}}}\ 6.0\text{ mol } O_3} \times \frac{48.00\text{ g } O_3}{1\text{ mol } O_3} = \underset{\text{質量}}{\boxed{\begin{array}{c}\text{生成物の}\\\text{質量}\end{array}}}\ 288\text{ g}$$

生成する O_3 の質量は 288 g，四捨五入して 290 g となる．

$$\underset{\text{物質量}}{\boxed{\begin{array}{c}\text{反応物の}\\\text{物質量}\end{array}}}\ 9.0\text{ mol } O_2 \times \underset{\substack{\text{物質量-物質量}\\\text{変換因子}}}{\frac{2\text{ mol } O_3}{3\text{ mol } O_2}} = 6.0\text{ mol の } O_3$$

O_2 の物質量が消去される

また，両方の変換因子を用いて，段階 1 と段階 2 の掛け算を一緒にして単一の操作とすることも可能である．この変換は，反応物の物質量を，生成物の質量に 1 段階で変換する．段階的な方法と 1 段階の方法はどちらも，全体として同じ結果を与える．

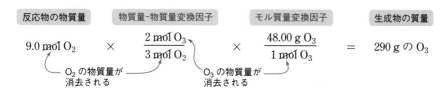

$$\underset{\boxed{\text{反応物の物質量}}}{9.0\text{ mol } O_2} \times \underset{\boxed{\text{物質量-物質量変換因子}}}{\frac{2\text{ mol } O_3}{3\text{ mol } O_2}} \times \underset{\boxed{\text{モル質量変換因子}}}{\frac{48.00\text{ g } O_3}{1\text{ mol } O_3}} = \underset{\boxed{\text{生成物の質量}}}{290\text{ g の } O_3}$$

O_2 の物質量が消去される　　O_3 の物質量が消去される

問題 5・4　以下にエタノールの燃焼に関する釣合のとれた反応式を示す．この反応式を用いて，次の問いに答えよ．

$$C_2H_6O(l) + 3\,O_2(g) \longrightarrow 2\,CO_2(g) + 3\,H_2O(g)$$
エタノール

(a) 0.50 mol のエタノールから生成する CO_2 は何 g か．
(b) 2.4 mol のエタノールから生成する H_2O は何 g か．
(c) 0.25 mol のエタノールと反応するのに必要な O_2 は何 g か．

5・8B　反応物の質量を生成物の質量へ変換

化学反応式の係数は，その化学反応にかかわる物質の分子数あるいは物質量の比を

示している．しかし，物質の質量については，係数から直接にはわからない．それは，物質のモル質量，すなわち 1 mol の質量が，その物質を構成する元素の種類に依存するからである．たとえば，1 mol の H_2O 分子の質量は 18.02 g であり，1 mol の NaCl の質量は 58.44 g であり，1 mol のスクロース分子の質量は 342.3 g である．

実験室で反応を行うときには，天秤で反応物の質量を測定する．一般に反応物と生成物のモル質量は異なるから，反応物の質量から直接，反応で得られる特定の生成物の質量を知ることはできない．この種類の計算，すなわちある化合物（反応物）の質量から他の化合物（生成物）の質量を求める計算を行うためには，三つの操作が必要である．

すなわち，まずモル質量を用いて，与えられた質量をもつ反応物の物質量を決定する．つづいて，釣合のとれた化学反応式の係数を用いて，反応で得られる特定の生成物の物質量を決定する．最後に，モル質量を用いて，生成物の物質量を生成物の質量に変換する．このように三つの段階と三つの変換因子が必要となる．

エタノール C_2H_6O はガソリンの添加剤として用いられている．この目的のために使われるエタノールは，トウモロコシや他の穀物に由来するものもあるが，まだその大部分はエチレンと水の反応によって製造されている．穀物に由来するエタノールは再生可能なエネルギーであるが，エチレンから製造されるエタノールはそうではない．これは，エチレンが原油から生産されているためである．したがって，ガソール（エタノールを混ぜたガソリン）で自動車を運転することが，化石燃料への依存性を低減させたことになるのは，そのエタノールが穀物やサトウキビなどの再生可能な資源から製造された場合だけである．

$$\boxed{\begin{array}{c}反応物の\\質量\end{array}} \xrightarrow[\substack{モル質量\\変換因子}]{[1]} \boxed{\begin{array}{c}反応物の\\物質量\end{array}} \xrightarrow[\substack{物質量-物質量\\変換因子}]{[2]} \boxed{\begin{array}{c}生成物の\\物質量\end{array}} \xrightarrow[\substack{モル質量\\変換因子}]{[3]} \boxed{\begin{array}{c}生成物の\\質量\end{array}}$$

How To　反応物の質量を生成物の質量に変換する方法

例　以下の反応式に示すように，エタノール C_2H_6O（モル質量 46.07 g/mol）はエチレン C_2H_4（モル質量 28.05 g/mol）と水との反応によって合成される．14 g のエチレンから生成するエタノールの質量は何 g か．

エチレン　　　　　　　　エタノール

段階 1　反応物のモル質量を用いて，反応物の質量を反応物の物質量に変換する．

• 反応物 C_2H_4 のモル質量を用いて，変換因子を書く．

$$\frac{28.05\ \text{g}\ C_2H_4}{1\ \text{mol}\ C_2H_4} \quad あるいは \quad \boxed{\frac{1\ \text{mol}\ C_2H_4}{28.05\ \text{g}\ C_2H_4}} \quad \substack{\text{g が消去されるように}\\\text{この変換因子を選ぶ}}$$

• 反応物の質量と変換因子を掛け合わせ，反応物の物質量を得る．

$$\underset{\substack{反応物の\\質量}}{14\ \text{g}\ C_2H_4} \times \frac{1\ \text{mol}\ C_2H_4}{28.05\ \text{g}\ C_2H_4} = \underset{\substack{反応物の\\物質量}}{0.50\ \text{mol}\ の\ C_2H_4}$$

g が消去される

段階 2　物質量-物質量変換因子を用いて，反応物の物質量を生成物の物質量に変換する．

• 釣合のとれた化学反応式の係数を用いて，物質量-物質量変換因子を書く．

$$\frac{1\ \text{mol}\ C_2H_4}{1\ \text{mol}\ C_2H_6O} \quad あるいは \quad \boxed{\frac{1\ \text{mol}\ C_2H_6O}{1\ \text{mol}\ C_2H_4}} \quad \substack{C_2H_4\ \text{の物質量が消}\\\text{去されるようにこ}\\\text{の変換因子を選ぶ}}$$

• 反応物の物質量と変換因子を掛け合わせ，生成物の物質量を得る．この例では，0.50 mol の C_2H_6O が生成する．

$$\underset{\substack{反応物の物質量}}{0.50\ \text{mol}\ C_2H_4} \times \frac{1\ \text{mol}\ C_2H_6O}{1\ \text{mol}\ C_2H_4} = \underset{\substack{生成物の物質量}}{0.50\ \text{mol}\ の\ C_2H_6O}$$

C_2H_4 の物質量が消去される

段階 3　生成物のモル質量を用いて，生成物の物質量を生成物の質量に変換する．

• 生成物 C_2H_6O のモル質量を用いて，変換因子を書く．

$$\frac{1\ \text{mol}\ C_2H_6O}{46.07\ \text{g}\ C_2H_6O} \quad あるいは \quad \boxed{\frac{46.07\ \text{g}\ C_2H_6O}{1\ \text{mol}\ C_2H_6O}}$$

C_2H_6O の物質量が消去されるようにこの変換因子を選ぶ

• 段階 2 で得られた生成物の物質量と変換因子を掛け合わせ，生成物の質量を得る．

$$\underset{\substack{生成物の物質量}}{0.50\ \text{mol}\ C_2H_6O} \times \frac{46.07\ \text{g}\ C_2H_6O}{1\ \text{mol}\ C_2H_6O} = \underset{\substack{生成物の質量}}{23\ \text{g}\ の\ C_2H_6O}$$

C_2H_6O の物質量が消去される

C_2H_6O の質量は 23 g となる．

また，三つの変換因子をすべて用いて，段階 1～3 の掛け算を組合わせ，単一の操作とすることも可能である．この変換は，反応物の質量を生成物の質量に 1 段階で変

換する. 段階的な方法と1段階の方法はどちらも全体として同じ結果を与える.

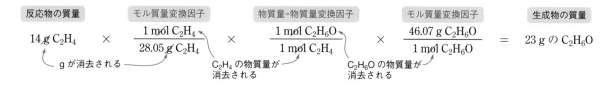

| 反応物の質量 | | モル質量変換因子 | | 物質量-物質量変換因子 | | モル質量変換因子 | | 生成物の質量 |

$$14\,\text{g}\,C_2H_4 \quad \times \quad \frac{1\;\text{mol}\;C_2H_4}{28.05\,\text{g}\,C_2H_4} \quad \times \quad \frac{1\;\text{mol}\;C_2H_6O}{1\;\text{mol}\;C_2H_4} \quad \times \quad \frac{46.07\,\text{g}\,C_2H_6O}{1\;\text{mol}\;C_2H_6O} \quad = \quad 23\;\text{g}\;\text{の}\;C_2H_6O$$

g が消去される → C₂H₄ の物質量が消去される → C₂H₆O の物質量が消去される

問題 5・5 以下に示す釣合のとれた反応式を用いて, 次の問いに答えよ.

$$N_2 + O_2 \longrightarrow 2NO$$

(a) 10.0 g の N_2 から生成する NO は何 g か.
(b) 10.0 g の O_2 から生成する NO は何 g か.
(c) 10.0 g の N_2 と完全に反応させるために必要な O_2 は何 g か.

5・9 収 率

§5・7と§5・8では生成物の物質量や質量を求める際に, それぞれの反応において, 与えられた反応物の量から生成物の最大量が得られることを仮定していた. この量を反応の**理論収量**という.

理論収量 theoretical yield

- 理論収量は, 釣合のとれた化学反応式における係数に基づいて, 与えられた反応物の量から計算される生成物の量である.

しかし, ふつうは反応によって得られる生成物の量は, 計算される最大量よりも少ない. これは, しばしば反応物の間で, **副反応**とよばれる他の望まない反応が起こるためである. あるいは, 期待した生成物が得られるが, さらに反応が進行して別の化合物に変化してしまう場合もある. さらに, 物質を秤量するときや反応容器に移すとき, あるいは分離や精製の段階において, 不注意で物質が失われることもある.

副反応 side reaction

- 反応によって実際に得られた生成物の量を**実質収量**という.

実質収量 actual yield

5・9A 収率の計算

一般に, 理論収量と実質収量は g 単位で表される. 特定の反応において実際に得られた生成物の量は, 次式で定義される**収率**として報告される.

収率 yield

$$収率 = \frac{実質収量(\text{g})}{理論収量(\text{g})} \times 100\%$$

たとえば, 反応によって 25.0 g の生成物が得られたとき, 理論収量が 40.0 g であれば, 収率は次のように計算される.

$$収率 = \frac{25.0\;\text{g}}{40.0\;\text{g}} \times 100\% = 62.5\%$$

実質収量は, 得られた生成物の重さを天秤で測定することによって決定される実験的な値である. 一方, 理論収量は, 釣合のとれた反応式の係数から計算によって得られる値である.

例題 5・15 **理論収量と収率を計算する**

木炭が燃焼するとき, 木炭に含まれる炭素 C は酸素 O_2 と反応し, 二酸化炭素 CO_2 を生成する. この反応の釣合のとれた反応式を以下に示す. 次の問いに答えよ.

$$C(s) + O_2(g) \longrightarrow CO_2(g)$$

(a) 0.50 mol の C から生成する CO_2 の理論収量は何 g か.

(つづく)

(b) 実際に生成した CO_2 が 10.0 g であるとき，CO_2 の収率を求めよ．

解答　(a) §5・8A で述べた方法を用いて，理論収量を計算する．

[1]　物質量-物質量変換因子を用いて，反応物の物質量を生成物の物質量に変換する．

• 釣合のとれた反応式の係数を用いて，物質量-物質量変換因子を書く．1 mol の炭素から，1 mol の CO_2 が生成する．反応物（炭素）の物質量と変換因子を掛け合わせ，生成物（CO_2）の物質量を得る．

$$0.50\ \text{mol C} \times \frac{1\ \text{mol CO}_2}{1\ \text{mol C}} = 0.50\ \text{mol の CO}_2$$

反応物の物質量　×　物質量-物質量変換因子　＝　生成物の物質量

[2]　生成物のモル質量を用いて，生成物の物質量を生成物の質量，すなわち理論収量に変換する．

• 生成物 CO_2 のモル質量 44.01 g/mol を用いて，変換因子を書く．段階 1 で得られた生成物の物質量と変換因子を掛け合わせ，生成物の質量を得る．

$$0.50\ \text{mol CO}_2 \times \frac{44.01\ \text{g CO}_2}{1\ \text{mol CO}_2} = 22\ \text{g の CO}_2$$

生成物の物質量　×　モル質量変換因子　＝　生成物の質量

答　CO_2 の理論収率は 22 g

(b)　(a) で得られた理論収量と問題に与えられた実質収量を用いて，収率を計算する．

$$収率 = \frac{実質収量(\text{g})}{理論収量(\text{g})} \times 100\% = \frac{10.0\ \text{g}}{22\ \text{g}} \times 100\% = 45\%$$

答　収率 45%

問題 5・6　12.0 g の Y を用いて反応を行い，X の理論収量が 25.0 g であるとき，X の実質収量が 22.0 g であった．この反応における X の収率を求めよ．

練習問題 5・15　例題 5・15 に示した化学反応式を用いて，次の問いに答えよ．

(a) 3.50 mol の木炭から生成する CO_2 の理論収量は何 g か．

(b) 反応によって 53.5 g の CO_2 が生成した．CO_2 の収率を求めよ．

5・9B　反応物の質量から収率を計算

私たちは反応を行うとき，天秤を用いて反応物と生成物の量を測定する．したがって，反応に用いた反応物の質量と反応で得られた生成物の質量から，収率を計算できるはずである．この後者の量は実質収量であり，それはいつも実験によって決定される．すなわち，計算によって得られる値ではない．§5・8B と §5・9A で扱った段階を組合わせることによって，反応の収率を求める長々とした計算を行うことができる．例題 5・16 において，反応に用いた反応物の質量と反応で得られた生成物の実質収量から，反応の収率を求める問題をやってみよう．

例題 5・16　反応物の質量から収率を計算する

アセトアミノフェンは，以下に示す化学反応式に従って合成することができる．60.0 g の

4-アミノフェノール
モル質量　109.1 g/mol

塩化アセチル

アセトアミノフェン
モル質量　151.2 g/mol

（つづく）

4-アミノフェノールを塩化アセチルと反応させて，70.0 g のアセトアミノフェンを得た．反応の収率を求めよ．

解答

[1]　反応物のモル質量を用いて，反応物の質量を反応物の物質量に変換する．

- 反応物である 4-アミノフェノールのモル質量を用いて，変換因子を書く．反応物の質量と変換因子を掛け合わせ，反応物の物質量を得る．

$$60.0\ \text{g}\ \text{4-アミノフェノール} \times \frac{1\ \text{mol 4-アミノフェノール}}{109.1\ \text{g 4-アミノフェノール}} = 0.550\ \text{mol の 4-アミノフェノール}$$

反応物の質量　／　モル質量変換因子　／　反応物の物質量

[2]　物質量-物質量変換因子を用いて，反応物の物質量を生成物の物質量に変換する．

- 釣合のとれた化学反応式の係数を用いて，物質量-物質量変換因子を書く．1 mol の 4-アミノフェノールから 1 mol のアセトアミノフェンが生成する．反応物の物質量と変換因子を掛け合わせ，生成物の物質量を得る．

$$0.550\ \text{mol}\ \text{4-アミノフェノール} \times \frac{1\ \text{mol アセトアミノフェン}}{1\ \text{mol 4-アミノフェノール}} = 0.550\ \text{mol の アセトアミノフェン}$$

反応物の物質量　／　物質量-物質量変換因子　／　生成物の物質量

[3]　生成物のモル質量を用いて，生成物の物質量を生成物の質量に変換する．

- 生成物のモル質量を用いて，変換因子を書く．段階 2 で得られた生成物の物質量と変換因子を掛け合わせ，生成物の質量を得る．

$$0.550\ \text{mol}\ \text{アセトアミノフェン} \times \frac{151.2\ \text{g アセトアミノフェン}}{1\ \text{mol アセトアミノフェン}} = 83.2\ \text{g の アセトアミノフェン}$$

生成物の物質量　／　モル質量変換因子　／　生成物の質量

アセトアミノフェンの理論収量は 83.2 g である．

[4]　理論収量と問題に与えられた実質収量を用いて，収率を計算する．

$$収率 = \frac{実質収量(\text{g})}{理論収量(\text{g})} \times 100\% = \frac{70.0\ \text{g}}{83.2\ \text{g}} \times 100\% = 84.1\%$$

答　収率 84.1%

練習問題 5・16　§5・8A で述べた酸素 O_2 がオゾン O_3 へ変換する反応，$3O_2 \rightarrow 2O_3$ を考えよう．この反応について次の問いに答えよ．

(a) 324 g の O_2 から得られる O_3 の理論収量は何 g か．

(b) 実際の反応によって 122 g の O_3 が得られたとすると，O_3 の収率は何%か．

5・10　制限反応剤

　これまでは，反応を行うために必要な反応物が，正確な比で存在することを仮定していた．次の反応において，反応式が示す反応物 A と反応物 B の物質量の比は 1:1

1 分子の A と 1 分子の B が反応する

1A　　+　　1B　⟶　1A−B

それぞれの反応物が 1 mol 必要となる

医薬品工業における収率の重要性

心臓病の薬剤ジゴキシンのように，天然の資源から直接単離される薬剤もあるが，広く用いられるほとんどの薬剤は，実験室で合成されたものである．たとえば，アスピリン，アセトアミノフェン，イブプロフェンなどのふつうの鎮痛薬は，すべて合成物質である．気管支拡張薬のアルブテロール，抗うつ薬のフルオキセチン，コレステロール低下薬のアトルバスタチンも同様である．これらの分子の三次元構造を図に示した．

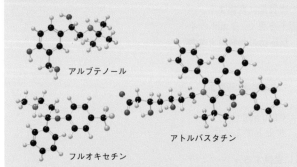

広く用いられている3種類の合成医薬品：アルブテノール，フルオキセチン，アトルバスタチン．アルブテロールは気管支拡張薬であり，ぜんそくの治療に用いられる．フルオキセチンは現在流通している最も一般的な抗うつ薬の一つであり，1986年以来4千万人以上に用いられている．アトルバスタチンはコレステロール濃度を低下させ，これによって心臓発作の危険性を低下させる作用をもつ．

一度，ある薬剤が安全で有効であることが示されると，製薬会社はその物質を多量に，しかも省コストで合成しなければならない．これは，安価で容易に入手できる出発物質を使用する必要があることを意味する．また，その薬剤を合成するために用いる反応が，高い収率で進まなければならないことを意味する．薬剤が1段階で合成されることはめったになく，一般に5段階以上の合成過程が必要とされる．

複数の段階を経る物質の合成における全体の収率は，それぞれの段階における収率を掛け合わせることによって求められる．たとえば，合成が5段階を必要とし，それぞれの段階の収率が90%（小数で表記すると0.90）であるとすると，全体の収率は次式で表される．

$$0.90 \times 0.90 \times 0.90 \times 0.90 \times 0.90 = 0.59 = 59\%$$

それぞれの段階の収率（小数で書かれている）　　　　5段階の全体の収率

すなわち，すべての段階が90%という高い収率で進行したときでさえ，全体の収率は，この例では59%とかなり低い値になってしまう．さらに，10段階以上の合成過程を必要とする薬剤も多く，全体の収率はもっと低くなる．このように製薬会社は，高い収率を与える反応によって合成でき，期待する生理学的効果をもつ薬剤を開発する仕事と向かい合っているのである．

である．すなわち，1分子の生成物ABを生成するために，1分子のAに対して1分子のBが必要となる．

ここで，分子図を参照して，反応物が過剰のBを含む場合を考えてみよう．反応物の混合物には，6分子のAと8分子のBが存在している．この場合，6分子のAはすべて6分子のBと反応し，2分子のBが残される．反応物Aはすべて用いられるので，Aの量が，生成しうる生成物ABの量を制限している．

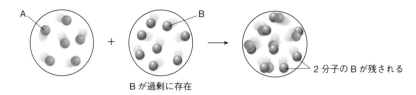

A　　　　　B

Bが過剰に存在　　　2分子のBが残される

制限反応剤 limiting reactant

• 反応において完全に消費される反応物を**制限反応剤**という．

上記の反応例では，Bが過剰に存在するので，Aが制限反応剤である．

5・10A　制限反応剤の判定

制限反応剤の考え方は，しばしば日常生活でも使われる．たとえば，七面鳥のサンドイッチをつくるとき，ふつう1切れの七面鳥の薄切肉に対して，2枚のパンを用い

る. もしここに 8 枚のパンと 3 切れの七面鳥の薄切肉があるとすると, 6 枚のパンと 3 切れの肉を用いて三つのサンドイッチをつくることができ, 2 枚のパンが残るだろう. この場合には, 薄切肉が制限反応剤となり, パンが過剰に存在する.

過剰の反応物

制限反応剤

生成物

残り

水素と酸素との反応(例題 5・17)により多量のエネルギーが放出される. この反応は化石燃料の燃焼の代替として, 自動車に動力を供給するために利用できる.

釣合のとれた反応式における物質量の比を用いて, どちらの反応物が制限反応剤であるかを判定することができる. 例題 5・17 でその方法を示すことにしよう.

例題 5・17   制限反応剤を判定する

次に示す釣合のとれた反応式に従って, 水素と酸素から水が生成する反応を考えよう.

$$2H_2(g) + O_2(g) \longrightarrow 2H_2O(l)$$

以下の分子図は反応物となる混合気体を示している. この反応における制限反応剤を判定せよ. さらに, 反応後にいくつの生成物が生成し, どの反応物が残るかを表す分子図を書け.

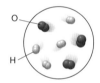

解答

[1] 一方の反応物と反応するのに必要な第二の反応物の量を決定するためには, 一方の反応物をもとの量とみなし, 第二の反応物を未知の量とみなす.

• どちらの反応物をもとの量とみなすかは,完全に任意である. ここでは, H_2 の分子数をもとの量とみなすことにしよう.

4 分子の H_2 O_2 の分子数
  もとの量   未知の量

[2] 反応物の物質量 (あるいは分子数) を関係づける変換因子を書く.

• 釣合のとれた反応式における係数を用いて, H_2 と O_2 に関する物質量-物質量 (あるいは分子数-分子数) 変換因子を書く.

$\dfrac{2 分子の H_2}{1 分子の O_2}$ あるいは $\boxed{\dfrac{1 分子の O_2}{2 分子の H_2}}$ ← H_2 の分子数が消去されるようにこの変換因子を選ぶ

[3] もとの量とみなした反応物が, 完全に反応するために必要な第二の反応物の物質量 (あるいは分子数) を計算する.

$$4 分子の H_2 \times \frac{1 分子の O_2}{2 分子の H_2} = 2 分子の O_2 が必要$$

[4] 二つの可能な結果について解析を行う.

• 第二の反応物の存在する量が, 必要な量よりも少ない場合に

は, 第二の反応物が制限反応剤となる.

• 第二の反応物の存在する量が, 必要な量よりも多い場合には, 第二の反応物が過剰となる.

この反応では, 必要な O_2 分子は 2 個だけであるが, 反応物の分子図には 3 個の O_2 分子が存在している. したがって, O_2 は過剰に存在し, H_2 が制限反応剤となる. 反応後の生成物を表す分子図を書くためには, それぞれの反応物において起こったことと, 何個の生成物が生成したかを知らなければならない.

• H_2 が制限反応剤なので,H_2 はすべて消費され,何も残らない.

• 最初に 3 個の O_2 分子が存在し, そのうち 2 個が反応するので, 反応後には 1 個の O_2 分子が残る.

• 釣合のとれた反応式から, 生成する生成物の分子数は消費された制限反応剤の分子数に等しいことがわかる. したがって, 4 個の H_2 分子から 4 個の H_2O 分子が生成する.

要 約	反応物		生成物
反応式	$2H_2$ +	O_2 ⟶	$2H_2O$
もとの量	4 分子	3 分子	0 分子
消費あるいは生成した分子	−4 分子	−2 分子	+4 分子
残った分子	0 分子	1 分子	4 分子
	制限反応剤	過剰の反応物	

答

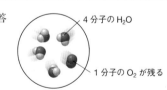
4 分子の H_2O
1 分子の O_2 が残る

練習問題 5・17 例題 5・17 に示した H_2 と O_2 から H_2O が生成する反応の釣合のとれた反応式を用いて, 次のそれぞれの混合気体を反応物とするときの制限反応剤を判定せよ.

(a) 5.0 mol の H_2 と 5.0 mol の O_2

(b) 8.0 mol の H_2 と 2.0 mol の O_2

5・10B   制限反応剤を用いる生成物の物質量の決定

反応に制限反応剤が存在するとき，以下のことが成り立つ.

• 制限反応剤の物質量が，生成しうる生成物の物質量を決定する.

例として，以下の分子図に示す反応を考えよう．分子 A_2 と分子 B_2 が反応して分子 AB が生成するが，B_2 が過剰に存在している．この場合，制限反応剤である A_2 の量が，この反応で生成する AB の量を決定する．釣合のとれた反応式から，1 個の A_2 分子から 2 個の AB 分子が生成することがわかるので，3 個の A_2 分子から 6 個の AB 分子が生成する.

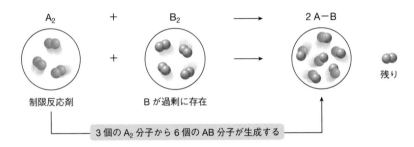

釣合のとれた反応式における物質量の比を用いて，制限反応剤から生成する生成物の物質量を決定することができる．例題 5・18 はその方法を示している．制限反応剤の物質量が生成物の物質量を決定するのであって，決定にかかわるのは質量ではないことを覚えておいてほしい.

例題 5・18   制限反応剤を用いて生成物の物質量を決定する

水素と窒素からアンモニアが生成する反応の釣合のとれた反応式は次式で表される.

$$3H_2(g) + N_2(g) \longrightarrow 2NH_3(g)$$

5.0 mol の H_2 と 3.0 mol の N_2 から生成するアンモニアの物質量は何 mol か.

解答
[1]   例題 5・17 に示した方法によって制限反応剤を判定する.
• H_2 をもとの量とみなし，釣合のとれた反応式からわかる物質量の比を変換因子として用いて，完全に反応するために必要な N_2 の物質量を求める.

物質量-物質量
変換因子

$$5.0 \text{ mol } H_2 \times \frac{1 \text{ mol } N_2}{3 \text{ mol } H_2} = 1.7 \text{ mol の } N_2 \text{ が必要}$$

• 存在する N_2 の量が必要な量よりも多いので，N_2 が過剰に存在し，H_2 が制限反応剤となる.

[2]   制限反応剤の物質量を，物質量-物質量変換因子を用いて生成物の物質量へ変換する.

物質量-物質量
変換因子

$$5.0 \text{ mol } H_2 \times \frac{2 \text{ mol } NH_3}{3 \text{ mol } H_2} = 3.3 \text{ mol の } NH_3$$

答   生成する NH_3 の物質量は 3.3 mol

練習問題 5・18   釣合のとれた反応式
$$3H_2(g) + N_2(g) \longrightarrow 2NH_3(g)$$
を用いて，次のそれぞれの混合気体を反応物とするとき，生成するアンモニアの物質量を求めよ.
(a) 2.0 mol の H_2 と 3.0 mol の N_2
(b) 7.5 mol の H_2 と 2.0 mol の N_2

5・10C   質量を用いる制限反応剤の判定

実験室で反応を行うとき，天秤で測定するのは，それぞれの反応物の質量であり，物質量ではない．反応物の質量から制限反応剤を判定するためには，まずモル質量を

用いて，それぞれの反応物の物質量を求めなければならない．その方法を例題5・19で示すことにしよう.

例題 5・19　反応物の質量から制限反応剤を判定する

N_2 と O_2 から NO が生成する反応の釣合のとれた反応式は次式で表される．

$$N_2(g) + O_2(g) \longrightarrow 2NO(g)$$

10.0 g の N_2（モル質量 28.02 g/mol）と 10.0 g の O_2（モル質量 32.00 g/mol）が反応するとき，制限反応剤を判定せよ．

解答

[1]　モル質量を用いて，それぞれの反応物の質量を物質量に変換する．

N_2 の物質量　$10.0 \text{ g } N_2 \times \dfrac{1 \text{ mol } N_2}{28.02 \text{ g } N_2} = 0.357 \text{ mol } N_2$

O_2 の物質量　$10.0 \text{ g } O_2 \times \dfrac{1 \text{ mol } O_2}{32.00 \text{ g } O_2} = 0.313 \text{ mol } O_2$

[2]　例題5・17に示した方法に従って，制限反応剤を判定する．

- N_2 をもとの量とみなし，釣合のとれた反応式からわかる物質量の比を変換因子として用いて，完全に反応するために必要な O_2 の物質量を求める．

物質量–物質量 変換因子

$0.357 \text{ mol } N_2 \times \dfrac{1 \text{ mol } O_2}{1 \text{ mol } N_2} = 0.357 \text{ mol }$ の O_2 が必要

- 存在する O_2 の量が必要な量よりも少ないので，O_2 が制限反応剤となる．

答　制限反応剤は O_2

練習問題 5・19　釣合のとれた反応式

$$N_2(g) + O_2(g) \longrightarrow 2NO(g)$$

を用いて，次のそれぞれの混合気体を反応物とするときの制限反応剤を判定し，生成する NO の質量を求めよ．なお，N_2, O_2, NO のモル質量はそれぞれ，28.02 g/mol, 32.00 g/mol, 30.01 g/mol である．

(a) 12.5 g の N_2 と 15.0 g の O_2

(b) 14.0 g の N_2 と 13.0 g の O_2

6

エネルギー変化，
反応速度と平衡

　6章では，化学反応に伴うエネルギー変化と反応の速さに注意を向けよう．化石燃料の燃焼のようにエネルギーを放出する反応がある一方で，外界からエネルギーを吸収する反応があるのはなぜだろうか．反応が進む速さは，何によって影響を受けるのだろうか．これらの質問に答えるために私たちは，反応において分子が出会ったときに何が起こるのか，また結合の開裂と形成に伴って，どのようなエネルギー変化が観測されるのかを学ばなければならない．

滝の頂上にある水は，その位置のためにポテンシャルエネルギーをもっている．水が流れ落ちるとともに，そのポテンシャルエネルギーは運動エネルギーになる．

エネルギー energy

6・1　エ ネ ル ギ ー

　エネルギーは仕事をする能力である．たとえばボールを投げたり，自転車に乗ったり，新聞を読んだりするときには，仕事をするためにエネルギーを使っている．エネルギーには次の二つの形態がある．

ポテンシャルエネルギー potential energy，位置エネルギーともいう

運動エネルギー kinetic energy

- たくわえられたエネルギーを**ポテンシャルエネルギー**という．
- 動きによるエネルギーを**運動エネルギー**という．

　丘の頂上にあるボールやダムの水がもつエネルギーは，ポテンシャルエネルギーの例である．ボールが丘を転がり落ちるとき，あるいは水がダムから流れ出すとき，物体にたくわえられたポテンシャルエネルギーは物体の動きによる運動エネルギーに変化する．エネルギーはある形態から別の形態へと変換することができるが，次の**エネルギー保存の法則**とよばれる規則に支配される．

エネルギー保存の法則 law of conservation of energy

- 宇宙の全エネルギーは変化しない．エネルギーは生み出されることもなく，消失することもない．

　イオン結合でも共有結合でも，化学結合にたくわえられたエネルギーは，ポテンシャルエネルギーの一つの形態である．化学反応では，ポテンシャルエネルギーが解放され，熱，すなわち動いている生成物粒子の運動エネルギーに変換される．一般に，生成物のポテンシャルエネルギーが反応物より低い場合，反応は有利に進行する．

- ポテンシャルエネルギーの低い化合物は，ポテンシャルエネルギーの高い化合物よりも安定である．

エネルギーの量を表記する際には，**カロリー**と**ジュール**の二つの単位が用いられる．カロリーは1gの水の温度を1℃だけ上昇させるために必要なエネルギーの量である．ジュールとカロリーは次式によって関係づけられる．

$$1\,\text{cal} = 4.184\,\text{J}$$

カロリー calorie, 記号 cal

ジュール joule, 記号 J

ジュール(joule，単位記号 J)は 19 世紀の英国の物理学者 ジュール (James Prescott Joule)にちなんだ名称である．

カロリーとジュールの単位は一般の反応を扱うには小さすぎるので，反応のエネルギーを議論する際には，キロカロリー kcal やキロジュール kJ を用いることが多い．表1・2に示したように，接頭語キロ（kilo）は1000を意味することを思い出そう．

$$1\,\text{kcal} = 1000\,\text{cal}$$
$$1\,\text{kJ} = 1000\,\text{J}$$
$$1\,\text{kcal} = 4.184\,\text{kJ}$$

ある単位で測定された量を別の単位に変換するには，変換因子を設定し，§1・7Bで最初に述べた方法を用いればよい．例題6・1でその例を示すことにしよう．

例題 6・1　キロジュールをキロカロリーに変換する

ある反応によって 421 kJ のエネルギーが放出された．このエネルギーは何 kcal に相当するか．

解答

[1]　もとの量と求めるべき量を明確にする．

421 kJ　　　　? kcal
もとの量　　求めるべき量

[2]　変換因子を書き出す．

・不必要な単位 kJ が消去されるように，kJ を分母にもつ変換因子を選択する．

kJ-kcal 変換因子

$$\frac{4.184\,\text{kJ}}{1\,\text{kcal}} \quad\text{あるいは}\quad \boxed{\frac{1\,\text{kcal}}{4.184\,\text{kJ}}}$$

kJ が消去されるようにこの変換因子を選ぶ

[3]　問題を整理し，解答を得る．

・もとの量と変換因子を掛け合わせ，求めるべき量を得る．

$$421\,\text{kJ} \times \frac{1\,\text{kcal}}{4.184\,\text{kJ}} = 100.6\,\text{kcal}$$

kJ が消去される

答　100.6 kcal，四捨五入して 101 kcal

練習問題 6・1　次の量を指定された単位の量へ変換せよ．
(a) 42 J を cal へ　　(b) 326 kcal を kJ へ

6・2　反応におけるエネルギー変化

分子が出会って反応するとき，反応物の結合が開裂し，新しい結合が形成されて生成物に至る．結合の開裂はエネルギーを必要とする．たとえば，1 mol の塩素分子 Cl_2 の C−Cl 結合を開裂させるためには，243 kJ が必要である．

この結合を開裂させるためには

:Cl̈−Cl̈: ⟶ :Cl̈· + ·Cl̈:

243 kJ/mol のエネルギーを投入しなければならない

エネルギーと栄養

私たちが食物を食べると，食物中のタンパク質や炭水化物，脂肪は代謝されてより簡単な分子になる．そしてそれらは，細胞がその機能を維持し，さらに成長するために必要な新しい分子の合成に用いられる．また食物が代謝される過程では，器官が機能するために必要なエネルギーが発生し，これによって私たちの心臓は拍動し，肺は呼吸し，脳は考えることができるのである．

食物に貯蔵されるエネルギーの量は，キロカロリー kcal を用いて表記される．代謝によって，タンパク質，炭水化物あるいは脂肪が放出するエネルギーの量を予測することができる．この値をその物質の**カロリー値**（caloric value）という．たとえば，タンパク質や炭水化物は 1 g 当たり，一般に約 4 kcal/g のエネルギーを放出するが，脂肪は 9 kcal/g である．したがって，食物に含まれるこれらの物質のそれぞれの質量がわかれば，それぞれの物質のカロリー値を変換因子に用いることによって，その食物がもつおおよそのエネルギーの量を知ることができる．その例を問題 6・1 に示す．

人が身体を維持するために必要な量以上のエネルギーを食物として摂取すると，身体は過剰分を脂肪として蓄積する．男性と女性の平均的な身体の脂肪含有率は，それぞれ約 20 % と 25 % である．この貯蔵された脂肪の量は，2～3 か月の間に身体が必要とするエネルギーに匹敵する量である．しばしばこのような大過剰のエネルギーを摂取すると，多量の脂肪が蓄積することになり，太りすぎをひき起こす．

食物に含まれるタンパク質，炭水化物，脂質の質量がわかると，その食物がもつエネルギーの量を推定できる．約 110 g のチーズバーガーはタンパク質 29 g，炭水化物 40 g，脂質 26 g を含むので，そのエネルギーは 510 kcal となる．

問題 6・1　焼いたジャガイモがタンパク質 3 g，微量の脂肪，炭水化物 23 g を含むとすると，そのエネルギーは何 kcal になるか．

これに対して，Cl–Cl 結合が形成するときには，243 kJ のエネルギーが放出される．一般に，結合の開裂に必要なエネルギーの量は，その結合が形成するときに放出されるエネルギーの量と同じである．

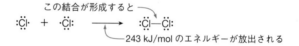

- 結合を開裂させるには常にエネルギーの投入が必要であり，結合が形成するときには常にエネルギーが放出される．

反応熱 heat of reaction
反応エンタルピー enthalpy of reaction
* 訳注：$\Delta_r H$ の下付の r は反応（reaction）を表す．

反応において吸収あるいは放出されるエネルギーを，**反応熱**あるいは**反応エンタルピー**といい，記号 $\Delta_r H$ によって表す*．反応エンタルピーは反応に伴ってエネルギーが吸収されるか，あるいは放出されるかに依存して，それぞれ正（＋）あるいは負（－）の符号が与えられる．

吸熱反応 endothermic reaction
発熱反応 exothermic reaction

- エネルギーが吸収される反応を**吸熱反応**といい，$\Delta_r H$ は正（＋）となる．
- エネルギーが放出される反応を**発熱反応**といい，$\Delta_r H$ は負（－）となる．

たとえば，Cl–Cl 結合の開裂反応は $\Delta_r H = +243$ kJ/mol であり，この反応は吸熱反応である．一方，Cl–Cl 結合の生成反応は $\Delta_r H = -243$ kJ/mol であり，この反応は発熱反応である．一般に反応熱の単位には，kJ/mol が用いられる．2 mol の Cl–Cl 結合の開裂には，同じエネルギーの 2 倍，すなわち（2 mol）×（+243 kJ/mol）= +486 kJ が必要となる．

6・2A　結合解離エネルギー

結合解離エネルギー bond dissociation energy

共有結合を形成する電子を二つの原子に等しく分けることによって，結合を開裂させる反応の反応熱 $\Delta_r H$ を**結合解離エネルギー**という．結合の開裂はエネルギーを必

要とするから，結合解離エネルギーは常に正の値であり，共有結合を構成する原子に開裂させる反応は常に吸熱反応である．一方，結合の形成はいつもエネルギーを放出するので，結合が形成される反応は発熱反応であり，$\Delta_r H$ は負の値である．たとえば，H−H 結合の開裂には +436 kJ/mol が必要であり，H−H 結合が形成されると −436 kJ/mol が放出される．表 6・1 にいくつかの簡単な分子における結合解離エネルギーを一覧表として示した．

表 6・1　**結合解離エネルギー**

結合	$\Delta_r H$(kJ/mol)
H−H	+436
F−F	+159
Cl−Cl	+243
Br−Br	+192
I−I	+151
H−OH	+463
H−F	+570
H−Cl	+431
H−Br	+364
H−I	+297

結合の開裂は吸熱反応である．
エネルギーを投入しなければ
ならない

$$\text{H−H} \longrightarrow \text{H·} + \text{·H} \qquad \Delta_r H = +436 \text{ kJ/mol}$$

$$\text{H·} + \text{·H} \longrightarrow \text{H−H} \qquad \Delta_r H = -436 \text{ kJ/mol}$$

結合の形成は発熱反応である．
エネルギーが放出される

例題 6・2　反応を吸熱反応あるいは発熱反応に分類する

水素原子と塩素原子から塩化水素 HCl が生成する反応の反応式を書け．この反応は吸熱反応，発熱反応のどちらに分類されるか．また，表 6・1 の値を用いて，この反応の反応熱 $\Delta_r H$ を求めよ．

解答

エネルギーが放出される

$$\text{H·} + \text{·}\ddot{\text{Cl}}\text{:} \longrightarrow \text{H−}\ddot{\text{Cl}}\text{:} \qquad \Delta_r H = -431 \text{ kJ/mol}$$

結合の形成は発熱反応である

練習問題 6・2　表 6・1 の値を用いて，次の反応の $\Delta_r H$ を求めよ．また，それぞれの反応を，吸熱反応あるいは発熱反応に分類せよ．

(a) $\text{H−}\ddot{\text{Br}}\text{:} \longrightarrow \text{H·} + \text{·}\ddot{\text{Br}}\text{:}$　　(b) $\text{H·} + \text{·}\ddot{\text{F}}\text{:} \longrightarrow \text{H−}\ddot{\text{F}}\text{:}$

結合解離エネルギーから結合の強さがわかる．

• **結合が強いほど，その結合解離エネルギーは大きい．**

たとえば，H−H 結合の結合解離エネルギー（+436 kJ/mol）は，Cl−Cl 結合の結合解離エネルギー（+243 kJ/mol）よりも大きいので，H−H 結合のほうが強い結合であるといえる．

結合解離エネルギーは，原子半径（§2・8A）や電気陰性度（§4・7）と類似して周期的傾向を示す．たとえば，水素が 17 族元素（ハロゲン）の最初の四つと結合した化合物の系列 HF, HCl, HBr, HI を考えてみよう．表 6・1 をみると，これらの化合物の結合解離エネルギーは，周期表を下方に移動するに従って HF → HCl → HBr → HI と減少することがわかる．H−I 結合はこれら四つの結合のうちで最も弱い．これは，I が H−I 結合を形成するために用いる価電子が，Br, Cl, F が用いる価電子よりも原子核からずっと離れているからである．一方，H−F 結合はこれら四つの結合のうちで最も強い．これは，F が結合に用いる価電子は Cl, Br, I における価電子よりも原子核にずっと接近しているからである．これは一般的にみられる周期的傾向の明確な例である．

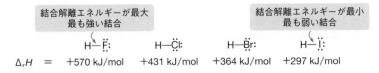

結合解離エネルギーが最大
最も強い結合

結合解離エネルギーが最小
最も弱い結合

$\text{H−}\ddot{\text{F}}\text{:}$	$\text{H−}\ddot{\text{Cl}}\text{:}$	$\text{H−}\ddot{\text{Br}}\text{:}$	$\text{H−}\ddot{\text{I}}\text{:}$

$\Delta_r H = $　+570 kJ/mol　　+431 kJ/mol　　+364 kJ/mol　　+297 kJ/mol

- 周期表の同じ族の原子から形成される結合を比較すると，一般に結合解離エネルギーは，族を下方に移動するに従って減少する．

例題 6・3　結合解離エネルギーの相対的な大きさを推定する

以下に示す二つの炭素−ハロゲン結合を考えよう．どちらの結合の結合解離エネルギーが大きいと予測されるか．また，どちらの結合がより強いか．

$$\Delta_r H = +456\ \text{kJ/mol}$$

結合解離エネルギーがより小さい．より弱い結合

$$\Delta_r H = +351\ \text{kJ/mol}$$

解答　Cl は周期表の同じ族において F の下方に位置するので，C−Cl 結合は C−F 結合よりも結合解離エネルギーが小さく，結合の強さも弱いことが予想される．次の図には実際の結合解離エネルギーの値が与えられており，予想が正しいことが示されている．

練習問題 6・3　次の化合物の組において，指示された結合のうち，どちらの結合が結合解離エネルギーがより大きいか．また，どちらの結合がより強いか．

(a)　H−CI と H−C−Br

(b)　H−OH と H−SH

6・2B　$\Delta_r H$ の値を含む計算

ほとんどの反応には，複数の結合の開裂と生成が含まれる．このような場合，反応熱 $\Delta_r H$ は，反応物の結合を開裂するために必要なエネルギーと，生成物において結合の生成によって放出されるエネルギーの差を表す．いいかえれば，$\Delta_r H$ は，反応において開裂する結合と生成する結合の相対的な強さを示す．

- 反応熱 $\Delta_r H$ が負のとき，結合を開裂するために必要なエネルギーよりも多くのエネルギーが，結合の生成によって放出される．生成物において形成される結合は，反応物において開裂する結合よりも強い．反応は発熱反応となる．

巨大な埋立地では，廃棄物の分解によってメタンが生成する．その燃焼によって，暖房や発電のためのエネルギーが製造されている．

たとえば，1 mol のメタン CH_4 が酸素 O_2 の存在下で燃焼し，CO_2 と H_2O が生成する反応では，891 kJ のエネルギーが熱の形態で放出される．

熱が放出される

$$CH_4(g)\ +\ 2O_2(g)\ \longrightarrow\ CO_2(g)\ +\ 2H_2O(l)\qquad \Delta_r H = -891\ \text{kJ/mol}$$

この反応ではエネルギーが放出されるので，$\Delta_r H$ は負（−）である．形成される結合は開裂する結合よりも強い．これは，CO_2 と H_2O の結合が形成される際に，CH_4 と O_2 の結合が開裂するときに吸収されるよりも多くのエネルギーが放出されるためである．エネルギーが放出されるので，生成物のエネルギーは反応物よりも低くなる．

$\Delta_r H$ の値は kJ/mol の単位で示されるが，これは，釣合のとれた化学反応式における係数によって示された物質量に対して，与えられた量のエネルギーが放出（あるいは吸収）されることを意味している．たとえば上式は，1 mol の CH_4 が 2 mol の O_2 と反応して，1 mol の CO_2 と 2 mol の H_2O を生成するときに，891 kJ のエネルギーが放出されることを示している．

- 反応熱 $\Delta_r H$ が正のとき，結合の生成によって放出されるよりも，多くのエネルギーが結合を開裂するために必要となる．反応物において開裂する結合は，生成物において生成する結合よりも強い．反応は吸熱反応となる．

たとえば，光合成の過程において，緑色植物はクロロフィルを用いて CO_2 と H_2O を簡単な炭水化物であるグルコース $C_6H_{12}O_6$ と O_2 に変換する．このさいに，2837 kJ のエネルギーが吸収される．

$$6CO_2(g) + 6H_2O(l) \longrightarrow C_6H_{12}O_6(aq) + 6O_2(g) \qquad \Delta_r H = +2837 \text{ kJ/mol}$$

この反応ではエネルギーが吸収されるので，$\Delta_r H$ は正（＋）である．開裂する結合は形成する結合よりも強い．これは，CO_2 と H_2O の結合を開裂させる際に，$C_6H_{12}O_6$ と O_2 の結合が形成するときに放出されるよりも多くのエネルギーが必要となるからである．エネルギーが吸収されるので，生成物のエネルギーは反応物よりも高くなる．

表6・2に反応におけるエネルギー変化の特徴を要約した．

光合成は吸熱反応である．反応において太陽光のエネルギーが吸収され，生成物の結合エネルギーとして貯蔵される．

表 6・2　吸熱反応と発熱反応

吸熱反応	発熱反応
・熱が吸収される	・熱が放出される
・$\Delta_r H$ は正である	・$\Delta_r H$ は負である
・反応物で開裂する結合は生成物で形成する結合より強い	・生成物で形成する結合は反応物で開裂する結合より強い
・生成物のエネルギーは反応物よりも高い	・生成物のエネルギーは反応物よりも低い

釣合のとれた化学反応式に対する $\Delta_r H$ がわかれば，この情報を用いて，与えられた反応物あるいは生成物の量に対して，どのくらいのエネルギーが反応によって吸収あるいは放出されるかを計算することができる．例題6・4に示すように，$\Delta_r H$ の値と釣合のとれた反応式の係数が，変換因子を設定するために用いられる．また，反応物の質量を放出されるエネルギーに変換するためには，モル質量を用いなければならない．

例題 6・4　反応物の質量から反応のエネルギー変化を計算する

少量の鉄 Fe と NaCl の存在下でマグネシウム Mg と H_2O は，以下の釣合のとれた反応式に従って反応する．この反応式と $\Delta_r H$ の値を用いて，4.00 g の Mg を反応させたときに放出されるエネルギーを求めよ．

$$Mg(s) + 2H_2O(l) \longrightarrow Mg(OH)_2(s) + H_2(g) \qquad \Delta_r H = -351 \text{ kJ/mol}$$

解答

[1]　Mg の質量を Mg の物質量に変換する．
・反応物 Mg のモル質量 24.31 g/mol を用いて，変換因子を書く．Mg の質量と変換因子を掛け合わせ，Mg の物質量を得る．

モル質量変換因子

$$4.00 \text{ g Mg} \times \frac{1 \text{ mol Mg}}{24.31 \text{ g Mg}} = 0.165 \text{ mol Mg}$$

g が消去される

[2]　kJ-物質量変換因子を用いて，Mg の物質量を放出されるエネルギーの量へ変換する．
・$\Delta_r H$ と，釣合のとれた化学反応式における Mg の物質量を用いて，kJ-物質量変換因子を書く．1 mol の Mg は 351 kJ のエネルギーを放出する．Mg の物質量と変換因子を掛け合わせ，放出されるエネルギーの量を得る．

kJ-物質量変換因子

$$0.165 \text{ mol Mg} \times \frac{351 \text{ kJ}}{1 \text{ mol Mg}} = 57.9 \text{ kJ}$$

mol が消去される

答　57.9 kJ のエネルギーが放出される

練習問題 6・4　グルコース $C_6H_{12}O_6$（モル質量 180.2 g/mol）の発酵によりエタノール C_2H_6O と CO_2 が生成する反応は，以下の反応式によって示される．この反応式を用いて，次の問いに答えよ．

$$C_6H_{12}O_6(s) \longrightarrow 2C_2H_6O(l) + 2CO_2(g) \qquad \Delta_r H = -67 \text{ kJ/mol}$$
グルコース　　　　エタノール

(a) 1.0 mol のエタノールが生成するとき，放出されるエネルギーは何 kJ か．

(b) 20.0 g のグルコースから放出されるエネルギーは何 kJ か．

6・3 エネルギー図

　反応が起こるとき，分子の視点からみると何が起こっているのだろうか．二つの分子が反応するためには，それらは衝突しなければならない．そしてその衝突において，分子がもっていた運動エネルギーが結合を開裂するために用いられる．しかし，二つの分子の間で起こるすべての衝突で，反応が起こるわけではない．反応が起こるためには，二つの分子は適切な配向と，十分なエネルギーをもって衝突する必要がある．

　衝突における分子の配向は，どのように反応に影響するのだろうか．二つの反応物 A−B と C の一般的な反応を考えよう．ここでは，結合 A−B が開裂し，新しい結合 B−C が形成される．

　C は B と新しい結合を形成するので，C が B と衝突したときだけ反応が起こる．C が A と衝突した場合には，結合の開裂も形成も起こらず，反応は進行しない．分子の衝突は無秩序に起こるので，反応する原子が必ずしも接近した位置にくるとは限らない．このため，多くの衝突が反応には無効になるのである．

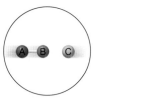
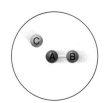

適切な配向
C が B と衝突するので，新しい
B−C 結合が形成できる

不適切な配向
C が A と衝突するので，新しい
B−C 結合は形成できない

　また反応する分子がもつエネルギーも，それぞれの衝突が反応に至るかどうかを決定する要因となる．どのような試料においても，それを構成する分子は広い範囲の運動エネルギーをもっている．いくつかの分子は速やかに運動しており，他のゆっくり動いている分子よりも多くの運動エネルギーをもっている．反応する分子 A−B と C の運動エネルギーによって結合 A−B を開裂させるエネルギーが供給されるため，反応する分子が十分なエネルギーをもっているときだけ，反応が起こる．

・ 十分なエネルギーと適切な配向をもった衝突だけが，反応に至る．

エネルギー図 energy diagram
反応座標 reaction coordinate

　反応の進行に伴うエネルギー変化はしばしば，反応の進行を横軸にとり，縦軸にエネルギーをプロットした図によって示される．このような図を反応の**エネルギー図**といい，その横軸は**反応座標**とよばれる．エネルギー図では，左端に反応物，右端に生成物のそれぞれのエネルギーが示され，それらの間が滑らかな曲線で連結される．この曲線は，反応において時間とともにエネルギーがどのように変化するかを表している．以下に反応物 A−B と C から生成物 A と B−C が得られる反応のエネルギー図を示す．ここでは，生成物が反応物よりもエネルギーが低いことを仮定している．

　反応物 A−B と C が互いに接近すると，それらの電子雲はいくぶん反発を感じ，エネルギーの増大をひき起こして最大の値に到達する．最大のエネルギーを与える状態

遷移状態 transition state

を**遷移状態**という．遷移状態では，A と B の間の結合は部分的に開裂し，B と C の

間の結合は部分的に形成されている．遷移状態は，反応物と生成物を隔てているエネルギーの山の頂点に位置している．一般に，遷移状態の構造を書く際には，開裂あるいは形成されるすべての結合に対して破線が用いられる．

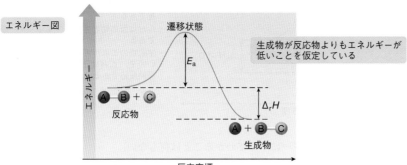

遷移状態では，AとBの間の結合が再生されて反応物に戻ることもでき，あるいはBとCの間の結合が形成されて生成物を与えることもできる．BとCの間に結合が形成されるに伴って，エネルギーは減少し，ある安定なエネルギー極小値に到達する．反応物と生成物の相対的なエネルギーに関する最初の仮定に基づいて，反応物よりも生成物のエネルギーが低く書かれている．

- 反応物と遷移状態の間のエネルギー差を，その反応の**活性化エネルギー**といい，一般に記号 E_a で表される．

活性化エネルギー activation energy

活性化エネルギーは，反応が起こるために必要な最小のエネルギーの量ということができる．いいかえれば，活性化エネルギーは，反応が起こるために反応物がもっていなければならないエネルギーの量である．またしばしば活性化エネルギーは，反応が起こるために越えなければならない**エネルギー障壁**といわれることもある．エネルギー障壁の高さ，すなわち活性化エネルギーの大きさによって，**反応速度**，すなわち反応がどのような速さで起こるかが決まる．

エネルギー障壁 energy barrier
反応速度 reaction rate

- 活性化エネルギーが大きいとき，エネルギー障壁を越えるだけの十分なエネルギーをもつ分子はほとんどないので，反応は遅い．
- 活性化エネルギーが小さいとき，エネルギー障壁を越えるだけの十分なエネルギーをもつ分子が多くなるので，反応は速い．

反応物と生成物のエネルギー差は反応エンタルピー（反応熱）$\Delta_r H$ であり，それもエネルギー図に表記される．上記の例のように，生成物が反応物よりもエネルギーが低いとき，生成物において形成される結合は反応物において開裂する結合よりも強い．この場合，$\Delta_r H$ は負（−）であり，発熱反応となる．

エネルギー図はどのような反応に対しても書くことができる．図6・1に吸熱反応のエネルギー図を示す．この反応では，生成物は反応物よりも高いエネルギーをもつ．

エネルギー図は，エネルギー障壁の高さによって反応の速さを示すとともに，反応物と生成物のエネルギー差を示すための視覚的な手段として利用される．留意すべきことは，これら二つの量，すなわちエネルギー障壁の高さと，反応物と生成物のエネルギー差は独立していることである．大きな活性化エネルギー E_a から，反応物と生

図6・1 吸熱反応におけるエネルギー図

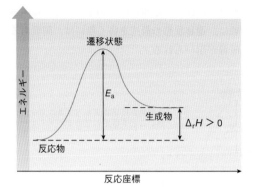

- E_a は反応物と遷移状態のエネルギー差である
- $\Delta_r H$ は反応物と生成物のエネルギー差である
- 生成物のエネルギーが反応物よりも高いので，$\Delta_r H$ は正（＋）であり，反応は吸熱反応である

成物の相対的なエネルギーについてわかることは何もない．

- E_a の大きさは反応の速さを決定する．
- $\Delta_r H$ の符号は，生成物と反応物のうちどちらのエネルギーが低いかを決定する．一般に，$\Delta_r H$ が負，すなわち生成物が反応物に比べて低いエネルギーをもち，生成物が反応物よりも安定になる反応は有利に進行する．

例題 6・5 反応のエネルギー図を書く

反応の活性化エネルギーが低く，また $-40\ \mathrm{kJ/mol}$ の $\Delta_r H$ をもつ反応に対するエネルギー図を書け．それぞれの軸を標識し，図中に反応物，生成物，遷移状態，E_a，$\Delta_r H$ を表記すること．

解答 活性化エネルギーが低いことは，エネルギー障壁，すなわち反応物と生成物を隔てる山が低いことを意味する．$\Delta_r H$ が負であるときは，生成物が反応物よりもエネルギーが低い．

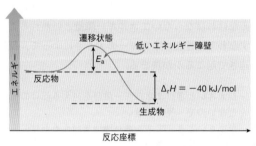

練習問題 6・5 反応の活性化エネルギーが高く，また $+80\ \mathrm{kJ/mol}$ の $\Delta_r H$ をもつ反応に対するエネルギー図を書け．それぞれの軸を標識し，図中の反応物，生成物，遷移状態，E_a，$\Delta_r H$ を表記すること．

6・4 反 応 速 度

　私たちは意識していないけれども，化学反応の速さは，多くの場面で私たちの生活に影響を与えている．アスピリンが効果的な鎮痛薬であるのは，それが痛みをひき起こす分子の合成を速やかに遮断するためである．バターが時間とともに悪臭を放つのは，バターの脂肪分子が空気中の酸素によってゆっくりと酸化され，好ましくない副生成物を与えるからである．DDT が残留性をもつ環境汚染物質であるのは，DDT が

水や酸素，あるいはそれと接触するそのほかのあらゆる化学物質と実質的に反応しないためである．これらの反応はすべて異なる速度で進行し，有益なあるいは有害な結果をひき起こしている．

　活性化エネルギーは反応が起こるために必要な最小のエネルギー量であり，反応の基礎的な特徴を与える．いくつかの反応が速く起こるのは，それらの活性化エネルギーが小さいためである．他の反応の進行が遅いのは，それらの活性化エネルギーが大きいためである．反応物よりもエネルギーが低い生成物を与える反応であっても，大きな活性化エネルギーをもつ場合がある．たとえば，ガソリンが燃焼してCO_2とH_2Oを生成する反応は多量のエネルギーを放出するが，その反応を開始するための火花や炎がなければ，反応の進行はきわめて遅い．

ガソリンは空気中でも安全に扱うことができる．これは，火花などによって反応を開始させるためのエネルギーが供給されなければ，ガソリンと酸素O_2との反応はきわめて遅いからである．

6・4A　反応速度に及ぼす濃度と温度の影響

　§6・3で学んだように，化学反応は分子が衝突したときに起こる．したがって，反応速度は，単位時間に起こる衝突の数と，それぞれの衝突の有効性に依存する．濃度と温度の変化は，反応速度にどのように影響するだろうか．

- 反応物の濃度が増大すると衝突の数が増加するため，反応速度は増大する．
- 温度を上昇させると，反応速度は増大する．

　温度を上昇させると反応速度が増大するのは，次の二つの理由による．第一に，温度が上昇すると反応物の運動エネルギーが増大し，それによって衝突の数が増大する．第二に，温度が上昇すると反応物の平均的な運動エネルギーが増大する．衝突する分子の運動エネルギーが結合の開裂に用いられるので，より多くの分子が結合開裂をひき起こすために十分なエネルギーをもつようになる．一般的な規則として，温度が10℃上昇するごとに，反応速度は2倍になる．同様に，温度が10℃低下するごとに，反応速度は半分になる．

私たちが食物を低温の冷蔵庫に貯蔵するのは，食物の腐敗をひき起こす反応の速度を遅くするためである．

6・4B　触　　媒

　いくつかの反応は，触媒を添加しなければ，適度な時間内には起こらない．

- 反応速度を高める物質を**触媒**という．反応では触媒は変化せずに回収され，生成物には現れない．

触媒 catalyst

　触媒は活性化エネルギーを低下させることによって，反応を加速させる（図6・2）．触媒は反応物と生成物のエネルギーには影響を与えない．すなわち，触媒を添加する

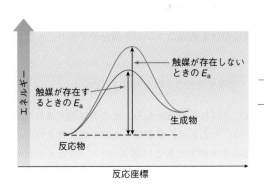

	触媒が存在しないとき：E_a はより大きい	反応は遅い
	触媒が存在するとき：E_a はより小さい	反応は速い

図6・2　**反応に対する触媒の効果**．触媒は活性化エネルギーを低下させるため，触媒が存在すると反応の速度が増大する．反応物と生成物のエネルギーは，触媒が存在しても，しなくても同じである．

触媒コンバーター

　ガソリンと酸素との燃焼反応によって，§6・2B で述べたメタンやプロパンの酸化反応のように，きわめて多量のエネルギーが放出され，このエネルギーは自動車に動力を与えるために利用される．20世紀には自動車数の増加に伴って，それらが原因となる大気汚染が特に混雑している都市部において深刻な問題となった．

　1970年代の自動車のエンジンに関する一つの問題は，エンジン排気に放出される炭素，および窒素を含む副生成物に関することであった．燃焼によって生成する CO_2 と H_2O に加えて，自動車の排気ガスには，未反応のガソリン分子（一般式 C_xH_y），有毒ガスである一酸化炭素 CO，および酸性雨に寄与する一酸化窒素 NO が含まれていた（§5・7）．自動車から排出されるこれらの汚染物質を除去するために，**触媒コンバーター**（catalytic converter）が開発された．

　最新の触媒コンバーターは三元触媒コンバーターとよばれ，右図に示すように，三つの反応を触媒するための表面として金属が用いられている．未反応のガソリン分子と一酸化炭素 CO は，いずれも CO_2 と H_2O に酸化される．一酸化窒素 NO もまた酸素と窒素に変換される．このように，健康に

有害なスモッグの形成に寄与する三つの分子は除去され，エンジン排気に含まれる物質は CO_2, H_2O, N_2, O_2 だけとなる．

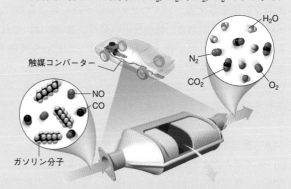

$$C_xH_y + O_2 \longrightarrow CO_2 + H_2O \quad （釣合がとれていない）$$
$$2\,CO + O_2 \longrightarrow 2\,CO_2$$
$$2\,NO \longrightarrow N_2 + O_2$$

触媒コンバーターが作動するしくみ. 触媒コンバーターにはロジウム，白金，あるいはパラジウムといった金属触媒が用いられ，自動車エンジンの排気ガスを清浄化する三つの反応を触媒している．

と E_a は減少するが，$\Delta_r H$ は変化しない．

　金属はしばしば，反応の触媒として用いられる．たとえば，エチレン $CH_2{=}CH_2$ と水素 H_2 を混合しても感知できるほどの反応は起こらないが，パラジウム Pd の存在下では速やかな反応が起こり，生成物としてエタン C_2H_6 が得られる．金属は両方の反応物を接近させる表面として役立ち，反応を容易に進行させる．この反応を**水素化**といい，食品工業において，マーガリンやピーナッツバターなど，植物油を含む多くの消費者製品を製造するために利用されている．

水素化 hydrogenation

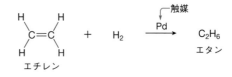

6・4C　ラクターゼ：生体内の触媒

　生体内で生体分子を合成あるいは分解する触媒は，有機反応における金属と同じ原理に支配されている．しかし，生体内における触媒はタンパク質分子であり，一般に**酵素**とよばれる．

酵素 enzyme

・**酵素**は生体内の触媒であり，きわめて特異的な三次元構造を保持している．

活性部位 active site
ラクターゼ lactase
ラクトース lactose

　酵素は反応物を結合させる**活性部位**とよばれる領域をもち，そこでは増大された速度で，きわめて特異的な反応が進行する．たとえば，**ラクターゼ**は牛乳に含まれる主要な糖である**ラクトース**と特異的に結合する酵素である（図6・3）．いったん結合が起こると，ラクトースは速やかに，二つのより単純な構造の糖であるグルコースとガ

ラクトースに変換される．ヒトがこの酵素の適切な量を欠いていると，ラクトースを消化することができず，腹部のけいれんや下痢をひき起こす．

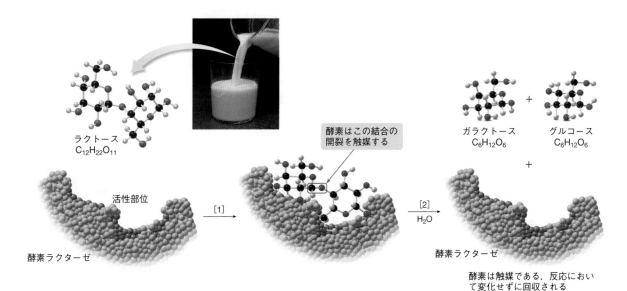

ラクトース
$C_{12}H_{22}O_{11}$

酵素はこの結合の開裂を触媒する

ガラクトース
$C_6H_{12}O_6$

グルコース
$C_6H_{12}O_6$

活性部位

[1]

[2]
H_2O

酵素ラクターゼ

酵素ラクターゼ

酵素は触媒である．反応において変化せずに回収される

図 6・3　ラクターゼ，生体内の触媒の例．酵素ラクターゼは，段階 [1] において糖であるラクトース $C_{12}H_{22}O_{11}$ と活性部位で結合する．つづいて，段階 [2] においてラクトースは水と反応して結合を開裂し，2 種類のより単純な構造の糖であるガラクトースとグルコースを生成する．この過程は，牛乳に含まれるおもな糖であるラクトースが消化される最初の段階である．酵素が存在しないと，ラクトースをガラクトースとグルコースに変換できないため，ラクトースを代謝することができず，消化不良が起こる．

6・5 平　衡

　これまでは反応の説明において，反応物は完全に生成物に変換されることを仮定してきた．このような場合，反応は**"完全に進行する"**という．しかし，反応はしばしば**可逆的**である．すなわち，反応物が集まって生成物を生成するとともに，生成物も集まって反応物が再生するのである．

可逆的 reversible

- 反応物から生成物へ，あるいは生成物から反応物へのどちらの方向にも起こることができる反応を**可逆反応**という．

可逆反応 reversible reaction

　一酸化炭素 CO と水から二酸化炭素 CO_2 と水素 H_2 が生成する可逆反応を考えよう．反応が，表記されたように左から右方向へ，および右から左方向へとどちらの方向にも進行することを示すために，上下に並べた二つの矢印（⇄）が用いられる．

$$\text{CO(g)} + \text{H}_2\text{O(g)} \rightleftharpoons \text{CO}_2\text{(g)} + \text{H}_2\text{(g)}$$

正反応は右方向へ進む
逆反応は左方向へ進む

- 反応式の左から右方向へ進行する反応を，**正反応**という．
- 反応式の右から左方向へと進行する反応を，**逆反応**という．

正反応 forward reaction
逆反応 reverse reaction

　CO と H_2O を混合するとそれらは反応し，正反応によって CO_2 と H_2 が生成する．ひとたび CO_2 と H_2 が生成すると，逆反応によって CO と H_2O が生成する反応が進

行する．正反応の速度は最初は速いが，反応物の濃度が減少するとともに減少する．一方，逆反応の速度は最初は遅いが，生成物の濃度が増大するとともに増大する．

> • 正反応の速度と逆反応の速度が等しいとき，すべての化学種の正味の濃度は変化しない．このとき，反応系は "平衡にある" という．

平衡 equilibrium

ひとたび反応系が平衡に到達しても，正反応と逆反応は停止するわけではない．反応物と生成物は反応し続けている．しかし，正反応と逆反応の速度が等しいので，すべての反応物と生成物の正味の濃度が変化しないのである．図 6・4 の分子図は，可逆反応 A ⇄ B がどのように平衡に到達するかを示している．

図 6・4　**反応 A ⇄ B における平衡の形成**

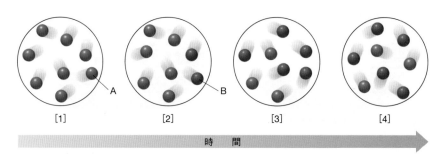

[1]	[2]	[3]	[4]

時　間

分子A(青色球)が分子B(赤色球)へ変換する反応は可逆反応である．最初は，反応物はAだけであるが([1])，反応が進行するにつれて，Bの量が増大する([2])．Bが生成するとともに，BがAに再変換する過程が進行する．平衡に到達すると([3]と[4])，AとBの量は変化しないが，AからB，BからAへの変換は依然として起こっている

6・5A　平 衡 定 数

平衡定数 equilibrium constant

平衡では反応物と生成物の正味の濃度が変化しないので，これらを用いて**平衡定数** K を定義することができる．平衡定数は与えられた温度において，その反応に対して特有の値となる．平衡を議論するときに重要となる量は，物質量の絶対的な値ではなく，むしろ**濃度**，すなわち与えられた体積における物質量の値である．濃度を表すために括弧 [ ] が用いられる．また濃度は，一般に mol/L の単位で表記される．mol/L は M（molar，モーラーと読む）と表記される場合もある．この単位で表された濃度を**モル濃度**という．

濃度 concentration

モル濃度 molar concentration

さて，次式で表される一般的な反応を考えよう．ここで A と B は反応物を，C と D は生成物を示し，a, b, c, d は釣合のとれた化学反応式における係数を表す．

$$a\text{A} + b\text{B} \rightleftharpoons c\text{C} + d\text{D}$$

平衡定数 K は，互いに掛け合わされた反応物（A と B）の濃度に対する，互いに掛け合わされた生成物（C と D）の濃度の比と定義される．それぞれの濃度項は，釣合のとれた化学反応式の係数に等しい指数をもつべき乗で表される．

$$\text{平衡定数}\ K = \frac{[\text{生成物}]}{[\text{反応物}]} \begin{array}{l} \text{それぞれの生成物の濃度 (mol/L)} \\ \text{それぞれの反応物の濃度 (mol/L)} \end{array}$$

$$K = \frac{[\text{C}]^c [\text{D}]^d}{[\text{A}]^a [\text{B}]^b}$$

あらゆる反応に対する平衡定数は，釣合のとれた反応式から書くことができる．たとえば，N_2 と O_2 から NO が生成する反応の平衡定数は，次のように表記することが

できる.

釣合のとれた反応式　$N_2(g)$　＋　$O_2(g)$　⇌　$2\,NO(g)$ ← 生成物の濃度は分子に置く

反応物の濃度は分母に置く

係数は指数になる

$$\text{平衡定数}\ K = \frac{[NO]^2}{[N_2][O_2]}$$

例題 6・6　平衡定数を表記する

次に示す釣合のとれた反応式に対する平衡定数を表記せよ.

$$2\,CO(g) + O_2(g) \rightleftharpoons 2\,CO_2(g)$$

解答　平衡定数の表記では, 単一の生成物 CO_2 の濃度を分子に書くが, 反応式に係数 "2" がついているので, 二乗にしなければならない. 分母は, 互いに掛け合わされた二つの生成物 CO と O_2 の濃度項からなる. ただし, 釣合のとれた反応式において CO の前に係数 "2" がついているので, CO の濃度項は二乗にしなければならない.

$$\text{平衡定数}\ K = \frac{[CO_2]^2}{[CO]^2[O_2]}$$

練習問題 6・6　次に示すそれぞれの反応式に対する平衡定数を表記せよ.

(a) $PCl_3(g) + Cl_2(g) \rightleftharpoons PCl_5(g)$　　(b) $2\,SO_2(g) + O_2(g) \rightleftharpoons 2\,SO_3(g)$

(c) $H_2(g) + Br_2(g) \rightleftharpoons 2\,HBr(g)$　　(d) $CH_4(g) + 3\,Cl_2(g) \rightleftharpoons CHCl_3(g) + 3\,HCl(g)$

6・5B　平衡定数の大きさ

平衡定数の大きさから, 反応が平衡に到達したとき, 生成物と反応物のどちらが有利になるかがわかる.

• 平衡定数が 1 より非常に大きいとき ($K \gg 1$)*, 生成物の濃度は反応物の濃度よりも大きい. このとき, 平衡は反応式の右側に偏り, 生成物が有利である, という.

K が 1 より非常に大きいとき
($K \gg 1$)　$\dfrac{[\text{生成物}]}{[\text{反応物}]}$ ← 分子がより大きい

平衡は生成物が有利である

• 平衡定数が 1 より非常に小さいとき ($K \ll 1$), 反応物の濃度は生成物の濃度よりも大きい. このとき, 平衡は反応式の左側に偏り, 反応物が有利である, という.

K が 1 より非常に小さいとき
($K \ll 1$)　$\dfrac{[\text{生成物}]}{[\text{反応物}]}$

平衡は反応物が有利である

← 分母がより大きい

• 平衡定数が 1 に近い値, すなわち 0.01～100 の範囲にあるとき, 平衡において反応物と生成物の両方が存在する.

K が 1 に近い値であるとき
($K \approx 1$)　$\dfrac{[\text{生成物}]}{[\text{反応物}]}$

反応物と生成物の両方が存在する

たとえば, 水素 H_2 と酸素 O_2 から水 H_2O が生成する反応の平衡定数は 1 よりもきわめて大きいので, 平衡においては生成物 H_2O が著しく有利となる. このように大

* 訳注: 記号 ≫A, および ≪A はそれぞれ "A より非常に大きい", "A より非常に小さい" を意味する.

きな K をもつ反応は，実質的に完全に進行し，ほとんどあるいは全く反応物は残っていない．

$$2\,H_2(g) + O_2(g) \rightleftharpoons 2\,H_2O(g) \qquad K = 2.9 \times 10^{82}$$

・$K \gg 1$ であるので，生成物が著しく有利となる
・平衡は右側に偏っている

これに対して，酸素 O_2 がオゾン O_3 へ変換する反応の平衡定数は 1 よりもきわめて小さいので，平衡において反応物 O_2 が著しく有利であり，生成物 O_3 はほとんど生成していない．表 6・3 に平衡定数と平衡の方向の関係をまとめた．また，図 6・5 には分子図を用いて三つの場合を示した．

$$3\,O_2(g) \rightleftharpoons 2\,O_3(g) \qquad K = 2.7 \times 10^{-29}$$

・$K \ll 1$ であるので，反応物が著しく有利となる
・平衡は左側に偏っている

一般に，平衡定数 K と反応エンタルピー $\Delta_r H$ の間には関係がある．

- K が 1 より非常に大きいときは生成物が有利であり，反応の $\Delta_r H$ は負である場合が多い．いいかえれば，生成物のエネルギーが反応物よりも低いときには，平衡は生成物が有利となる．

しかし，平衡定数 K と反応速度の間に関係はない．非常に大きい平衡定数をもつ反応であっても，進行がきわめて遅い場合もある．さらに，触媒によって反応が加速される場合もあるが，触媒は平衡定数の大きさに影響を与えない．触媒が存在すると，触媒がない場合よりも速やかに平衡に到達するが，平衡における反応物と生成物の相対的な濃度は変化しない．

表 6・3 平衡定数 K の大きさと平衡の位置との関係

K	平衡の位置
$\gg 1$	平衡は生成物が有利である．平衡は右側に偏っている
$\ll 1$	平衡は反応物が有利である．平衡は左側に偏っている
≈ 1	平衡において，反応物と生成物の両方が存在する

図 6・5 反応 $A \rightleftharpoons B$ における平衡定数 K の大きさと A および B の量との関係

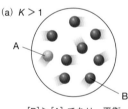

(a) $K > 1$

[B]＞[A] であり，平衡は生成物が有利である

(b) $K < 1$

[A]＞[B] であり，平衡は反応物が有利である

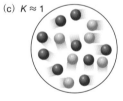

(c) $K \approx 1$

[A]≈[B] であり，反応物と生成物の両方が存在する

例題 6・7   平衡定数を用いて生成物の量を決定する

可逆反応 $A \rightleftharpoons B$ を考えよう．この反応の平衡定数 K は 10 である．右の分子図が示すように，反応が A だけから出発した場合，平衡における反応混合物を表す分子図を書け．

解答　この反応の平衡定数 K は，$K = [B]/[A] = 10$ と表される．生成物 B の濃度項が分子にあるので，この式から，平衡において生成物 B が反応物 A の 10 倍多く存在することがわかる．

$K = 10$ であるから　　$K = \dfrac{[B]}{[A]} = \dfrac{10}{1}$　B は A の 10 倍多く存在する

分子図を用いてこの反応の平衡を表すためには，反応物 A（青

色球）の 10 倍多くの生成物 B（赤色球）を書けばよい．

答

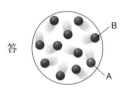

練習問題 6・7　次の平衡定数をもつ可逆反応が平衡に到達したとき，それぞれの反応は，反応物が有利，生成物が有利，反応物と生成物の両方が存在する，のいずれであるかを述べよ．
(a) 5.0×10^{-4}　　(b) 4.4×10^{5}　　(c) 0.35

6・5C　平衡定数の計算

反応の平衡定数は実験的に決定される値である．すなわち，反応に含まれるすべての物質の平衡における濃度が測定できれば，平衡定数の表記に従って平衡定数を計算することができる．一般に，濃度には mol/L を単位とするモル濃度が用いられる．

How To　反応の平衡定数の求め方

例　以下に示す A_2 と B_2 の間の一般的な反応を考えよう．平衡における濃度が $[A_2] = 0.25\,M$, $[B_2] = 0.25\,M$, $[AB] = 0.50\,M$ のとき，この反応の平衡定数 K を求めよ．

$$A_2 + B_2 \rightleftharpoons 2AB$$

段階 1　釣合のとれた化学反応式から，この反応に対する平衡定数を表記する．それぞれの濃度項は，化学反応式の係数に等しい指数をもつべき乗で表すこと．

$$K = \frac{[AB]^2}{[A_2][B_2]}$$

段階 2　平衡定数の濃度項を，与えられた濃度で置き換え，K を計算する．

• 濃度は常に mol/L （M）単位で記載されるので，計算の間はこれらの単位を省略してよい．

$$K = \frac{[AB]^2}{[A_2][B_2]} = \frac{[0.50]^2}{[0.25][0.25]}$$
$$= \frac{(0.50) \times (0.50)}{0.0625} = \frac{0.25}{0.0625} = 4.0$$

平衡定数 K は 4.0 となる

例題 6・8　分子図を用いて平衡定数を計算する

釣合のとれた反応式 $A_2 + B_2 \rightarrow 2AB$ で表される反応を考える．以下の反応物と生成物の平衡混合物を表す分子図を用いて，この反応の平衡定数 K を求めよ．

解答

[1]　釣合のとれた化学反応式を用いて，この反応に対する平衡定数 K を表記する．

• 分子には唯一の生成物である AB の濃度を書く．釣合のとれた反応式において生成物 AB は係数 2 をもつので，濃度項に指数 2 をつける．

• 分母には二つの反応物 A_2 と B_2 の濃度項を掛け合わせて書く．

$$K = \frac{[AB]^2}{[A_2][B_2]}$$

[2]　平衡定数 K の濃度項に，分子図が示す反応物と生成物のそれぞれの分子数を代入する．

$$K = \frac{[AB]^2}{[A_2][B_2]} = \frac{(3\,分子のAB)^2}{(1\,分子のA_2)(1\,分子のB_2)} = \frac{9}{1} = 9$$

答　平衡定数 K は 9

練習問題 6・8　N_2 と H_2 から NH_3 が生成する反応の釣合のとれた反応式を以下に示す．平衡における濃度が $[N_2] = 0.12\,M$, $[H_2] = 0.36\,M$, $[NH_3] = 1.1\,M$ であるとき，この反応の平衡定数 K を求めよ．

$$N_2(g) + 3\,H_2(g) \rightleftharpoons 2\,NH_3(g)$$

窒素と水素をアンモニアに変換する反応（練習問題 6・8）は，きわめて重要な反応である．なぜなら，この反応によって，空気中の窒素分子が植物の肥料として利用できる窒素化合物 NH_3 に変換されるからである．20 世紀初期にドイツの化学者ハーバー（Fritz Haber）は，この反応を速やかに進行させ，良好な収率で NH_3 を与える触媒を開発した．この手法によって，世界的に増大する人口に対して食料を供給する大規模農業への道がひらかれたのである．

例題 6・9　**反応系が平衡であるかどうかを判定する**

以下の分子図は，平衡定数 $K = 4$ である反応 $A_2 + B_2 \rightleftarrows 2AB$ における反応混合物を示している．次の問いに答えよ．
(a) この反応系が平衡にあるかどうかを判定せよ．
(b) もしそうでなければ，平衡に到達するために反応はどちらの方向に進むか．

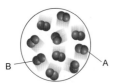

解答　(a) 平衡定数を表記し，濃度項にそれぞれの物質の分子数を代入した値を Q とすると，次の結果が得られる．

$$Q = \frac{[AB]^2}{[A_2][B_2]} = \frac{(4\,分子のAB)^2}{(4\,分子のA_2)(2\,分子のB_2)} = \frac{16}{8} = 2$$

この値は平衡定数（$K = 4$）よりも小さいので，この反応系は平衡にはない．

(b) 分子数を代入して得られた値は平衡定数よりも小さいので，生成物の量が平衡において存在するよりも少ない．このため反応はより多くの生成物 AB を生成するように右方向へ進む．

練習問題 6・9　以下の分子図は，平衡定数 $K = 8$ である反応 $A + B \rightleftarrows C + D$ における反応混合物を示している．次の問いに答えよ．
(a) この反応系が平衡にあるかどうかを判定せよ．
(b) もしそうでなければ，平衡に到達するために反応はどちらの方向に進むか．

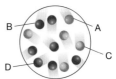

6・6　ルシャトリエの原理

反応系が平衡にあり，そこで変化があったとき，何が起こるだろうか．たとえば，平衡にある反応混合物の温度が上昇したり，あるいはいくらかの反応物が添加されたとき，何が起こるだろうか．反応条件における変化が平衡に及ぼす効果を説明するための一般的な規則として，**ルシャトリエの原理**が用いられる．ルシャトリエの原理は次のように表すことができる．

ルシャトリエの原理 Le Châtelier's principle

- 平衡にある反応系が乱された，あるいは圧迫を受けたとき，その系では乱れを打消す，あるいは圧迫をやわらげる方向へ反応が進行する．

以下に，反応における濃度，温度，圧力の変化が平衡に及ぼす効果を検討しよう．

6・6A　濃度の変化

一酸化炭素 CO と酸素 O_2 から二酸化炭素 CO_2 が生成する反応を考えよう．

$$2\,CO(g) + O(g) \rightleftarrows 2\,CO_2(g)$$

反応物と生成物が平衡にあるとき，もし CO の濃度が増大したら何が起こるだろうか．CO の濃度の増大により平衡は乱され，結果として，正反応の速度が増大し，より多くの CO_2 が生成する．すなわち，反応物を添加することは，平衡を右へ移動させるとみなすことができる．

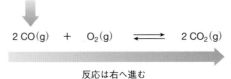

さらに反応物を添加すると

$$2\,CO(g) \quad + \quad O_2(g) \quad \rightleftarrows \quad 2\,CO_2(g)$$

反応は右へ進む

反応系が再び平衡に到達すると，CO_2 と CO の濃度はどちらも，CO を添加する前よりも高くなる．O_2 は添加された CO と反応するので，平衡における新たな濃度は低くなる．反応物と生成物の濃度は CO を添加する前とは異なるけれども，K の値は同じになる．

$$CO \text{ を添加すると} \quad 2\,CO(g) + O_2(g) \rightleftharpoons 2\,CO_2(g) \quad O_2 \text{ は減少し } CO_2 \text{ は増加する}$$

図6・6には他の反応について，分子図を用いて添加された反応物の効果を示した．

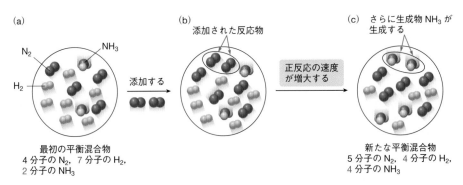

図 6・6　**反応 $N_2 + 3H_2 \rightleftharpoons 2NH_3$ の平衡に及ぼす反応物の添加効果.** (a) 最初の平衡混合物は，4分子の N_2，7分子の H_2，2分子の生成物 NH_3 を示している．(b) さらに反応物 N_2 が添加されると平衡が乱される．正反応の速度が増大し，さらに NH_3 が生成する．(c) 新たな平衡混合物では NH_3 の量が4分子に増大する．反応物 H_2 は NH_3 の生成に使われるため，H_2 の量は4分子に減少する．

さて，生成物 CO_2 の濃度が増大したら何が起こるだろうか．この場合も平衡は乱されるが，生成物の量が平衡において存在するよりも多くなる．結果として，逆反応の速度が増大し，両方の反応物 CO と O_2 がさらに生成する．すなわち，生成物を添加することは，平衡を左へ移動させるとみなすことができる．

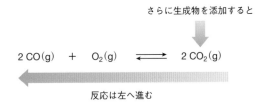

反応系が再び平衡に到達すると，CO, O_2, CO_2 の濃度はいずれも，CO_2 を添加する前よりも高くなる．反応物と生成物の濃度が異なっていても，K の値は同じになる．

$$CO_2 \text{ を添加すると} \quad 2\,CO(g) + O_2(g) \rightleftharpoons 2\,CO_2(g) \quad CO \text{ は増加し } O_2 \text{ も増加する}$$

反応物あるいは生成物の濃度を減少させたときの効果についても，同じ議論を適用することができる．$K < 1$ であり，平衡における生成物の濃度が高くないとき，生成物が生成するとともに，それを反応混合物から除去する場合がある．たとえば，エタノール C_2H_6O は，少量の酸の存在下でエチレン $CH_2{=}CH_2$ と水へ変換することがで

きるが, この平衡は生成物が有利ではない.

$$C_2H_6O \rightleftharpoons \begin{array}{c} H \quad\quad H \\ \diagdown\quad\diagup \\ C=C \\ \diagup\quad\diagdown \\ H \quad\quad H \end{array} + H_2O$$

エタノール

生成物を除去すると

反応は右に進む

　この場合, 水が生成するとともに, それを反応混合物から除去することが行われる. 一つの生成物の濃度が減少すると, 正反応の速度が増大し, より多くの生成物を与える結果となる. すなわち, 生成物の濃度の減少は, 平衡を右へ移動させる. 水を連続的に除去すれば, 実質的にすべての反応物を生成物へ変換することができる.

例題 6・10　平衡に対する濃度変化の効果を決定する

次に示す可逆反応について考えよう. 以下のそれぞれの濃度変化に対して, 平衡はどちらの方向に移動するか.

$$2\,SO_2(g) + O(g) \rightleftharpoons 2\,SO_3(g)$$

(a) $[SO_2]$ を増大させる　　(b) $[SO_3]$ を増大させる
(c) $[O_2]$ を減少させる　　(d) $[SO_3]$ を減少させる

解答　ルシャトリエの原理を用いて, 平衡に対する濃度変化の効果を予想する.
(a) 反応物 SO_2 の濃度を増大させると平衡は右へ移動し, より多くの生成物が生成する.
(b) 生成物 SO_3 の濃度を増大させると平衡は左へ移動し, より多くの反応物が生成する.

(c) 反応物 O_2 の濃度を減少させると平衡は左へ移動し, より多くの反応物が生成する.
(d) 生成物 SO_3 の濃度を減少させると平衡は右へ移動し, より多くの生成物が生成する.

練習問題 6・10　次に示す可逆反応について考えよう. 以下のそれぞれの濃度変化に対して, 平衡はどちらの方向に移動するか.

$$H_2(g) + Cl_2(g) \rightleftharpoons 2\,HCl(g)$$

(a) $[H_2]$ を増大させる　　(b) $[HCl]$ を増大させる
(c) $[Cl_2]$ を減少させる

6・6B　温度の変化

　平衡に対して, 温度の変化がどのような効果をもつかを予測するためには, 反応が発熱反応であるか, あるいは吸熱反応であるかを知らなければならない.

- 温度が上昇すると, 熱を吸収する反応が有利になる.
- 温度が低下すると, 熱を放出する反応が有利になる.

　たとえば, N_2 と O_2 から NO が生成する反応は吸熱反応である ($\Delta_r H = +180\,kJ/mol$). 吸熱反応は熱を吸収するので, 温度が上昇すると, 正反応の速度が増大し, より多くの生成物が生成する. 平衡は右へ移動する.

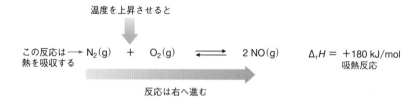

温度を上昇させると

この反応は → $N_2(g)$ ＋ $O_2(g)$ $\rightleftharpoons$ $2\,NO(g)$ 　　$\Delta_r H = +180\,kJ/mol$
熱を吸収する　　　　　　　　　　　　　　　　　　　　　　　　吸熱反応

反応は右へ進む

　一方, N_2 と H_2 から NH_3 が生成する反応は発熱反応である ($\Delta_r H = -92\,kJ/mol$). 発熱反応では温度が上昇すると, 逆反応の速度が増大し, より多くの反応物

が生成する．温度が上昇すると，熱を吸収する反応，すなわちこの場合には逆反応が
有利となり，平衡は左へ移動する．

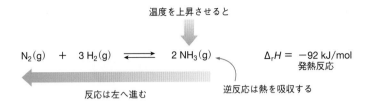

例題 6・11 平衡に対する温度変化の効果を決定する

釣合のとれた反応式 $A_2 + B_2 \rightleftarrows 2AB$ で表される反応を考えよ
う．以下の分子図 [1] と [2] は，それぞれ二つの異なる温度
T_1 と T_2 における平衡混合物を示している．$T_2 > T_1$ であると
き，この反応は吸熱反応か，それとも発熱反応か．

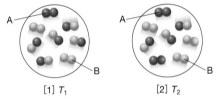

[1] T_1 　　　　[2] T_2

解答 それぞれの温度における生成物と反応物の分子数を調
べ，ルシャトリエの原理を適用する．

• 吸熱反応では温度が上昇すると，平衡は生成物に有利となる．
• 発熱反応では温度が上昇すると，平衡は反応物に有利となる．
　T_1 では，生成物 AB は 5 分子，反応物は 3 分子（1 個の A_2
と 2 個の B_2）が存在する．一方，T_2 では，生成物 AB は 3 分
子だけであり，反応物は 5 分子（2 個の A_2 と 3 個の B_2）が存
在する．温度がより低い T_1 のほうが，生成物の分子数が多い
ので，この反応は発熱反応である．

練習問題 6・11 SO_2 と O_2 から SO_3 が生成する反応は発熱反
応である．次のそれぞれの場合，平衡はどちらの方向へ移動す
るか．
(a) 温度を上昇させる 　　(b) 温度を低下させる

6・6C 圧力の変化

　反応に含まれる物質が気体であり，反応物の物質量の全量と生成物の物質量の全量
が異なるとき，圧力の変化が平衡に影響を及ぼす．

• 圧力を増大させると，平衡は，物質量の全量を減少させて圧力を減少させる方向に移
　動する．
• 圧力を減少させると，平衡は，物質量の全量を増大させて圧力を増大させる方向に移
　動する．

圧力は単位面積当たりに働く力であ
る．圧力については，7 章で詳しく述
べる．

　N_2 と H_2 から NH_3 が生成する反応では，反応物の物質量の全量は 4 mol であるが，
生成物は 2 mol しかない．この場合，反応系の圧力を増大させると，生成物の物質量
のほうが少ないので，平衡は右へ移動する．

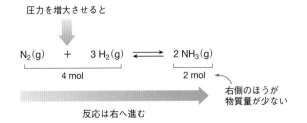

　一方，この反応において反応系の圧力を減少させると，反応物の物質量のほうが多

体　温

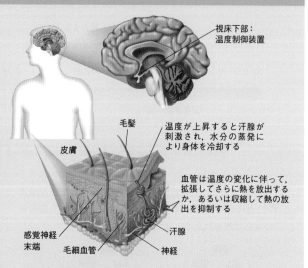

　人体における通常の体温は 37 ℃ である．これは，すべての反応や他の過程において，吸収される熱量と放出される熱量の間の微妙な釣合を反映している．

　温度の上昇に伴って反応速度は増大するので，正しい温度を維持することは，適切な身体機能にとってきわめて重要である．温度が上昇すると，反応はより速い速度で進行する．速やかな代謝過程に対して酸素を供給するために，私たちはより速く呼吸しなければならないし，心臓はより激しく拍動しなければならない．一方，温度が低下すると，反応速度は減少するので，発熱反応において発生する熱量も減少し，適切な体温を維持することがだんだん困難になる．

　体温の調節は脳や循環系，および皮膚がかかわる複雑な機構によって行われる（右図）．温度の変化があると，皮膚や体内にある温度センサーが信号を発する．つづいて，身体はルシャトリエの原理に似た方法で，その環境の変化に応答する．

　身体における感染はしばしば発熱，すなわち体温の上昇を伴う．発熱は，病原菌を殺す防御的な反応の速度を増大させるための身体の応答の一部である．速やかな反応に必要なより多くの酸素を供給するために，呼吸数や心拍数も増大する．

体温の調節． 身体の周囲の外界の温度が変化すると，身体はその変化をやわらげるように機能する．視床下部はサーモスタットとしての役割を果たし，身体に温度変化に応答するように信号を送る．温度が上昇すると，身体は血管の拡張や発汗によって，過剰の熱を散逸させなければならない．一方，温度が低下すると，血管が収縮し，身体はぶるぶると震える．

いので，平衡は左へ移動する．

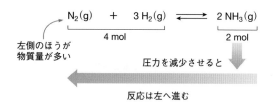

表 6・4 には平衡が移動する方向に対する反応条件の変化の効果をまとめた．

表 6・4　平衡に対する反応条件の変化の効果

	変化	平衡に対する効果
濃度	・反応物の添加	平衡は生成物が有利となる
	・反応物の除去	平衡は反応物が有利となる
	・生成物の添加	平衡は反応物が有利となる
	・生成物の除去	平衡は生成物が有利となる
温度	・温度を上昇	吸熱反応では，平衡は生成物が有利となる 発熱反応では，平衡は反応物が有利となる
	・温度を低下	吸熱反応では，平衡は反応物が有利となる 発熱反応では，平衡は生成物が有利となる
圧力	・圧力を上昇	平衡は物質量が少ない側が有利となる
	・圧力を減少	平衡は物質量が多い側が有利となる

例題 6・12　平衡に対する圧力変化の効果を決定する

次に示す反応について考えよう．以下のそれぞれの場合，平衡はどちらの方向へ移動するか．

$$H-C\equiv C-H(g) + 2\,H_2(g) \rightleftharpoons C_2H_6(g)$$

(a) 圧力を増大させる
(b) 圧力を減少させる

解答　この反応では，反応物の物質量の全量は 3 mol であり，生成物は 1 mol しかない．
(a) 圧力を増大させると，平衡は物質量がより少ない方向，すなわち右へ移動する．
(b) 圧力を減少させると，平衡は物質量がより多い方向，すなわち左へと移動する．

練習問題 6・12　次に示す反応について考えよう．以下のそれぞれの場合，平衡はどちらの方向へ移動するか．

$$C_2H_4(g) + Cl(g) \rightleftharpoons C_2H_4Cl_2(g)$$

(a) 圧力を増大させる　　(b) 圧力を減少させる

7

気体，液体，固体

熱気球はシャルルの法則を示している. 気球内部の空気を加熱すると, 空気は膨張して気球をみたす. 気球内部の空気の密度が周囲の空気よりも低くなると, 気球は上昇する.

7 章では, 気体, 液体, および固体の性質を学ぶ. 胸郭と横隔膜を広げると, 肺に空気が引込まれるのはなぜだろうか. 食物の容器を電子レンジで温めると, 容器のふたがポンと開くのはなぜだろうか. 汗をかくと, 身体が冷えるのはなぜだろうか. このような疑問に答えるためには, 物質の三つの状態と, それらの間の変換に伴うエネルギー変化について理解しなければならない.

7・1　物質の三態

§1・2ですでに学んだように, 物質はふつう三つの状態, すなわち**気体**, **液体**, **固体**の状態で存在する. これら三つの状態を**物質の三態**という.

- 気体の粒子は互いに遠く離れて存在しており, 互いに独立して速やかに運動している.
- 液体の粒子は互いに比較的接近して存在しているが, 動き回ることができるため, 粒子の配列には秩序性がない. 液体の粒子は互いに引力的な相互作用を及ぼすことができるほど, 十分に接近している.
- 固体の粒子 (原子, 分子, イオン) は互いに近接して存在し, しばしば高度に秩序化した配列をもっている. 固体の粒子は引力的な相互作用によって互いに結びつけられており, 運動の自由度はほとんどない.

図7・1に示すように, 空気は大多数の窒素 N_2 と酸素 O_2, および少数のアルゴン

表 7・1　気体, 液体, 固体の性質

性　質	気　体	液　体	固　体
形状と体積	広がって容器をみたす	決まった体積をもつが, 容器の形状をとる	一定の形状と体積をもつ
粒子の配列	無秩序に配列し組織的でなく, 互いに離れている	無秩序に配列しているが, 互いに近接している	きわめて近接した粒子が一定の配列をもつ
密度	低い (<0.01 g/mL)	高い (約 1 g/mL)	高い (1〜10 g/mL)
粒子の運動	非常に速い	中程度	遅い
粒子間の相互作用	ない	強い	非常に強い

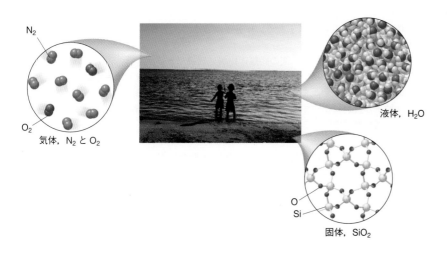

N_2

O_2

気体, N_2 と O_2

液体, H_2O

O

Si

固体, SiO_2

Ar, 二酸化炭素 CO_2, 水 H_2O からなり, それらは速やかに動き回っている. 液体の水は, 特定の秩序をもたない H_2O 分子からなる. 砂は二酸化ケイ素 SiO_2 からなる固体であり, それは Si−O 共有結合の三次元網目構造から構成されている.

　物質が気体, 液体, 固体のどの状態で存在するかは, その粒子がもつ運動エネルギーと粒子間に働く相互作用の強さとの釣合に依存する. 気体では, 粒子の運動エネルギーが大きく, 粒子は互いに遠く離れて存在している. その結果, 粒子間に働く引力は無視でき, 気体の粒子は自由に運動する. 液体では, 粒子間に働く引力によって粒子は近くに保持されているので, 気体に比べて粒子間の距離も運動エネルギーもずっと小さい. 固体では, 粒子間の引力が液体よりもさらに強いため, 個々の粒子の間の距離は小さく, 運動の自由度もほとんどない. 表7・1に気体, 液体, 固体の性質をまとめた.

7・2 気体と圧力

　風に向かって自転車をこいだことがある者なら誰でも知っているが, たとえ空気の分子を見ることができなくても, 空気中を動くときにその存在を感じることができる.

　大気に含まれる簡単な気体, すなわち酸素 O_2, 二酸化炭素 CO_2, オゾン O_3 はいずれも生命にとって必須の物質である. O_2 は地球の大気の21%を構成し, 炭水化物をエネルギーに変換する代謝過程において必要となる. 緑色植物は大気の微量成分である CO_2 を原料として, 光合成により太陽光エネルギーを炭水化物分子の結合エネルギーとして貯蔵している. O_3 は上層大気における保護遮蔽層を形成しており, 太陽からの有害な電磁波を吸収し, それを地球表面に到達させない役割を果たしている.

7・2A 気体の性質

　貴ガスのヘリウムはヘリウム原子から形成され, 酸素は二原子分子の O_2 から形成されており, これらの化学的なふるまいは異なっている. しかし, これらを含むすべての気体のほとんどの物理的性質は, **気体分子運動論**とよばれる一組の理論によって説明することができる. この理論は次に述べる前提に基づいている.

気体分子運動論 kinetic-molecular theory of gas

- 気体は粒子，すなわち原子あるいは分子からなり，無秩序に，速やかに運動している．
- 気体粒子の大きさは，粒子間の距離に比べて無視できる．
- 気体粒子間の距離は長いので，気体粒子は互いの間で引力を及ぼさない．
- 気体粒子の運動エネルギーは，温度の上昇とともに増大する．
- 気体粒子が互いに衝突すると，それらは跳ね返り，新しい方向へと運動する．気体粒子が容器の壁に衝突すると，それらは圧力を及ぼす．

　気体粒子の運動は速いので，二つの気体は速やかに混合する．また，気体を容器に入れると，気体粒子は速やかに運動して容器全体をみたす．

7・2B　気体の圧力

　多数の気体粒子が表面に衝突すると，それらは観測できる大きさの圧力を及ぼす．圧力 P は，気体粒子が表面に衝突したとき，単位面積当たりに及ぼす力である．すなわち，面積 A に及ぼす力を F とすると次式が成り立つ．

$$圧力 = \frac{力}{面積} = \frac{F}{A}$$

　気体の圧力は，気体粒子が衝突する数に依存する．衝突の数を増大させる要因は，圧力を増大させる要因となる．大気を構成するすべての気体粒子は，集団として地球の表面に**大気圧**を及ぼしている．大気圧の値は場所によって異なり，標高が増大する

大気圧 atmospheric pressure

血　圧

　患者の血圧を測定することは，多数の身体検査のうちで最も重要なものの一つである．血圧は**血圧計**（sphygmomanometer）とよばれる装置を用いて，一般に上腕の動脈における圧力を測定する．血圧の表示は，120/80 のように二つの数字から構成される．ここで両方の値は mmHg 単位で示された圧力を表す．高いほうの値は収縮期圧であり，心臓が収縮した直後の動脈における最大の圧力に対応する．低いほ

うの値は拡張期圧であり，心筋が弛緩したときの最小の圧力を示している．望ましい収縮期圧と拡張期圧は，それぞれ 120 mmHg，80 mmHg である．図に血圧の測定方法を示す．
　患者の収縮期圧が日常的に 140 mmHg 以上であるか，あるいは拡張期圧が 90 mmHg 以上であるとき，その患者は**高血圧症**（hypertension）であるといわれる．確実に，高血圧は心臓発作の危険性を増大させる．

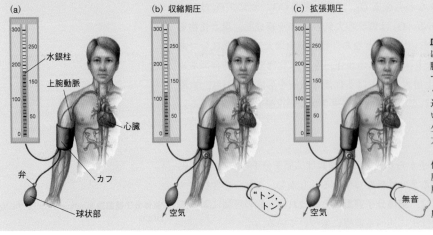

(a)
水銀柱
上腕動脈
心臓
弁
カフ
球状部

(b) 収縮期圧
"トン・トン"
空気

(c) 拡張期圧
無音
空気

血圧の測定.（a）血圧を測定するために，カフとよばれる袋状のベルトを上腕に巻いて膨らませ，聴診器を用いて，上腕動脈を流れる血流の音を聞く．カフの圧力が高いときは動脈が圧迫され，血液は腕の下方には流れない．（b）ゆっくりとカフの圧力を減少させ，血液が動脈に噴出し始める圧力に到達すると，聴診器を通してトントンという音が聞こえる．このときの値が収縮期圧に対応する．（c）カフの圧力をさらに低下させ，血液が再び動脈を自由に流れるようになると，トントンという音は消失する．このときの圧力が拡張期圧となる．

とともに減少する．また大気圧は，天候に依存して毎日わずかに変動する．

　大気圧の測定には，**気圧計**を用いる（図7・2）．気圧計は，一端を封じたガラス管に水銀 Hg をみたし，水銀の入った皿に倒立させたものである．ガラス管の中の水銀によって下方向に及ぼされる圧力は，皿の中の水銀上に及ぼされる大気圧に等しい．したがって，ガラス管内部の水銀の高さから，大気圧を測定することができる．海面での大気圧は，高さ 760 mm の水銀柱に相当する．

　圧力にはさまざまな単位が用いられている．最もよく用いられる二つの単位は，気圧 atm と水銀柱ミリメートル mmHg であり，1 atm = 760 mmHg の関係がある．1 mmHg は 1 Torr（トルと読む）とよばれることもある．また圧力は，パスカル Pa を単位として表記されることもある．1 mmHg = 133.32 Pa である．

$$1\ \text{atm} = 760\ \text{mmHg} = 760\ \text{Torr} = 101{,}325\ \text{Pa}$$

　ある単位で表された圧力の値を別の単位に変換するには，変換因子を設定し，例題 7・1 に示す方法を用いる．

気圧計 barometer

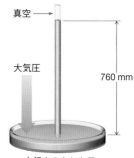

図 7・2　**気圧計：大気圧を測定するための装置**．大気圧は気圧計を用いて測定する．皿に入った水銀 Hg に及ぼす空気の圧力が，閉じたガラス管の中の水銀を大気圧に等しい高さになるまで押上げる．

例題 7・1　ある単位で表された圧力を別の単位に変換する

スキューバダイバーが潜水を開始するとき，155,000 mmHg に加圧された空気タンクを用いる．この値を，atm（a），Pa（b）を単位とする値に変換せよ．
解答　(a) 変換因子を用いて，もとの値（155,000 mmHg）を求めるべき単位（atm）をもつ値へ変換する．

$$155{,}000\ \cancel{\text{mmHg}} \times \frac{1\ \text{atm}}{760\ \cancel{\text{mmHg}}} = 204\ \text{atm}$$

mmHg が消去される

答　204 atm

(b) 変換因子を用いて，もとの値（155,000 mmHg）を求めるべき単位（Pa）をもつ値へ変換する．

$$155{,}000\ \cancel{\text{mmHg}} \times \frac{133.32\ \text{Pa}}{1\ \cancel{\text{mmHg}}} = 2.07 \times 10^{7}\ \text{Pa}$$

mmHg が消去される

答　2.07×10^{7} Pa

練習問題 7・1　次の圧力の値を，指定された単位をもつ値へと変換せよ．
(a) 3.0 atm を mmHg 単位へ　　(b) 720 mmHg を Pa 単位へ
(c) 424 mmHg を atm 単位へ

米国でよく用いられる単位は，ポンド毎平方インチ psi（pound per square inch）であり，1 atm = 14.7 psi である．日本でも自動車のタイヤの空気圧などに使われている．

7・3　圧力，体積，温度を関係づける気体の法則

　気体のふるまいを議論するときには，圧力 P，体積 V，温度 T，物質量 n の四つの変数が重要となる．これらの変数の関係は**気体の法則**とよばれる式によって記述することができ，それによって条件の変化に伴うすべての気体のふるまいを予測できる．圧力，体積，温度の相互関係を表す気体の法則には，次の三つがある．

気体の法則 gas laws

- 圧力と体積を関係づけるボイルの法則
- 体積と温度を関係づけるシャルルの法則
- 圧力と温度を関係づけるゲイ=リュサックの法則

ボイルの法則 Boyle's law

7・3A　ボイルの法則：気体の圧力と体積の関係

ボイルの法則は気体の圧力が変化したとき，体積がどのように変化するかを表す．

> • ボイルの法則によると，一定の量の気体に対して，温度が一定のとき，気体の圧力と体積は反比例の関係がある．

二つの量の間に反比例の関係があるときには，一方の量が減少すると他方の量は増大する．しかし，二つの量の積は一定であり，それを記号 k で表すと，次式が成り立つ．

圧力が増大すると　　　　体積は減少する

$$圧力 \times 体積 = 定数$$

$$PV = k$$

シリンダーに入った気体を考えよう．シリンダーの体積が減少すると，気体粒子の密度は増大するから，より多くの衝突が起こり，その結果，圧力が増大する．たとえば，シリンダーに入れた気体の体積が半分になれば，シリンダー内部の気体の圧力は2倍になる．同数の気体粒子が半分の体積を占めるので，2倍の圧力を及ぼすことになる．

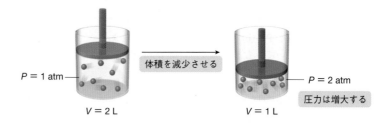

$P = 1\,\text{atm}$　　体積を減少させる　　$P = 2\,\text{atm}$

$V = 2\,\text{L}$　　　　圧力は増大する　　$V = 1\,\text{L}$

もし，最初の一組の条件における圧力と体積（P_1 と V_1）がわかれば，圧力と体積の積が一定であるので，別の一組の条件における圧力あるいは体積（P_2 あるいは V_2）を求めることができる．

$$P_1V_1 = P_2V_2$$

最初の条件　　　　新しい条件

How To　ボイルの法則を用いて新たな気体の体積あるいは圧力を求める方法

例　体積 4.0 L の容器に入れたヘリウムガスの圧力が 10.0 atm のとき，気体の体積を 6.0 L に増大させたときの圧力を求めよ．

段階 1　わかっている量と求めるべき量を明確にする．

• ボイルの法則を用いた式を解くためには，三つの量がわかっており，残りの一つの量を求めなければならない．この問題では P_1, V_1, V_2 がわかっており，最終的な圧力 P_2 を求めることになる．

$$P_1 = 10.0\,\text{atm}$$
$$V_1 = 4.0\,\text{L} \qquad V_2 = 6.0\,\text{L} \qquad\qquad P_2 = \ ?$$

わかっている量　　　　　　求めるべき量

段階2　式を書き，一方の辺が求めるべき量だけになるように書き換える．

• ボイルの法則を表す式を，一方の辺が未知の量 P_2 だけになるように再配列する．

$$P_1V_1 = P_2V_2 \qquad 両辺を V_2 で割り，P_2 について解く$$

$$\frac{P_1V_1}{V_2} = P_2$$

（つづく）

段階3　式に値を代入し，解答を得る．

- わかっている量を式に代入し，P_2 を求める．不必要な単位が消去されるように，同じ種類の量に対しては同一の単位（この場合は L）を用いなければならない．

$$P_2 = \frac{P_1 V_1}{V_2} = \frac{(10.0\ \text{atm})(4.0\ \text{L})}{6.0\ \text{L}} = 6.7\ \text{atm}$$

L が消去される

圧力は 6.7 atm となる．

- この例では，体積が増大するので圧力は減少する．

問題 7・1　圧力 4.0 atm，体積 2.0 L の窒素ガスの試料がある．この試料の圧力を 2.5 atm に変化させたとき，この気体が占める体積は何 L か．また，この試料の体積を 100.0 mL に減少させたとき，この気体が及ぼす圧力は何 atm か．

7・3B　シャルルの法則：気体の体積と温度の関係

すべての気体は加熱すると膨張し，冷却すると収縮する．**シャルルの法則**は気体のケルビン温度が変化したとき，体積がどのように変化するかを表す．

シャルルの法則 Charles' law

- **シャルルの法則**によると，一定の量の気体に対して，圧力が一定のとき，気体の体積はそのケルビン温度に比例する．

体積と温度は比例する．すなわち，一方の量が増大すると，他方も同様に増大する．したがって，体積を温度で割ると一定の値 k になる．

$$\frac{V}{T} = k$$

温度が上昇すると，気体粒子の運動エネルギーが増大するため，それらはより速やかに運動して広がり，より大きな体積を占めるようになる．気体の法則に関する計算を行うときには，温度はケルビン温度を用いなければならないことに注意しよう．℃および℉単位で与えられた温度は，計算を行う前に K（ケルビン）単位に変換しな

ある温度単位を別の温度単位に変換する式は，§1・8に示してある．

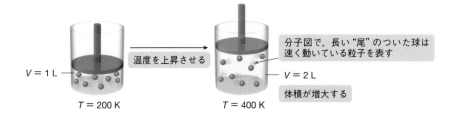

分子図で，長い"尾"のついた球は速く動いている粒子を表す

$V = 1\ \text{L}$　温度を上昇させる　$V = 2\ \text{L}$
体積が増大する
$T = 200\ \text{K}$　$T = 400\ \text{K}$

ボイルの法則と呼吸

ボイルの法則によって，呼吸する際に胸郭と横隔膜を拡張したり，収縮したりすることで，空気が肺に吸引されたり，肺から排出されたりする理由が説明される．

ヒトが息を吸込むときには，胸郭を拡張させ，横隔膜を下げることにより，肺の体積を増大させる．肺の体積が増大すると，ボイルの法則に従って肺の内部の圧力が低下する．圧力の低下によって，空気が肺に引込まれる（図a）．

ヒトが息を吐出すときには，胸郭を収縮させ，横隔膜を上げることにより，肺の体積を減少させる．体積が減少すると，肺の内部の圧力が増大し，空気が外界へと放出される

（図 b）．

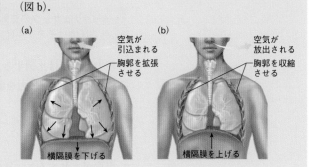

ければならない.

　気体の体積を温度で割ると定数になる. したがって, 最初の一組の条件における体積と温度 (V_1 と T_1) がわかると, 体積あるいは温度が変化したとき, 別の一組の条件における体積あるいは温度 (V_2 あるいは T_2) を求めることができる.

$$\frac{V_1}{T_1} = \frac{V_2}{T_2}$$

最初の条件　　新しい条件

　この種の問題を解くためには, §7・3A の How To に概要を示した方法と同じ三つの段階に従えばよい. ただし, §7・3A の How To では段階 2 においてボイルの法則の式を用いたが, その代わりにシャルルの法則の式を用いる点だけが異なる. 例題 7・2 でこの方法を示してみよう.

例題 7・2　シャルルの法則を用いて気体の体積を求める

25 ℃ で体積 0.50 L の空気を含む風船を, −196 ℃ に冷却した. このときの風船が占める体積を求めよ.

解答

[1]　わかっている量と求めるべき量を明確にする.

$$V_1 = 0.50 \text{ L}$$
$$T_1 = 25 \text{ ℃} \quad T_2 = −196 \text{ ℃} \qquad V_2 = ?$$

わかっている量　　　　求めるべき量

• 与えられた温度はいずれも, 式 $T_K = T_C + 273$ を用いて, ケルビン温度に変換しなければならない.

• $T_1 = 25 \text{ ℃} + 273 = 298 \text{ K}$

• $T_2 = −196 \text{ ℃} + 273 = 77 \text{ K}$

[2]　式を書き, 一方の辺が求めるべき量 V_2 だけになるように書き換える.

• シャルルの法則を用いる.

$$\frac{V_1}{T_1} = \frac{V_2}{T_2}$$ 両辺に T_2 を掛け, V_2 について解く

$$\frac{V_1 T_2}{T_1} = V_2$$

[3]　式に値を代入し, 解答を得る.

• 三つのわかっている量を式に代入し, V_2 を求める.

$$V_2 = \frac{V_1 T_2}{T_1}$$
$$= \frac{(0.50 \text{ L})(77 \text{ K})}{298 \text{ K}} = 0.13 \text{ L}$$

K が消去される

答　0.13 L

• 温度が低下するので, 気体の体積も同様に減少する.

練習問題 7・2　(a) 温度 45 K, 体積 25.0 L の気体を 450 K に加熱した. この気体が占める体積は何 L か.
(b) 温度 400.0 ℃, 体積 50.0 mL の気体を, 50.0 ℃ に冷却した. この気体が占める体積は何 L か.

7・3C　ゲイ=リュサックの法則: 気体の圧力と温度の関係

ゲイ=リュサックの法則 Gay-Lussac's law

　ゲイ=リュサックの法則は気体のケルビン温度が変化したとき, 圧力がどのように変化するかを表す.

• ゲイ=リュサックの法則によると, 一定の量の気体に対して, 体積が一定のとき, 気体の圧力はそのケルビン温度に比例する.

　圧力と温度は比例する. すなわち, 一方の量が増大すると, 他方も同様に増大する. したがって, 圧力を温度で割ると, 一定の値 k になる.

$$\frac{P}{T} = k$$

　温度が上昇すると, 気体粒子の運動エネルギーが増大するため, 衝突の数が増加

し，それらが及ぼす力が増大する．体積が一定に保たれるならば，気体粒子が及ぼす圧力が増大する．

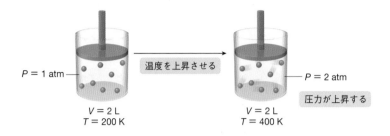

ゲイ=リュサックの法則によって，食物の容器を電子レンジで温めると容器のふたがポンと開く理由が説明される．温度が上昇すると容器内部の気体の圧力が増大し，それによって容器のふたがポンと開いて，速やかに運動している気体粒子が開放される．

気体の圧力を温度で割ると定数になるので，最初の一組の条件における圧力とケルビン温度（P_1 と T_1）がわかると，圧力あるいは温度が変化したとき，別の一組の条件における圧力あるいは温度（P_2 あるいは T_2）を計算できる．

$$\frac{P_1}{T_1} = \frac{P_2}{T_2}$$

最初の条件　　新しい条件

この種の問題を解くためには，§7・3A の How To に概要を示した方法と同じ三つの段階に従えばよい．ただし，段階2においてゲイ=リュサックの法則の式を用いる．

圧力調理器を用いると調理時間が短くなる．これは高温で調理されることによって，加熱調理における反応の速度が増大したためである．

問題 7・2　圧力調理器は密閉した容器の中で食物を調理する器具である．一定の体積で圧力調理器の内容物を加熱すると，調理器内部の圧力は増大する．最初に調理器内部の水蒸気が 100.0 ℃，1.00 atm であるとすると，最終的な圧力が 1.05 atm に上昇したときの水蒸気の温度は何 ℃ になるか．

7・3D　ボイル-シャルルの法則

三つの気体の法則，すなわちボイルの法則，シャルルの法則，ゲイ=リュサックの法則は一つの式に組合わせることができる．この式は気体の圧力，体積，温度を関係づける式であり，一般にボイル-シャルルの法則とよばれる．

$$\frac{P_2 V_2}{T_2} = \frac{P_1 V_1}{T_1}$$

最初の条件　　新しい条件

ボイル-シャルルの法則 Boyle-Charles' law

ボイル-シャルルの法則は，気体の最初の状態と最後の状態における圧力，体積，温度を関係づける六つの項を含んでいる．したがって，気体の物質量 n が一定である限り，他の五つの量がわかっていれば，この法則を用いて残りの一つの量を計算することができる．すなわち，この法則は二つの因子，たとえば圧力と温度を変化させたときの，第三の因子，この場合は体積に対する効果を決定するために用いることができる．

この種の問題は，§7・3A の How To に概要を示した方法と同じ三つの段階に従って解くことができる．ただし，段階2においてボイル-シャルルの法則の式を用いる．例題7・3でこの方法を示してみよう．また，表7・2には，§7・3で示した気体の法

則に関する式をまとめた.

表 7・2 圧力, 体積, 温度を関係づける気体の法則

法　則	式	関　係
ボイルの法則	$P_1V_1 = P_2V_2$	T と n が一定のとき, P が増大すると V は減少する
シャルルの法則	$\dfrac{V_1}{T_1} = \dfrac{V_2}{T_2}$	P と n が一定のとき, T が増大すると V も増大する
ゲイ=リュサックの法則	$\dfrac{P_1}{T_1} = \dfrac{P_2}{T_2}$	V と n が一定のとき, T が増大すると P も増大する
ボイル-シャルルの法則	$\dfrac{P_1V_1}{T_1} = \dfrac{P_2V_2}{T_2}$	ボイル-シャルルの法則は, 物質量 n が一定のときの P, V, T の関係を表す

例題 7・3 ボイル-シャルルの法則を用いた計算を行う

温度 20.0 ℃, 圧力 760 mmHg において 222 L のヘリウムを含む気象観測用の気球がある. この気球が温度 −40.0 ℃, 圧力 540 mmHg の上空に上昇したときの気球の体積を求めよ.

解答

[1] わかっている量と求めるべき量を明確にする.

$P_1 = 760$ mmHg　　$P_2 = 540$ mmHg
$T_1 = 20.0$ ℃　　　$T_2 = -40.0$ ℃
$V_1 = 222$ L　　　　　　　　　$V_2 = ?$
　　　わかっている量　　　　　　　求めるべき量

• 与えられた温度はいずれも, ケルビン温度に変換しなければならない.
• $T_1 = T_C + 273 = 20.0\,℃ + 273 = 293$ K
• $T_2 = T_C + 273 = -40.0\,℃ + 273 = 233$ K

[2] 式を書き, 一方の辺が求めるべき量 V_2 だけになるように書き換える.
• ボイル-シャルルの法則を用いる.

$$\frac{P_1V_1}{T_1} = \frac{P_2V_2}{T_2} \quad \text{両辺に } \frac{T_2}{P_2} \text{ を掛け, } V_2 \text{ について解く}$$

$$\frac{P_1V_1T_2}{T_1P_2} = V_2$$

[3] 解答を得る.
• 五つのわかっている量を式に代入し, V_2 を求める.

$$V_2 = \frac{P_1V_1T_2}{T_1P_2} = \frac{(760\ \text{mmHg})(222\ \text{L})(233\ \text{K})}{(293\ \text{K})(540\ \text{mmHg})} = 248.5\ \text{L}$$

K と mmHg が消去される

答　気球の体積は 248.5 L, 四捨五入して 250 L

練習問題 7・3 体積 1.0 L の風船の内部の圧力は 25 ℃ で 750 mmHg であった. この風船を −40.0 ℃ に冷却し, 体積を 2.0 L に膨張させたとき, 風船の内部の圧力は何 mmHg になるか.

7・4 アボガドロの法則: 気体の体積と物質量の関係

§7・3 で説明したそれぞれの法則は, 一定の量の気体に対する法則であった. すなわち, 気体の物質量 n は変化しなかった. 気体の物質量とその体積の間の関係は, **アボガドロの法則**によって表される.

アボガドロの法則 Avogadro's law

• アボガドロの法則によると, 圧力と温度が一定のとき, 気体の体積はその物質量に比例する.

気体の物質量が増大するとともに, その体積も同様に増大する. すなわち, 気体の体積を物質量で割ると, 一定の値 k となる. k の値は, 気体の種類にかかわらず同じである.

$$\frac{V}{n} = k$$

このため，気体の圧力と温度が一定に保たれるならば，物質量を増大させると，気体の体積も増大する.

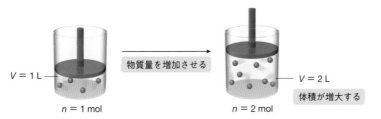

風船の中に息を吹込むと風船が膨らむのは，空気の物質量が増大したことにより体積が増大したためである.

気体の体積を物質量で割ると定数になる．したがって，最初の体積と物質量（V_1 と n_1）がわかると，これらの量の一つが変化したとき，新たな体積あるいは物質量（V_2 あるいは n_2）を求めることができる.

$$\frac{V_1}{n_1} = \frac{V_2}{n_2}$$

最初の条件　　新しい条件

この種の問題を解くためには，§7・3A の How To に概要を示した方法と同じ三つの段階に従えばよい．ただし，段階 2 においてアボガドロの法則の式を用いる.

例題 7・4　アボガドロの法則を用いて物質量を求める

平均的な男性の肺の容積は 5.8 L であり，その中に 0.25 mol の空気を保持している．平均的な女性の肺の容積を 4.6 L とすると，女性が保持している空気の物質量は何 mol か.

解答

[1]　わかっている量と求めるべき量を明確にする.

$$V_1 = 5.8\,\text{L} \qquad V_2 = 4.6\,\text{L}$$
$$n_1 = 0.25\,\text{mol} \qquad\qquad n_2 = ?$$
わかっている量　　　　　　求めるべき量

[2]　式を書き，一方の辺が求めるべき量 n_2 だけになるように書き換える.

・アボガドロの法則を用いる．n_2 について解くには，式の両辺の分子と分母を逆転させ，両辺に V_2 を掛ければよい.

$$\frac{V_1}{n_1} = \frac{V_2}{n_2} \xrightarrow{\text{両辺の}V\text{と}n\text{を入れ替える}} \frac{n_1}{V_1} = \frac{n_2}{V_2} \quad \text{両辺に}V_2\text{を掛け，}n_2\text{について解く}$$

$$\frac{n_1 V_2}{V_1} = n_2$$

[3]　解答を得る.

・三つのわかっている量を式に代入し，n_2 を求める.

$$n_2 = \frac{n_1 V_2}{V_1} = \frac{(0.25\,\text{mol})(4.6\,\text{L})}{(5.8\,\text{L})} = 0.20\,\text{mol}$$

L が消去される

答　0.20 mol

練習問題 7・4　体積 3.5 L の容器に，窒素 5.0 mol の気体試料が入っている．圧力と温度が一定に保持され，窒素の物質量が次の値に変化したとき，容器の新たな体積は何 L になるか.

(a) 3.65 mol　　(b) 21.5 mol

アボガドロの法則から, 任意の二つの気体の体積を比較することによって, それらの物質量を比較することができる. 気体の量はしばしば, 一組の標準的な温度と圧力の条件で比較される. この温度と圧力を**標準温度圧力**といい, **STP** と略記する.

標準温度圧力 standard temperature and pressure, 略称 **STP**

> - 一般に STP は, 圧力に対して 1 atm (760 mmHg), 温度に対して 273 K (0 ℃) が用いられる.
> - STP では, あらゆる気体の 1 mol は同じ体積 22.4 L を占める. この値は**標準モル体積**とよばれる.

標準モル体積 standard molar volume

STP 条件では, 気体の窒素 1 mol とヘリウム 1 mol はどちらも, 6.02×10^{23} 個の粒子を含み, 温度 0 ℃ と圧力 1 atm で体積 22.4 L を占める. しかし, 窒素とヘリウムのモル質量は異なるので (N_2 は 28.02 g/mol に対して He は 4.003 g/mol), それぞれの物質 1 mol の質量は異なっている.

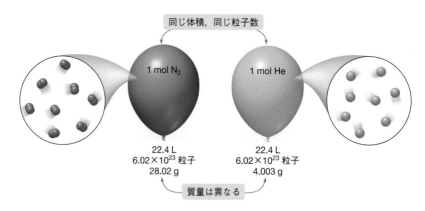

標準モル体積は, STP における気体の体積と物質量を関係づける変換因子を設定するために用いることができる. これを次の段階的方法で示すことにしよう.

How To　標準温度圧力 (STP) において気体の物質量を体積に変換する方法

例　STP において体積 2.0 L の窒素に含まれる物質量を求めよ.

段階1　わかっている量と求めるべき量を明確にする.

　　　　2.0 L の N_2　　　　? mol の N_2
　　　　わかっている量　　　　求めるべき量

段階2　変換因子を書き出す.
- STP における気体の物質量と体積を関係づける変換因子を設定する. 不必要な単位 L が消去されるように, それが分母にある変換因子を選択する.

$$\frac{22.4 \text{ L}}{1 \text{ mol}} \quad \text{あるいは} \quad \boxed{\frac{1 \text{ mol}}{22.4 \text{ L}}}$$

L を消去するためにこの変換因子を選択する

段階3　解答を得る.
- もとの量と変換因子を掛け合わせ, 求めるべき量を得る.

$$2.0 \text{ L} \times \frac{1 \text{ mol}}{22.4 \text{ L}} = 0.089 \text{ mol}$$

L が消去される

窒素の物質量は 0.089 mol となる.

気体のモル質量を用いることによって, 与えられた質量の値から気体の体積を求めることができる. 次の問題でこの種の問題をやってみよう.

問題 7・3　ガスグリルでプロパン 1 mol を燃焼させると, 132 g の二酸化炭素 CO_2 が大気に放出される. STP においてこの CO_2 が占める体積を求めよ.

問題 7・4　次のそれぞれの量の酸素が STP において占める体積は何 L か.
(a) 4.5 mol　　(b) 18.0 g

7・5 理想気体の法則

気体の四つの性質，すなわち圧力，体積，温度，物質量の関係はすべて，**理想気体の法則**という単一の式に統合することができる．すなわち，圧力 P と体積 V の積を物質量 n とケルビン温度 T の積で割ると，常に一定の値となる．この値を**気体定数**といい，記号 R で表す．

理想気体の法則 ideal gas law

気体定数 gas constant，記号 R

$$\text{気体定数}\quad R = \frac{PV}{nT}$$

この式は書き換えて，次のように表記することが多い．

$$\text{理想気体の法則}\quad PV = nRT$$

圧力の単位が atm のとき　　$R = 0.0821 \dfrac{\text{L·atm}}{\text{mol·K}}$

圧力の単位が mmHg のとき　$R = 62.4 \dfrac{\text{L·mmHg}}{\text{mol·K}}$

圧力の単位が Pa のとき　　$R = 8.31 \times 10^3 \dfrac{\text{L·Pa}}{\text{mol·K}}$

気体定数 R の値は，その単位に依存する．最もよく用いられる三つの R の値を上式に示した．それぞれ圧力の単位として atm，mmHg，あるいは Pa，体積に L，温度に K を用いるものである．問題を解く際には，その問題における圧力の単位に対して，適切な R の値を用いることに注意してほしい．

理想気体の法則を用いると，気体の圧力 P，体積 V，物質量 n，ケルビン温度 T のうち三つの量がわかっているとき，残りの一つの量を求めることができる．理想気体の法則を用いた問題の解き方を，次の段階的な手法に示した．理想気体の法則は，完全に"理想的な"気体に対してのみ適用できる法則であるが，それは私たちの呼吸における酸素や二酸化炭素のような，ほとんどの実在する気体に対してもよい近似を与える．

How To　理想気体の法則を用いた計算を行う方法

例　一般的なヒトの呼気は，圧力 1.0 atm，温度 37 ℃，体積 0.50 L の空気からなる．その中に含まれる気体の物質量は何 mol か．

段階 1　わかっている量と求めるべき量を明確にする．

$P = 1.0\,\text{atm}$
$V = 0.50\,\text{L}$
$T = 37\,℃$　　　　　$n = ?\,\text{mol}$
　わかっている量　　　求めるべき量

段階 2　すべての値を適切な単位に変換し，これらの単位を含む R の値を選択する．

• T_C を T_K に変換する．

$T_K = T_C + 273 = 37\,℃ + 273 = 310\,\text{K}$

• 圧力が atm 単位で与えられているので，atm 単位の R の値を用いる．

$R = 0.0821\,\text{L·atm/(mol·K)}$

段階 3　式を書き，一方の辺が求めるべき量だけになるように書き換える．

• 理想気体の法則を用いる．そして，その両辺を RT で割ることによって，n について解く．

$$PV = nRT \quad\text{両辺を } RT \text{ で割り，} n \text{ について解く}$$
$$\frac{PV}{RT} = n$$

段階 4　解答を得る．

• わかっている量を式に代入し，n を求める．

$$n = \frac{PV}{RT} = \frac{(1.0\,\text{atm})(0.50\,\text{L})}{\left(0.0821\,\dfrac{\text{L·atm}}{\text{mol·K}}\right)(310\,\text{K})} = 0.0196$$

物質量は 0.0196 mol，四捨五入して 0.020 mol となる．

問題 7・5　ヒトが1時間に排出するCO_2の質量を25.0gとすると, この量が1.00 atm, 37℃で占める体積は何Lか.

問題 7・6　体積5.0 L, 温度20.0℃における10.0gの窒素の圧力は何atmか.

7・6　ドルトンの法則と分圧

気体粒子は個々の大きさに比べて粒子間の距離がきわめて離れているので, それぞれ独立にふるまっている. その結果, 気体の混合物 (混合気体) はその成分にかかわらず, 純粋な気体と同じようにふるまう. 混合気体のそれぞれの成分が及ぼす圧力を**分圧**という. 分圧と混合気体の全圧との関係は, ドルトンの法則によって表される.

分圧 partial pressure

ドルトンの法則 Dalton's law

- ドルトンの法則によると, 混合気体の全圧 P_{total} は混合気体を構成する成分気体の分圧の総和に等しい.

すなわち, 混合気体が2種類の気体AとBからなり, それぞれの分圧をP_A, P_Bとすると, その系の全圧P_{total}はそれらの和になる. 混合気体の成分が示す分圧は, それが純粋な気体として存在する場合に及ぼす圧力と同じになる.

問題 7・7　圧力2.5 atmのO_2を含むシリンダーにCO_2を加えると, 気体の全圧が4.0 atmとなった. 最終的に得られた混合気体におけるO_2とCO_2それぞれの分圧を求めよ.

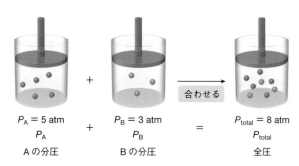

P_A = 5 atm		P_B = 3 atm		P_{total} = 8 atm
P_A	+	P_B	=	P_{total}
Aの分圧		Bの分圧		全圧

合わせる

また, 混合気体について二つの量, すなわち1) 全圧, および2) それぞれの成分の百分率, がわかっていれば, それぞれの分圧を計算することができる. 例題7・5でこの種の問題をやってみよう.

例題 7・5　ドルトンの法則を用いて分圧を求める

空気は体積で78%の窒素, 21%の酸素, 1%のアルゴンからなる混合物である. 海面におけるそれぞれの気体の分圧を求めよ. ただし, 海面における全圧を760 mmHgとする.

解答　　　　　　　　　　　　　　　　　　　　　　　　　　　　　分圧

O_2の割合：21% = 0.21　　　0.21 × 760 mmHg = 160 mmHg （O_2）

N_2の割合：78% = 0.78　　　0.78 × 760 mmHg = 590 mmHg （N_2）

Arの割合：　1% = 0.01　　　0.01 × 760 mmHg = <u>　8 mmHg （Ar）</u>

　　　　　　　　　　　　　　　　　　　　　758 四捨五入して 760 mmHg

練習問題 7・5　ナイトロックスはスキューバダイビングに用いる混合気体であり, 通常の空気よりも酸素O_2の濃度が高く, 窒素N_2の濃度が低い. 低濃度の窒素は, 潜水病の危険性を低下させる. 以下の問いに答えよ.

(a) 欄外に示したナイトロックスタンクに存在するN_2とO_2の比率はそれぞれ何%か.

(b) タンク内のそれぞれの気体の分圧は何atmか.

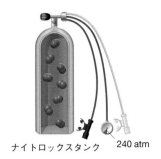

ナイトロックスタンク　　　240 atm

大気圧は高度の増大とともに低下するが, その組成は場所によってほとんど変化し

ない. したがって, 高所では酸素の分圧が海面よりも低下するため, 呼吸が困難になる. これが, 登山家が高度 8000 m 以上において補助酸素を用いる理由である.

7・7 分子間力, 沸点と融点

　気体とは異なり, 液体と固体のふるまいは, 物質の種類とは無関係に適用できる一組の法則によって記述することはできない. 液体と固体では, それらを構成する粒子が互いにきわめて接近しているので, それらの間には引力が働く.

　イオン化合物は, 反対の電荷をもつイオンの広範囲にわたる配列からなり, それらは強い静電引力によって互いに結びついている. これらのイオン間に働く相互作用は, 共有結合化合物の分子間に働く力よりとても強く, イオンを互いに分離させるためにはきわめて多くのエネルギーを必要とする (§3・5).

　共有結合化合物では, それぞれの分子間に働く引力の性質と強さは, 分子を構成する原子の種類に依存する.

• 分子の間に働く引力的な相互作用を**分子間力**という.

　共有結合化合物の分子における分子間力には, 三つの異なる種類がある. 強さが増大する順に示すと以下のようになる.

• ロンドンの分散力　　• 双極子-双極子相互作用　　• 水素結合

　このため, 水素結合を示す化合物は, 双極子-双極子相互作用をもつ類似の大きさの化合物よりも分子間力が強い. 同様に, 双極子-双極子相互作用をもつ化合物は, ロンドンの分散力だけを示す類似の大きさの化合物よりも分子間力が強い. 分子間力の強さによって, 化合物の融点や沸点が高いか低いか, また与えられた温度において, その化合物が固体, 液体, 気体のいずれであるかが決まる.

7・7A　ロンドンの分散力

• **ロンドンの分散力**は分子における電子密度の瞬間的な変化に由来するきわめて弱い相互作用である.

　たとえば, 無極性のメタン CH_4 分子は正味の双極子をもたないが, 任意のある瞬間には, その電子密度は完全には対称的であるとは限らない. 分子の一つの領域が大きな電子密度をもつならば, どこか別の場所の電子密度が小さくなければならない. これによって, 瞬間的双極子がつくり出される. 一つの CH_4 分子の瞬間的双極子は, 別の CH_4 分子に, 部分的な正電荷と負電荷が互いに隣接して配列するように瞬間的

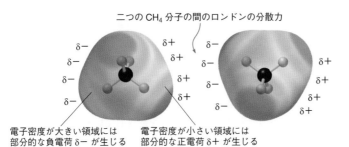

二つの CH_4 分子の間のロンドンの分散力

電子密度が大きい領域には部分的な負電荷 δ− が生じる

電子密度が小さい領域には部分的な正電荷 δ+ が生じる

潜水病

　スキューバダイバーがあまりに速く海面に浮上すると, 血液中に溶解した窒素 N_2 が微小な泡を形成し, 関節に痛みをひき起こしたり, 毛細血管をふさいで器官に損傷を与えることがある. この症状は潜水病とよばれ, ダイバーを高圧室 (通常よりも 2〜3 倍高い大気圧を維持できる装置) に入れることで治療できる. すなわち, 大気圧を上昇させて N_2 の気泡の大きさを減少させ, そして圧力をゆっくり低下させることで, N_2 を気体として肺から除去させる.

分子間力 intermolecular force

ロンドンの分散力　London dispersion force

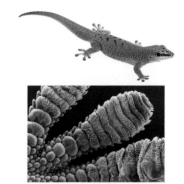

ロンドンの分散力は単独では弱い相互作用であるが, 多数が集まると強い力となる. たとえば, ヤモリが壁や天井にくっつくのは表面とそれぞれの足にある 500,000 個の繊毛との間に働くロンドンの分散力によるものである.

双極子を誘起する. これらの瞬間的双極子の間の弱い相互作用によって, ロンドンの分散力が形成される.

すべての共有結合化合物はロンドンの分散力を示す. この分子間力は, 無極性分子の間に働く唯一の分子間力である. ロンドンの分散力の強さは, 分子の大きさに関係している.

> • 分子が大きくなるほど, 二つの分子の間に働く引力的な相互作用も大きくなり, 分子間力も強くなる.

貴ガスであるヘリウム He やアルゴン Ar のような原子も, ロンドンの分散力を示す. アルゴン原子はヘリウム原子に比べて著しく大きいので, アルゴン原子間に働く引力は, ヘリウム原子間の引力よりもずっと強い.

問題 7・8 次の化合物のうち, ロンドンの分散力を示すものはどれか.
(a) H_2O (b) HCl (c) エタン C_2H_6

7・7B 双極子-双極子相互作用

双極子-双極子相互作用 dipole-dipole interaction

> • 双極子-双極子相互作用は, 二つの極性分子の永久双極子の間に働く引力である.

分子が極性か無極性かを判定する方法は §4・8 で述べた.

たとえば, ホルムアルデヒド $H_2C=O$ を考えよう. 酸素は炭素よりも電気陰性であるから, $C-O$ 結合は極性である. この極性の結合によってホルムアルデヒドは永久双極子を獲得し, 極性分子となる. 隣接するホルムアルデヒド分子の双極子は, 部分的な正電荷と部分的な負電荷が互いに隣接するように配列する. 永久双極子に由来するこれらの引力は, ロンドンの分散力に比べてきわめて強い.

ロンドンの分散力と双極子-双極子相互作用は, あわせてファンデルワールス力 (van der Waals force) とよばれることもある.

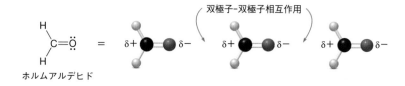

ホルムアルデヒド

7・7C 水 素 結 合

水素結合 hydrogen bond

> • 水素結合は, 酸素, 窒素, フッ素原子に結合した水素原子が, 他の分子の酸素, 窒素, フッ素原子に静電的に引きつけられることによって生じる.

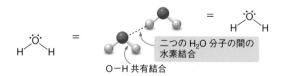

水素結合は, 分子にきわめて電気陰性な原子, すなわち酸素, 窒素, フッ素原子に結合した水素原子が存在するときにのみ生じる. たとえば, 二つの H_2O 分子の間には水素結合が形成される. 水素原子は一つの水分子の酸素原子と共有結合するとともに, もう一つの水分子の酸素原子と水素結合を形成している. 水素結合は3種類の分子間力のうちで最も強い. 表7・3にこれら3種類の分子間力についてまとめた.

表 7・3　**分子間力の種類**

力の種類	相対的強さ	働く対象	例
ロンドンの分散力	弱い	すべての分子	CH_4, H_2CO, H_2O
双極子-双極子相互作用	中程度	正味の双極子をもつ分子	H_2CO, H_2O
水素結合	強い	O−H, N−H, H−F 結合をもつ分子	H_2O

　水素結合はタンパク質やDNAなど, 多くの生体分子において重要である. DNA は細胞の核の染色体に含まれており, すべての遺伝情報を維持する役割を担っている. 図7・3に示すように, DNAは水素結合によって互いに結びつけられた原子の2本の長い鎖から構成されている.

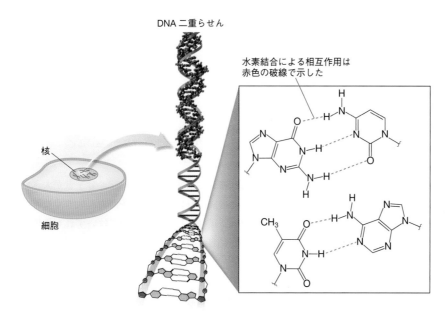

DNA 二重らせん

水素結合による相互作用は赤色の破線で示した

核

細胞

図 7・3　**水素結合と DNA**. DNA は原子の2本の長い鎖からなり, それらは互いに巻きついて二重らせん(double helix)を形成している. 2本の鎖は広がった網目状構造の水素結合によって互いに結びつけられている. それぞれの水素結合では, 一方の鎖のN−H結合の水素原子が隣接する鎖上の酸素あるいは窒素原子と分子間で水素結合を形成している. 図には五つの水素結合を示している.

問題 7・9　次の化合物に存在する分子間力の種類を述べよ.
(a) HCl　(b) C_2H_6　(c) NH_3　(d) HF　(e) CH_3Cl
問題 7・10　次のそれぞれの組の化学種のうち, より強い分子間力をもつものはどちらか.
(a) CO_2 と H_2O　(b) HBr と H_2O　(c) He と Ne

7・7D　沸 点 と 融 点

　化合物の**沸点**は液体が気体に変換される温度であり, **融点**は固体が液体へ変換される温度である. 化合物の沸点や融点は, 分子間力の強さによって決まる.

• 分子間力が強くなるほど, 沸点や融点は高くなる.

沸点 boiling point, 略称 bp
融点 melting point, 略称 mp

　沸騰では, 液体状態における分子間力に打勝ち, 気相へ分子を分離させるために, エネルギーを供給しなければならない. 同様に, 融解では, 高度に秩序化した固体状態における分子間力を断ち切り, それを分子の配列に秩序性がない液体へ変換するために, エネルギーを供給しなければならない. 分子間に働く引力が強いことは, これらの分子間力に打勝つために多くのエネルギーを供給しなければならないため, 沸点と融点が上昇することを意味する.

類似の大きさをもつ化合物を比較すると, 次の傾向が観測される.

| ロンドンの分散力だけを
もつ化合物 | 双極子-双極子相互作用を
もつ化合物 | 水素結合を形成できる
化合物 |

分子間力の強さが増大
沸点が上昇
融点が上昇

　メタン CH_4 と水 H_2O はいずれも第2周期元素に結合した水素原子をもつ小さい分子であるから, これらの物質は類似した融点や沸点をもつと思うかもしれない. しかし, メタンは無極性分子でありロンドンの分散力のみを示すのに対して, 水は極性分子であり分子間で水素結合を形成することができる. その結果, 水の融点と沸点はメタンに比べて著しく高くなる. 実際に, メタンは室温で気体であるが, 一方, 水は水素結合が非常に強いため液体である.

メタン
ロンドンの分散力のみ
bp −162 °C
mp −183 °C

水
水素結合を形成
bp 100 °C
mp 0 °C

← 分子間力が強いほど
bp と mp は高い

　同じ種類の分子間力をもつ二つの化合物を比較すると, 一般に, 分子量が大きい化合物のほうがより大きな表面積をもつため, これによって分子間力も大きくなり, 沸点と融点が高くなる. たとえば, プロパン C_3H_8 とブタン C_4H_{10} はいずれも無極性の結合とロンドンの分散力だけをもつが, C_4H_{10} のほうが分子量が大きいため, 沸点と融点が高い.

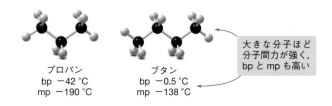

プロパン
bp −42 °C
mp −190 °C

ブタン
bp −0.5 °C
mp −138 °C

← 大きな分子ほど
分子間力が強く,
bp と mp も高い

例題 7・6　二つの化合物の相対的な沸点と融点を予測する

以下に示す化合物 **A**〜**D** について次の問いに答えよ.
(a) 化合物 **A** と **B** のうち, 沸点が高いのはどちらか.
(b) 化合物 **C** と **D** のうち, 融点が高いのはどちらか.

NH_3
アンモニア
A

CH_4
メタン
B

メタノール
C

クロロメタン
D

解答　それぞれの化合物における分子間力の種類を判別する. 強い分子間力をもつ化合物のほうが, 沸点あるいは融点が高い.
(a) NH_3(**A**)は N−H 結合をもつので, 分子間で水素結合を形成する. CH_4(**B**)は無極性の C−H 結合だけをもつので, ロンドンの分散力だけを示す. したがって, NH_3 のほうが分子間力が強いため, 沸点が高い.
(b) メタノール(**C**)は O−H 結合をもつので, 分子間で水素結合を形成できる. クロロメタン(**D**)は極性の C−Cl 結合をもつので, 双極子-双極子相互作用を示すが, 水素結合を形成しない. したがって **C** のほうが分子間力が強いため, 沸点が高い.

練習問題 7・6　次の組の化合物のうち, 沸点が高いのはどちらか.
(a) C_2H_6 と CH_3Br　　(b) HBr と HCl

7・8 液　体

　液体の分子は，気体の分子に比べて互いの距離がきわめて近いので，液体の多くの性質は，その分子間力の強さによって決まる．液体中の分子は固体の分子よりもまだ動くことができるため，液体は流動性をもち，定まった形状をもたない．液体の分子には非常に速やかに運動しているものもあり，それらは液相から完全に脱出し，互いに遠く離れた気体分子になる．

7・8A 蒸　気　圧

　液体を開放された容器に置くと，分子間力に打勝つだけの十分な運動エネルギーをもつ表面付近の液体分子が，気相へと離脱する．この過程を**蒸発**といい，すべての液体が気体になるまで継続する．暴風雨の後にできた水たまりは徐々に蒸発し，すべての液体の水は**蒸気**とよばれる気体分子に変換される．蒸発は吸熱過程であり，その過程により周囲から熱が吸収される．これが，汗が蒸発すると皮膚が冷たくなる理由である．

蒸発 evaporation, vaporization

蒸気 vapor

蒸発

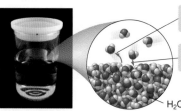
密閉容器の中の液体

蒸発により，分子は液体から気体になる

凝縮により，分子は気体から液体になる

　密閉された容器の中でも同様に，いくつかの液体分子が表面から蒸発して気相に入る．しかし，多くの分子が気相に蓄積すると，いくつかの分子は再び液相に戻る．この過程を**凝縮**という．凝縮は発熱過程であり，その過程により周囲へ熱が放出される．蒸発の速度と凝縮の速度が等しくなると，平衡に到達する．

凝縮 condensation

　液体に接している気体分子のふるまいは，本章ですでに学んだ気体の法則によって記述することができる．特に，これらの気体分子が及ぼす圧力を**蒸気圧**という．

蒸気圧 vapor pressure

- **蒸気圧は液相と平衡にある気体分子が及ぼす圧力である．**

　特定の液体が及ぼす蒸気圧は，液体の種類と温度に依存する．温度が上昇するにつれて，分子の運動エネルギーも増大するため，多くの分子が気相へ離脱するようになる．

- **蒸気圧は温度の上昇とともに増大する．**

　温度が十分に高く，液体に接している気体の蒸気圧が大気圧と等しくなると，液体の表面下にある分子さえも気相へ入るだけの十分な運動エネルギーをもち，液体は沸騰する．液体の**標準沸点**は，その蒸気圧が 760 mmHg に等しいときの温度である．

標準沸点 normal boiling point

　沸点は大気圧に依存する．標高が高い所では大気圧が低いため，液体の沸点は低くなる．これは，液体に接している気体の蒸気圧が，より低い温度で大気圧に等しくなるためである．米国コロラド州のデンバーは標高 1609 m にあるが，その一般的な大気圧は 630 mmHg であり，水は 93 ℃ で沸騰する．

分子間力の強さは蒸気圧にどのように関係するだろうか. 化合物の分子間力が強いほど, 液体分子は気相へ離脱することが容易ではなくなる. したがって, 次のことが成り立つ.

- 一定の温度では, 分子間力が強いほど蒸気圧は低くなる.

強い分子間力をもつ化合物は沸点が高く, 一定の温度では低い蒸気圧を示す. §7・7では, 水 H_2O は水素結合を形成するが, メタン CH_4 はできないので, 水はメタンよりも沸点が高いことを学んだ. 水分子は互いに緊密に結びついて液相にとどまるので, あらゆる一定の温度において, 水のほうがメタンよりも蒸気圧は低くなる.

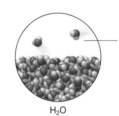
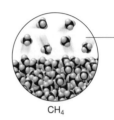

気体分子は少ない 蒸気圧は低い

気体分子は多い 蒸気圧は高い

H_2O

CH_4

強い分子間力によって, H_2O 分子は液体として保たれる

分子間力が弱いため, 多くの CH_4 分子が気相に離脱する

問題 7・11 次のそれぞれの組の化合物のうち, 一定の温度における蒸気圧が高いものはどちらか.
(a) H_2O と H_2S
(b) CH_4 と C_2H_6
(c) C_2H_6 と CH_3OH

粘性 viscosity

表面張力 surface tension

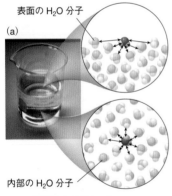

表面の H_2O 分子

(a)

内部の H_2O 分子

(b)

図 7・4　表面張力. (a) 液体内部の分子はすべての方向から等しく分子間力を受けている(両矢印で示している). 一方, 表面分子が受ける分子間力は不均衡なため, 分子は液体内部へ向かって引込まれる. (b) アメンボが水の表面を歩くことができるのは水の表面張力が大きいためである.

7・8B　粘性と表面張力

分子間力の強さによって少なくとも部分的に説明することができる液体の性質として, さらに粘性と表面張力の二つがある.

粘性は自由な流動に対して液体が抵抗する力の尺度である. 粘性の大きな液体は, "どろどろした"感じを与える. 分子間力が強い化合物は, 分子間力が弱い化合物よりも粘性が大きい傾向がある. たとえば, 水は, 弱い分子間力をもつ無極性分子からなるガソリンよりも粘性が大きい. 分子の大きさもまた, 粘性の大きさに影響を与える. 大きな分子は互いに自由にすれ違いにくいので, 大きな分子から形成される物質は粘性が大きい傾向がある. たとえば, オリーブ油は水よりも粘性が大きい. これは, オリーブ油が, それぞれの鎖に 50 個以上の原子を含む 3 本の長いだらりとした鎖をもつ化合物から形成されているからである.

一方, **表面張力**は拡張に対して液体が抵抗する力の尺度である. 液体の内部の分子はすべての方向から分子間力を受けているので, 側方と下方の隣接分子だけから分子間力を受けている表面分子よりも安定となる (図 7・4a). このため表面分子のほうが不安定になり, 液体の内部に向かって引込まれる力が働き, できるだけ表面を小さくしようとする傾向が現れる. 分子間力が強いほど表面分子はより強く液体の内部に引込まれるので, 表面張力も大きくなる. 水は強い分子間水素結合をもつので, その表面張力も大きい. これが, 昆虫のアメンボが水面を歩くことができ (図7・4b), またゼムクリップが水面に"浮く"ことができる理由である.

7・9　固　体

液体が冷却されて, 分子間力が粒子の運動エネルギーよりも強くなると, 固体が生成する. 固体には結晶とアモルファスの二つの形態がある.

- 粒子, すなわち原子, 分子, イオンが, 繰返し構造をもって規則正しく配列した固体を**結晶**という.
- 密接に充填された粒子が規則正しい配列をもたない固体を**アモルファス**という.

結晶 crystal

アモルファス amorphous

結晶性固体には, イオン結晶, 分子結晶, 共有結合結晶, 金属結晶の四つの異なった種類がある. それらの例を図7・5に示した.

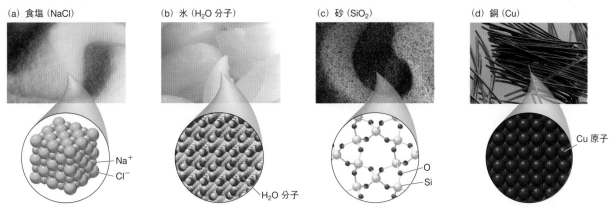

(a) 食塩 (NaCl) (b) 氷 (H_2O 分子) (c) 砂 (SiO_2) (d) 銅 (Cu)

図 7・5 **4種類の結晶性固体の例**. (a) 塩化ナトリウム NaCl(イオン結晶), (b) 氷(六角形の様式に配列した H_2O 分子からなる分子結晶), (c) 二酸化ケイ素 SiO_2 (砂の主成分である共有結合結晶), (d) 銅 Cu(金属結晶).

イオン結晶は反対の電荷をもつイオンから形成されている. たとえば, 塩化ナトリウム NaCl はカチオンの Na^+ とアニオンの Cl^- からなり, それぞれのイオンは, Na^+ が6個の Cl^- によって取囲まれ, Cl^- が6個の Na^+ によって取囲まれるように配列している.

イオン結晶 ionic crystal

分子結晶は規則的に配列した個々の分子から形成されている. たとえば, 氷は, 水分子が六角形に配列した構造をもち, 分子間で広範囲に水素結合を形成している. 実際に, この結晶構造によって, 水の特異な性質の一つが説明される. 水は固相がその液相よりもより密度が小さい数少ない物質の一つである. このため, 固体の氷は液体の水の上に浮く. 湖ではその表面を一面の氷が覆うので, その下で動植物が生存することが可能になる.

分子結晶 molecular crystal

共有結合結晶は, 互いに共有結合で結びついた巨大な数の原子からなり, それらはシート状あるいは三次元的な配列を形成している. 二酸化ケイ素 SiO_2 の微粒子であるケイ砂は, ケイ素原子と酸素原子からなる無限の網目構造をもつ. それぞれのケイ素原子は四つの酸素原子と結合し, それぞれの酸素原子は二つのケイ素原子と結合しているため, 酸素原子はケイ素原子よりも2倍多く存在している. 他の網目状固体の例には, 炭素の2種類の単体であるダイヤモンドと黒鉛がある. これらの構造は図2・5に示してある.

共有結合結晶 covalent crystal

金属原子はその電子を放出しやすいので, 銅や銀のような**金属結晶**は, 金属カチオンからなる格子が, 自由に運動する電子雲によって取囲まれた構造とみることができる. 金属が電気や熱を伝導するのは, このような原子核の束縛の緩い非局在化した電子によるものである.

結晶性固体とは対照的に, アモルファス固体は粒子の規則的な配列をもたない. アモルファス固体は, 液体があまりに速やかに冷却され, 規則的な結晶構造を形成する

金属結晶 metal crystal

問題 7・12 次の物質が形成する結晶性固体の種類を述べよ.
(a) $CaCl_2$ (b) 鉄 Fe
(c) スクロース $C_{12}H_{22}O_{11}$
(d) $NH_3(s)$

ことができなかったときに生成することがある．また，きわめて長い鎖状の共有結合分子からなる物質もアモルファス固体を形成しやすい．これは，長い鎖は折りたたまれて絡み合うので，規則的に配列することができないためである．アモルファス固体の例には，ゴム，ガラス，およびほとんどのプラスチック類がある．

7・10 比 熱 容 量

比熱容量 specific heat capacity

沸点と融点（§7・7D）のほかにも，分子間力の強さによって決まる物理的性質がいくつかある．**比熱容量**はその一つの例である．比熱容量は，物質が熱を吸収する能力を表す物理的性質である．固体，液体，気体にかかわらず，温度の上昇とともに外界から多くの熱を吸収できる物質もあるが，一方で，そうでない物質もある．

- 物質 1 g の温度を 1 K だけ上昇させるために必要な熱エネルギー（ジュール J あるいはカロリー cal 単位）の量を，その物質の比熱容量という．

$$\text{比熱容量} = \frac{\text{熱量}}{\text{質量} \times \Delta T} = \frac{\text{J（あるいは cal）}}{\text{g} \cdot \text{K}}$$

水の比熱容量は 4.18 J/(g·K) である．これは質量 1.00 g の水の温度を 1.00 K だけ上昇させるためには，4.18 J の熱を加えなければならないことを意味している．一定の温度を上昇させるために加えなければならない熱の量は，存在する試料の量に依存する．たとえば，質量 2.00 g の水の温度を 1 K だけ上昇させるためには，8.36 J の熱を必要とする．表 7・4 には，さまざまな物質における比熱容量の値を示した．

表 7・4 物質の比熱容量

物　質	J/(g·K)	cal/(g·K)	物　質	J/(g·K)	cal/(g·K)
アルミニウム	0.895	0.214	2-プロパノール	2.56	0.612
炭素(黒鉛)	0.707	0.169	岩石	0.837	0.200
銅	0.377	0.0900	砂	0.837	0.200
エタノール	2.44	0.583	銀	0.234	0.0560
金	0.130	0.0310	水(液体)	4.18	1.00
鉄	0.448	0.107	水(気体)	2.01	0.481
水銀	0.140	0.0335	水(固体)	2.03	0.486

問題 7・13 表7・4に示した4種類の単体，アルミニウム，銅，金，鉄について，以下の問いに答えよ．
(a) 質量 10 g のそれぞれの単体に 42 kJ の熱を加えたとき，最も高い温度を示す単体はどれか．
(b) 質量 5 g のそれぞれの試料の温度を 5 K だけ上昇させるために，最も多くの熱量を必要とする単体はどれか．

- 物質の比熱容量が大きいほど，その物質が一定量の熱エネルギーを吸収したとき，その温度変化は小さくなる．

黒鉛の比熱容量は，銅の約2倍の大きさをもつ．したがって，たとえば 1.00 g の黒鉛と銅にそれぞれ 4.18 J の熱を加えると，黒鉛の温度は 5.91 K だけ上昇するが，銅の温度は 11.1 K も上昇する．一般に，銅のような金属は比熱容量が小さいので，それらは容易に熱を吸収し，移動させる．銅，鉄，あるいはアルミニウム製の料理器具を用いるのは，それらが金属であるために，容易にレンジから鍋の食物に熱が移るからである．

水の比熱容量は，他の液体に比べて非常に大きい．その結果，水はほんの小さな温

度の変化によって，大きな量の熱を吸収することができる．水が大きな比熱容量をも
つのは，水の分子間力が強いためである．水分子は広範囲に広がった水素結合の配列
によって互いに結びついているので，これらの結合を開裂させて水分子の無秩序さを
増大させるためには，非常に大きなエネルギーを必要とする．

　さらに，一定の温度において吸収された熱の量は，冷却したときに放出される熱の
量に等しいので，水は，わずかに温度が低下しただけでも，非常に多くのエネルギー
を放出することができる．こうして，多量の水は，温度の上昇あるいは低下に伴っ
て，熱を吸収あるいは放出させる貯蔵庫のようにふるまうことができる．これは海に
近接する土地の気候を和らげる役割を果たしている．

　物質の質量と温度の変化量がわかっていれば，比熱容量を変換因子として用いると，
次の式によって，その物質が吸収した，あるいは失った熱量を求めることができる．

吸収あるいは放出した熱量
↓
| 熱量 | = | 質量 | × | 温度変化 ΔT | × | 比熱容量 |
| J | = | g | × | K | × | $\dfrac{J}{g \cdot K}$ |

　例題 7・7 に，物質の質量と温度変化がわかっているとき，比熱容量を用いてその
物質に吸収される熱量を求める方法を示す．

例題 7・7　比熱容量を用いた計算を行う

質量 1600 g の水が入ったポットを 25 ℃ から 100.0 ℃ に加熱す
るために必要な熱量は何 J か．
解答
[1]　わかっている量と求めるべき量を明確にする．
$$質量 = 1600\ g$$
$$T_1 = 25\ ℃$$
$$T_2 = 100.0\ ℃ \qquad ?\ J$$
わかっている量　　　　求めるべき量
・最終的な温度 T_2 から最初の温度 T_1 を引き，温度変化 ΔT を
求める．
$$\Delta T = T_2 - T_1 = 100.0 - 25 = 75\ K$$
・水の比熱容量は 4.18 J/(g·K) である．
[2]　式を書く．

・比熱容量は吸収された熱量と，温度変化 ΔT および質量を関
係づける変換因子となる．

| 熱量 | = | 質量 | × | ΔT | × | 比熱容量 |
| J | = | g | × | K | × | $\dfrac{J}{g \cdot K}$ |

[3]　解答を得る．
・わかっている量を式に代入し，熱量を J 単位で求める．
$$J = 1600\ \cancel{g} \times 75\ \cancel{K} \times \frac{4.18\ J}{1\ \cancel{g} \cdot 1\ \cancel{K}} = 5.0 \times 10^5\ J$$
答　$5.0 \times 10^5\ J$

練習問題 7・7　質量 28.0 g の鉄が 150.0 ℃ から 19 ℃ へ冷却
されたとき，放出されるエネルギーを J 単位および cal 単位で
求めよ．

　また，物質の質量とその物質が吸収した，あるいは失った熱量が与えられれば，その
物質の温度変化を求めることができる．問題 7・14 でこの種の問題をやってみよう．

問題 7・14　質量 25.0 g，温度 21 ℃ の 2-プロパノールに 1672 J の熱を加えたとき，2-プ
ロパノールの最終的な温度を求めよ．

2-プロパノール (問題 7・14，問題 7・
15) は，手術の縫合の前に皮膚を清浄
にするために用いる消毒用アルコール
の主要な成分である．

7・11　エネルギーと相変化

　§7・7 では，液体と固体における分子間力の強さが，化合物の沸点と融点にどのよ

角氷を室温の液体に入れると，角氷は融解する．融解のために必要なエネルギーは温かい液体から"引出され"，それによって液体は冷たくなる．

融解 melting

融解熱 heat of fusion

凝固 freezing

うに影響を与えるかを学んだ．本節では，相変化の間に起こるエネルギー変化をより詳しく検討しよう．

7・11A　固体の液体への変換

　固体を液体に変換することを**融解**という．融解は吸熱過程である．秩序的に配列した固体分子を結びつけている引力的な分子間力に部分的に打勝ち，より無秩序な液体を形成するためにはエネルギーが吸収されなければならない．1 g の物質を融解するために必要なエネルギー量を**融解熱**という．

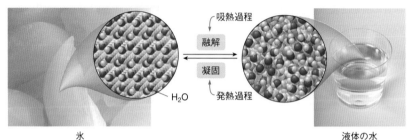

　凝固は融解の逆過程である．すなわち，凝固によって液体は固体に変換される．凝固は発熱過程である．なぜなら，速やかに運動している液体分子が，粒子がほとんど運動の自由度をもたない固体を形成するためには，エネルギーが放出されなければならないからである．決まった質量の特定の物質に対して，凝固の際に放出されるエネルギーの量は，融解の際に吸収されるエネルギーの量に等しい．融解熱は J/g あるいは cal/g 単位で表記される．例題 7・8 に示すように，融解熱を変換因子として用いると，決まった量の物質が融解するときにどのくらいのエネルギーが吸収されるかを求めることができる．

例題 7・8　融解熱を用いてエネルギー変化を求める

質量 50.0 g の角氷が融解するとき，吸収されるエネルギーは何 cal か．ただし，水の融解熱を 334 J/g とする．

解答

[1]　わかっている量と求めるべき量を明確にする．

$$50.0\ g \qquad\qquad ?\ J$$
$$\text{わかっている量} \qquad \text{求めるべき量}$$

[2]　変換因子を書き出す．

・融解熱を変換因子として用いて，質量 (g 単位) を熱量 (J 単位) に変換する．

g‒J 変換因子

$$\frac{1\ g}{334\ J} \quad \text{あるいは} \quad \boxed{\frac{334\ J}{1\ g}}$$

不必要な単位 g を消去するために，この変換因子を選択する

[3]　解答を得る．

$$50.0\ g \times \frac{334\ J}{1\ g} = 16{,}700\ J$$

g が消去される

答　16,700 J

練習問題 7・8　例題 7・8 に示した水の融解熱を用いて，次のそれぞれの問いに答えよ．

(a) 質量 35.0 g の水が凝固するとき，放出されるエネルギーは何 J か．

(b) 1.00 mol の水が融解するとき，吸収されるエネルギーは何 J か．

7・11B　液体の気体への変換

　液体を気体に変換することを蒸発という．蒸発は吸熱過程である．液体の分子間に

働く引力的な分子間力に打勝ち，気体分子を形成するためには，エネルギーが吸収されなければならない．1 g の物質を蒸発させるために必要なエネルギー量を**蒸発熱**という．

蒸発熱 heat of vaporization

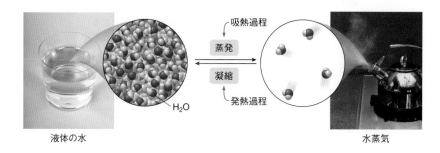

液体の水　　　　　　　　　　　　　　　　　　　　　　水蒸気

凝縮は蒸発の逆過程である．すなわち，凝縮によって気体は液体へ変換される．凝縮は発熱過程である．なぜなら，速やかに運動している気体分子がより秩序的な液相を形成するためには，エネルギーが放出されなければならないからである．決まった質量の特定の物質に対して，凝縮の際に放出されるエネルギーの量は，蒸発の際に吸収されるエネルギーの量に等しい．

蒸発熱は J/g あるいは cal/g 単位で表記される．蒸発熱が大きいことは，その物質が液体から気体へ変換するとき，多量のエネルギーを吸収することを意味している．水は大きな蒸発熱をもつ．この結果，皮膚からの汗の蒸発は，身体に対するきわめて効果的な冷却機構となる．融解の場合と同様に，蒸発熱を変換因子として用いると，決まった量の物質が蒸発するときにどのくらいのエネルギーが吸収されるかを求めることができる．問題 7・15 でこの種の問題をやってみよう．

問題 7・15　皮膚に塗布した質量 22.0 g の 2-プロパノールが蒸発したとき，吸収される熱の量は何 kJ か．ただし，2-プロパノールの蒸発熱を 665 J/g とする．

7・11C　固体の気体への変換

しばしば固体が液体を経由することなく，気体になることがある．この過程を**昇華**という．また，その逆過程，すなわち気体の直接的な固体への変換を**凝華**とよぶ．固体の二酸化炭素 CO_2 は，液体の CO_2 を形成することなく気体の CO_2 へ昇華する．このため，固体の二酸化炭素は**ドライアイス**とよばれる．

昇華 sublimation
凝華 deposition

ドライアイス dry ice

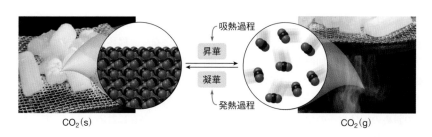

$CO_2(s)$　　　　　　　　　　　　　　　　　　　　$CO_2(g)$

二酸化炭素は，大気圧でこの過程を起こす固体の代表的な例である．他の物質も減圧下では昇華する．たとえば，低圧で食物から水を昇華させることにより，凍結乾燥食品が製造されている．

凍結乾燥は昇華の過程によって，食物から水を除去する手法である．水がないと微生物は生育できないので，凍結乾燥された食物はほぼ無期限に保存することができる．

問題 7・16　次の分子図に示された過程は，吸熱過程か，それとも発熱過程か．そう判断した理由も述べよ．

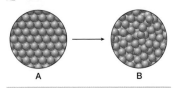

表7・5には§7・11で述べた相変化をまとめた．

表 7・5　相変化とエネルギー変化

過程	相変化	エネルギー変化
融解	固体 → 液体	吸熱過程（エネルギーが吸収される）
凝固	液体 → 固体	発熱過程（エネルギーが放出される）
蒸発	液体 → 気体	吸熱過程（エネルギーが吸収される）
凝縮	気体 → 液体	発熱過程（エネルギーが放出される）
昇華	固体 → 気体	吸熱過程（エネルギーが吸収される）
凝華	気体 → 固体	発熱過程（エネルギーが放出される）

7・12　加熱曲線と冷却曲線

　§7・11で述べた状態の変化は，熱を加えたときには加熱曲線，熱を除去したときには冷却曲線とよばれる単一のグラフによって図示することができる．

7・12A　加熱曲線

加熱曲線 heating curve

　加熱曲線は，物質に熱を加えたとき，物質の温度（縦軸に目盛られる）がどのように変化するかを示す．一般的な加熱曲線を図7・6に示した．

図 7・6　**加熱曲線**．加熱曲線は物質に熱を加えたときのその物質の温度変化を表す．融点で平坦領域B→Cが現れ，沸点で平坦領域D→Eが現れる．

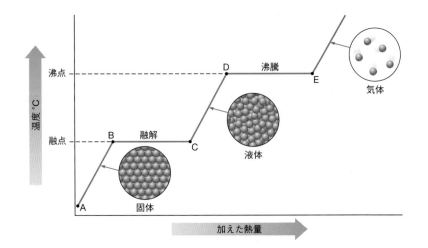

　点Aでは固体が存在する．固体を加熱するとその温度は上昇し，点Bで融点に到達する．さらに加熱すると，その温度は上昇することなく，固体は液体へと融解する（平坦領域B→C）．加熱を続けると液体の温度は上昇し，点Dでその沸点に到達する．さらに加熱すると，その温度は上昇することなく，液体は沸騰して気体になる（平坦領域D→E）．そして，さらに加えられた熱は気体の温度を上昇させる．それぞれの斜めの線は単一の相，すなわち固体，液体，気体の存在に対応する．一方，水平線は，固体から液体，あるいは液体から気体への相変化に対応する．

7・12B　冷却曲線

冷却曲線 cooling curve

　冷却曲線は，物質から熱を取除いたとき，物質の温度（縦軸に目盛られる）がどの

ように変化するかを示す．水に対する冷却曲線を図7・7に示した．

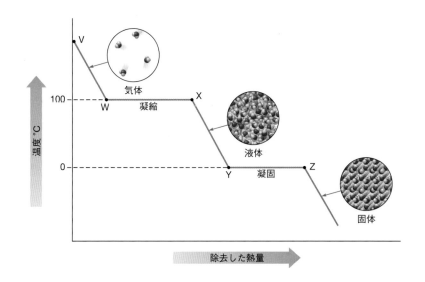

図7・7 **水の冷却曲線**. 冷却曲線は水から熱を取除いたときの水の温度変化を表す．沸点で平坦領域W→Xが現れ，凝固点で平坦領域Y→Zが現れる．

　点Vでは気体の水が存在する．気体を冷却するとその温度は低下し，点Wでその沸点に到達する．水は100℃で凝縮し，液体の水が生成する．この過程は平坦領域W→Xで示される．さらに液体の水を冷却するとその温度は低下し，点Yでその凝固点（融点）に到達する．水は0℃で凝固し，氷を生成する．この過程は平坦領域Y→Zで示される．さらに氷を冷却すると，その温度は凝固点以下に低下する．

問題7・17　右のグラフについて，以下の問いに答えよ．
(a) この物質の沸点は何℃か．
(b) 平坦領域B→Cにおいて存在する相の名称を記せ．
(c) 斜めの線C→Dに沿って存在する相の名称を記せ．

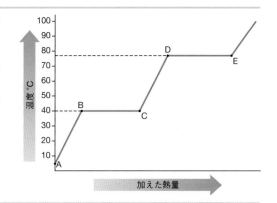

7・12C　組合わせたエネルギー計算

　本章では2種類の異なったエネルギー計算を行った．すなわち，§7・10では，比熱容量を用いて，たとえば液体を低温から高温へ加熱する場合のように，単一の相における物質の温度を上昇させるために必要なエネルギー量を計算した．一方，§7・11では，融解熱あるいは蒸発熱を用いて，状態変化に伴うエネルギーの変化を計算する方法を学んだ．しばしばこれらの計算は，温度変化と状態変化の両方が起こる際の全エネルギー変化を計算するために，組合わせて行われる．

　例題7・9には，与えられた質量の液体の水を，その沸点の水蒸気に変換するため

に必要な全エネルギーを計算する方法を示した.

例題 7・9　多段階過程における全エネルギー変化を計算する

質量 25.0 g の水を加熱して, 25 ℃ からその沸点 100.0 ℃ における気体へ変換するために必要なエネルギーは何 J か. ただし, 水の比熱容量を 4.18 J/(g・K), 水の蒸発熱は 2260 J/g とする.

解答

[1]　わかっている量と求めるべき量を明確にする.

$$質量 = 25.0 \, g$$
$$T_1 = 25 \, ℃$$
$$T_2 = 100.0 \, ℃ \qquad ? \, J$$

わかっている量　　　　求めるべき量

• 最終的な温度 T_2 から最初の温度 T_1 を引き, 温度変化 ΔT を求める.

$$\Delta T = T_2 - T_1 = 100.0 - 25 = 75 \, K$$

[2]　変換因子を書き出す.

• 比熱容量と蒸発熱の両方に対して変換因子が必要となる.

比熱容量変換因子　　　　　　　　蒸発熱変換因子

$$\frac{4.18 \, J}{1 \, g \cdot 1 \, K} \quad あるいは \quad \frac{1 \, g \cdot 1 \, K}{4.18 \, J} \qquad \frac{2260 \, J}{1 \, g} \quad あるいは \quad \frac{1 \, g}{2260 \, J}$$

不必要な単位, g・K と g を分母にもつ変換因子を選択する

[3]　解答を得る.

• 比熱容量を用いて, 水の温度を 75 K だけ変化させるために必要な熱を計算する.

$$熱量 = 質量 \times \Delta T \times 比熱容量$$
$$J = 25.0 \, g \times 75 \, K \times \frac{4.18 \, J}{1 \, g \cdot 1 \, K}$$
$$= 7837.5 \, J, \quad 四捨五入して \, 7,800 \, J$$

• 蒸発熱を用いて, 相変化 (液体の水から気体の水への変化) のために必要な熱を計算する.

$$J = 25.0 \, g \times \frac{2260 \, J}{1 \, g} = 56,500 \, J, \quad 四捨五入して \, 57,000 \, J$$

• 二つの値を足し合わせ, 必要となる全エネルギーを求める.

$$全エネルギー = 7800 \, J + 57,000 \, J = 64,800 \, J$$

答　64,800 J, 四捨五入して 65,000 J

練習問題 7・9　質量 50.0 g の水を 25 ℃ から 0.0 ℃ の固体の氷へ冷却するとき, 放出されるエネルギーは何 J か. ただし, 水の比熱容量を 4.18 J/(g・K), 水の融解熱を 334 J/g とする.

シャルルの法則による風の流れの説明

シャルルの法則を用いると, 海辺において風の流れが形成されるしくみを説明することができる (右図). 陸上の空気は, 水面上の空気よりも速やかに加熱される. 陸上の空気の温度が上昇すると, それが占める体積が増大するので, その密度は低下する. この暖かく, 密度の低い空気は上昇し, それによって空いた空間をみたすように, 水面上のより冷たく, 密度の高い空気が陸に向かって移動する. これが風の流れとなる.

小さい体積を同数の空気分子が占めるので, 低温の空気は密度が高くなる

暖かい空気は上昇する

シャルルの法則により暖められた空気は膨張するので, その密度は低下する. 暖かい空気は上昇する

暖かい空気の場所をみたす

冷たい空気が移動して,

海

陸地

8

溶 液

航空機の翼の除氷には，エチレングリコールを含む溶液が用いられる．吹付けた溶液によって凝固点が低下するため，氷が融解する．

二つ以上の物質の均一な混合物を**溶液**という．8章では溶液について学ぶ．食塩や砂糖は水に溶けるが，植物油やガソリンが水に溶けないのはなぜだろうか．医療従事者は業者から供給されるままに薬剤を購入するが，それをどのようにして，患者に適切な量を投与できるような希薄溶液を調製するのだろうか．これらの事象を説明するためには，物質の溶解性と濃度に関する理解が必要となる．

8・1 混 合 物

これまで注目してきた物質，すなわち単体，共有結合化合物，イオン化合物はおもに**純物質**であった．しかし，身近に接するほとんどの物質は，二つ以上の純物質からなる**混合物**である．たとえば，空気は，おもに窒素と酸素からなり，少量のアルゴン，水蒸気，二酸化炭素や他の気体を含む混合物である．海水もまた混合物であり，おもに水と塩化ナトリウムから構成される．混合物には不均一なものと均一なものがある．

純物質 pure substance
混合物 mixture

- 試料全体が一様の組成をもたない混合物を**不均一混合物**という．
- 試料全体が一様の組成をもつ混合物を**均一混合物**という．

不均一混合物 heterogeneous mixture
均一混合物 homogeneous mixture

8・1A 溶 液

均一混合物の最もふつうの形態は**溶液**である．

- 微小な粒子を含む均一混合物を**溶液**という．液体の溶液は透明である．

溶液 solution

1杯の熱いコーヒーや酢，ガソリンなどは透明な溶液である．溶液は，気体，液体，固体の状態をとることができる（図8・1）*．空気は気体の溶液である．静脈注射用の生理食塩水は，液体の水に固体の塩化ナトリウム NaCl を含む溶液である．かつて歯科修復材料に用いられた水銀アマルガムは，固体の銀 Ag の中に液体の水銀 Hg を含む溶液である．

* 訳注：日本語の"溶液"は均一な液体混合物をさすが，英語の solution は均一な気体や固体混合物をも意味する．本章の"溶液"は後者の意味である．

二つの物質が溶液を形成するとき，存在する量がより少ない物質を**溶質**といい，多い物質を**溶媒**という．また，水を溶媒とする溶液を**水溶液**という．

溶液はそれを構成する純物質に分離することができるが，溶液の一つの成分を，沪

溶質 solute
溶媒 solvent
水溶液 aqueous solution

図 8・1　種類の異なる三つの溶液.
(a) 空気はおもに N_2 と O_2 からなる気体の溶液である. 肺には, H_2O と CO_2 も含まれている. (b) 静脈注射用の生理食塩水は, 液体の水に溶解した固体の塩化ナトリウム NaCl を含む. (c) かつて歯科修復材料として用いられた水銀アマルガムは, 固体の銀 Ag に溶解した液体の水銀 Hg を含む.

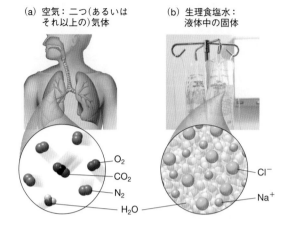

(a) 空気: 二つ(あるいはそれ以上の)気体

O_2
CO_2
N_2
H_2O

(b) 生理食塩水: 液体中の固体

Cl^-
Na^+

(c) 歯科修復材料: 固体中の液体

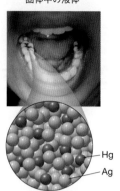

Hg
Ag

過によって他の成分から除くことはできない. なぜなら, 溶質の粒子は溶媒の粒子と, 大きさが類似しているからである. 特定の溶質と溶媒に対して, 異なった組成をもつ溶液をつくることができる. たとえば, 1.0 g の食塩 NaCl を 50.0 g の水と混合することができ, また 10.0 g の NaCl を 50.0 g の水と混合することもできる.

8・1B　コロイドと懸濁液

コロイドと懸濁液は, 溶液に含まれる粒子よりもさらに大きい粒子を含む混合物である.

コロイド colloid

懸濁液 suspension

- 溶液よりもさらに大きな粒子を含む均一混合物をコロイドという. コロイドは外観が不透明なこともある.
- 液体中に分散した大きな粒子を含む不均一混合物を懸濁液という.

溶液と同様, 一般にコロイドの粒子は沪過によって他の成分から分離することはできず, 静置しても沈殿することはない. コロイドに含まれる粒子は, 直径 1 nm〜1 μm と定義されている. 牛乳はコロイドである. 均質化された牛乳は, 外観が不透明な均一混合物であり, 水に溶けない大きなタンパク質や脂肪分子を含んでいる. 脂肪やタンパク質の粒子は沈殿しないので, 牛乳は飲む前に振る必要はない.

血液は血液細胞を含む懸濁液であり, 血液細胞は遠心分離によって液体の血漿から分離することができる.

一方, 懸濁液は, 直径が 1 μm 以上の粒子を含む不均一混合物である. 粒子は大きいので液体に溶解せず, また粒子は沪過によって, あるいは遠心分離を用いて液体から分離することができる. 懸濁液の粒子は静置すると沈殿するので, 粒子を分散させるためには懸濁液を振られなければならない. 制酸薬であるマグネシア乳は懸濁液である. マグネシア乳*は静置すると有効成分が沈殿してしまうので, 使用する前によく振らなければならない.

*　訳注: マグネシア乳は酸化マグネシウム MgO の白色懸濁液. 制酸薬として用いられる.

表 8・1 に溶液, コロイド, 懸濁液の性質をまとめた.

表 8・1　溶液, コロイド, 懸濁液

混合物	粒子の大きさ	沈殿	分離
溶液	小さい, ＜1 nm	ない	成分は沪過によって分離できない
コロイド	比較的大きい, 1 nm〜1 μm	ない	成分は通常の沪過操作では分離できない
懸濁液	大きい, ＞1 μm	ある	成分は沪過あるいは遠心分離によって分離できる

8・2 電解質と非電解質

　水に溶解した溶質がイオンを生成すると，溶液に電気が流れる．一方，溶質が電気的に中性な分子だけを含む場合は，電気は流れない．

- 水中で電気を通す物質を**電解質**という．
- 水中で電気を通さない物質を**非電解質**という．

電解質 electrolyte

非電解質 nonelectrolyte

8・2A 分　類

　塩化ナトリウム NaCl の水溶液と，過酸化水素 H_2O_2 の水溶液の違いを考えてみよう．NaCl の水溶液はカチオンの Na^+ とアニオンの Cl^- を含んでおり，電気が流れる．一方，H_2O_2 の水溶液は，水中には電荷をもたない H_2O_2 分子だけが含まれるので，電気は流れない．

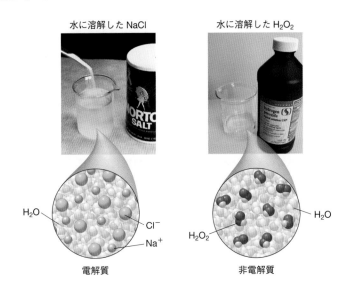

水に溶解した NaCl　　　水に溶解した H_2O_2

H_2O　　Cl^-　　Na^+　　電解質

H_2O_2　　H_2O　　非電解質

　電解質は，化合物が解離してイオンを生成する程度に依存して，強電解質あるいは弱電解質に分類される．

　強電解質は水に溶解すると，完全に解離してイオンを生成する物質である．NaCl の水溶液中に存在する化学種は Na^+ と Cl^- だけであるから，NaCl は強電解質である．

　弱電解質は水に溶解すると，ほとんどが電荷をもたない分子を与えるが，その一部が解離してイオンを生成する．アンモニア NH_3 が水に溶解すると，おもに存在する化学種は電荷をもたない NH_3 分子であるが，少量の NH_3 分子が水と反応してカチオンの NH_4^+ とアニオンの OH^- を生成する．弱電解質の水溶液には少量のイオンが含まれるので，電気は流れるが，強電解質ほど良好ではない．

強電解質 strong electrolyte

弱電解質 weak electrolyte

一般的な弱電解質は弱酸や弱塩基であり，それらについては9章で学ぶ．

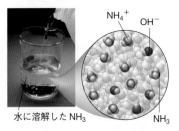

NH_4^+　　OH^-　　NH_3

水に溶解した NH_3

NH_3 は水中で，ほとんどが電荷をもたない NH_3 分子として存在し，イオン（NH_4^+ および OH^-）は少量しかないため，弱電解質である

表 8・2　強電解質，弱電解質，非電解質

溶　質	溶液中の化学種	導電性	例
強電解質	イオン	電気を通す	NaCl, KOH, HCl, KBr
弱電解質	少量のイオンと分子	電気を通す	NH_3, CH_3CO_2H, HF
非電解質	分子	電気を通さない	CH_3CH_2OH, H_2O_2

表8・2に強電解質，弱電解質，非電解質の性質をまとめ，それぞれの例を示した．

問題 8・1 右の分子図は，赤球
で示された **A** と青球で示された
B からなる化合物 **AB** の水溶液
を表している．それぞれの分子
図を強電解質，弱電解質，非電
解質のいずれかに分類せよ．

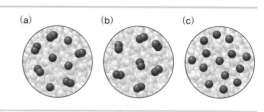

8・2B 当   量

当量 equivalent，略称 Eq

血漿には電解質が含まれており，Na^+，K^+，Cl^-，HCO_3^- のようなイオンが溶解している．溶液中のそれぞれのイオンの量を表すために，**当量**という単位が用いられる．当量によってイオンの量がその電荷と関係づけられる．

• 当量は 1 mol のイオンが溶液に寄与する電荷の物質量を表す．

たとえば，K^+ の電荷は +1 であるから，1 mol の K^+ は 1 当量の K^+ に等しい．Ca^{2+} の電荷は +2 であるから，1 mol の Ca^{2+} は 2 当量の Ca^{2+} に等しい．表8・3に示すように，イオン 1 mol 当たりの当量は，イオンの電荷に等しい．

血漿や静脈注射液に含まれる電解質の量は，しばしば溶液 1 L 当たりのミリ当量（mEq/L）単位で表記される．ここで 1000 mEq = 1 Eq である．イオンを含む溶液中では，存在するすべてのイオンの正電荷の総量と負電荷の総量は釣合っていなければならない．たとえば，KCl の溶液が 40 mEq/L の K^+ を含むならば，それには 40 mEq/L の Cl^- が含まれるはずである．

表 8・3 物質量と当量

イオン	当量
1 mol Na^+	1 Eq Na^+
1 mol Ca^{2+}	2 Eq Ca^{2+}
1 mol HCO_3^-	1 Eq HCO_3^-
1 mol PO_4^{3-}	3 Eq PO_4^{3-}

問題 8・2 次のそれぞれの物質量のイオンは，何当量か．
(a) 1 mol Na^+　　(b) 1 mol Mg^{2+}　　(c) 0.5 mol K^+　　(d) 0.5 mol PO_4^{3-}

例題 8・1 イオンのミリ当量を計算する

静脈注射用 NaCl 水溶液が 154 mEq/L の Na^+ を含むとき，患者に与えられた溶液 800.0 mL 中に含まれる Na^+ は何 mEq か．
解答
[1] わかっている量と求めるべき量を明確にする．

溶液中に 154 mEq/L の Na^+　　　? mEq Na^+
800.0 mL の溶液
わかっている量　　　　　　　　求めるべき量

[2] 変換因子を書き出す．
• mEq と体積を関係づける変換因子を設定する．溶液の体積

不必要な単位 L と
mL が分母にある
変換因子を用いる

mEq-L 変換因子

$$\frac{154 \text{ mEq } Na^+}{1 \text{ L}}$$ あるいは $$\frac{1 \text{ L}}{154 \text{ mEq } Na^+}$$

mL-L 変換因子

$$\frac{1 \text{ L}}{1000 \text{ mL}}$$ あるいは $$\frac{1000 \text{ mL}}{1 \text{ L}}$$

が L で与えられているので，mL-L 変換因子も必要となる．
[3] 解答を得る．
• もとの量と変換因子を掛け合わせ，求めるべき量を得る．

$$800.0 \text{ mL} \times \frac{1 \text{ L}}{1000 \text{ mL}} \times \frac{154 \text{ mEq } Na^+}{1 \text{ L}}$$
$$= 123 \text{ mEq } Na^+$$

答 123 mEg の Na^+ が含まれる

練習問題 8・1 ある溶液が 1 L 当たり 125 mEq の Na^+ を含むとき，25 mEq の Na^+ が含まれる溶液の体積は何 mL か．

問題 8・3 ある溶液には次のイオンが含まれている．Na^+（15 mEq/L），K^+（10.0 mEq/L），Ca^{2+}（4 mEq/L）．Cl^- だけがアニオンとしてその溶液に存在するとき，その濃度を mEq/L 単位で求めよ．

8・3 溶解度: 一般的な性質

　一定量の溶媒に溶解する溶質の量を**溶解度**という．一般に溶解度は，溶液 100 mL 当たりの溶質の g 単位の質量（g/100 mL）で表記される．溶解する最大の質量よりも少ない質量の溶質を含む溶液を**不飽和溶液**という．溶解する最大の質量を含む溶液を**飽和溶液**という．飽和溶液にさらに溶質を添加すれば，加えた溶質はフラスコの中に溶けずに残るだろう．

溶解度 solubility

不飽和溶液 unsaturated solution
飽和溶液 saturated solution

8・3A 基本原理

　ある化合物の特定の溶媒に対する溶解性は，何によって決まるのだろうか．ある化合物が与えられた溶媒に溶けるどうかは，その化合物とその溶媒との間の相互作用の強さに依存する．その結果として，一般に化合物は，それと強く引力的な相互作用をする溶媒に溶ける．すなわち，化合物は類似の分子間力をもつ溶媒に溶ける．化合物の溶解性はしばしば，次のような簡単な言葉で要約される．"同類は同類を溶かす"．

- ほとんどのイオン化合物および極性の共有結合化合物は，水や極性溶媒に溶ける．
- 無極性化合物は無極性溶媒に溶ける．

　水に溶ける化合物はイオン化合物か，あるいは溶媒である水と水素結合できる小さな極性分子である．たとえば，固体の塩化ナトリウム NaCl は，反対の電荷をもつイオンがきわめて強い静電引力によって互いに結びついている．それが水と混合すると Na^+ と Cl^- は互いに分離し，極性の水分子によって取囲まれる（図 8・2）．

図 8・2　**水中への塩化ナトリウムの溶解**．イオン化合物の NaCl を水に溶かすと，結晶における Na^+ と Cl^- の相互作用が，Na^+ および Cl^- と溶媒との新たな相互作用に置き換わる．それぞれのイオンは，反対の電荷をもつ化学種が互いに接近するように配列した，ゆるく結合した水分子の殻によって取囲まれる．

　それぞれの Na^+ は，部分的な負電荷をもつ酸素原子がカチオンの正電荷の近くに配列した水分子によって取囲まれる．一方，それぞれの Cl^- は，部分的な正電荷をもつ水素原子がアニオンの負電荷の近くに配列した水分子によって取囲まれる．

- 双極子をもつ分子とイオンとの間に働く引力を，**イオン–双極子相互作用**という．

イオン–双極子相互作用 ion-dipole interaction

　Na^+, Cl^- と水との間のイオン–双極子相互作用によって，結晶格子からイオンをば

溶媒和 solvation

らばらにするために必要なエネルギーが供給される. 水分子はそれぞれのイオンのまわりに, ゆるく結合した溶媒分子の殻を形成する. 溶媒分子によって溶質の粒子が取囲まれる過程を**溶媒和**という.

　水と水素結合を形成できる電荷をもたない小さい分子も, 水に溶解することができる. たとえば, アルコール性飲料に含まれるエタノール C_2H_5OH は水に溶ける. これは, C_2H_5OH の OH 基と水の OH 基との間で水素結合が形成されるためである.

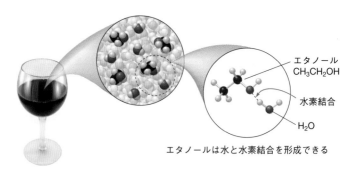

エタノール
CH₃CH₂OH

水素結合

H₂O

エタノールは水と水素結合を形成できる

　電荷をもたない分子の水に対する溶解性は, 小さい極性分子か, あるいは水と水素結合を形成できる多数の酸素原子や窒素原子をもつ分子だけに限られる. たとえば, 動物脂肪の成分であるステアリン酸 $C_{18}H_{36}O_2$ は水に溶けない. これは, その無極性部分（C−C および C−H 結合）が極性部分（C−O および O−H 結合）に比べて大きいからである. 一方で, 簡単な炭水化物であるグルコース $C_6H_{12}O_6$ は水に溶ける. これは, $C_6H_{12}O_6$ が多くの OH 基をもち, それによって水と水素結合を形成する多くの機会をもつからである.

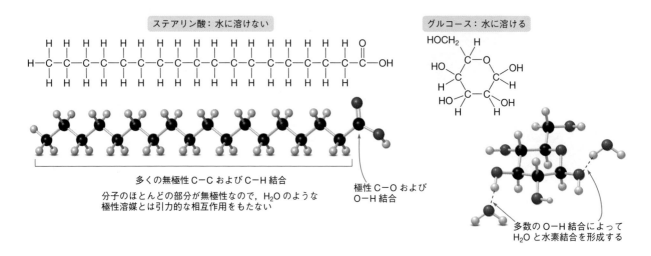

ステアリン酸: 水に溶けない

多くの無極性 C−C および C−H 結合
分子のほとんどの部分が無極性なので, H_2O のような極性溶媒とは引力的な相互作用をもたない

極性 C−O および
O−H 結合

グルコース: 水に溶ける

多数の O−H 結合によって
H_2O と水素結合を形成する

　無極性化合物は無極性溶媒に溶ける. その結果として, 図8・3に示すように, ガソリンの成分であるオクタン C_8H_{18} は無極性溶媒の四塩化炭素 CCl_4 に溶ける. 動物脂肪と植物油はほとんど無極性の C−C 結合と C−H 結合からなるので, これらは CCl_4 には溶けるが, 水のような極性溶媒には溶けない. これらの溶解性によって, "水と油は混じらない"理由が説明される.

　溶媒中へ溶質が溶けることは, エネルギー変化を伴う物理的過程である. 溶質の粒

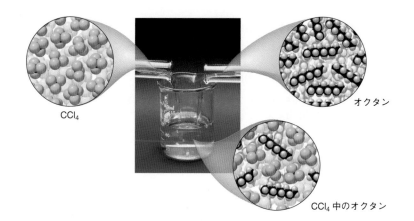

CCl₄

オクタン

CCl₄ 中のオクタン

子をばらばらにする過程はエネルギーを必要とし，溶質と溶媒の間に新たな引力が形成される過程ではエネルギーが放出される．

- 溶質の粒子を分離するために必要なエネルギーよりも，溶媒和によって多くのエネルギーが放出されるときは，全体は発熱過程となる（熱が放出される）．
- 溶媒和によって放出されるエネルギーよりも，溶質の粒子を分離するために多くのエネルギーが必要なときは，全体は吸熱過程となる（熱が吸収される）．

溶解に伴うエネルギー変化は，市販されている加熱パックと冷却パックに利用されている．加熱パックは小袋の中に塩化カルシウム $CaCl_2$ あるいは硫酸マグネシウム $MgSO_4$ と水が入っている．それらを分けているシールを破ると，塩が水に溶解して熱が放出され，小袋は温かくなる．対照的に，硝酸アンモニウム NH_4NO_3 は水と混合すると熱を吸収するので，この塩は腫れを冷やして小さくするための瞬間冷却パックに用いられる．

例題 8・2　水に対する溶解性を予測する

次の化合物について，水に対する溶解性を予測せよ．
(a) KCl　　(b) メタノール CH_3OH　　(c) ヘキサン C_6H_{14}
解答　(a) KCl はイオン化合物であるので，極性溶媒である水に溶ける．
(b) CH_3OH は OH 基をもつ小さい極性分子である．その結果，CH_3OH は水と水素結合を形成することができ，水に溶ける．
(c) ヘキサン C_6H_{14} は無極性の C−C 結合と C−H 結合だけをもつので，無極性分子であり，水に溶けない．

練習問題 8・2　次の化合物のうち，水に溶けるものはどれか．

(a) $NaNO_3$　　(b) CH_4　　(c) $HO-\overset{\overset{\text{H}}{|}}{\underset{\underset{\text{H}}{|}}{C}}-\overset{\overset{\text{H}}{|}}{\underset{\underset{\text{H}}{|}}{C}}-OH$　　(d) NH_2OH

8・3B　イオン化合物：付加的な規則

一般にイオン化合物は水に溶けるが，そうでないものもある．結晶性固体においてイオン間に働く引力が，イオンと水との間の引力的な相互作用よりも大きければ，イオン化合物は水に溶けない．イオン化合物におけるカチオンとアニオンの種類によって，その化合物の水に対する溶解性が決まる．水に対する溶解性を予想するために，次ページに示す二つの規則が用いられる．

たとえば，炭酸ナトリウム Na_2CO_3 は Na^+ を含むので水に溶けるが（規則 [1]），炭酸カルシウム $CaCO_3$ は規則 [1] と規則 [2] に示されたどのイオンも含まないので水に溶けない．本書においてイオン化合物の溶解性を扱う際には，ここで述べた溶解性の規則を考慮することを特に求めない限り，その化合物は水に溶けるものとしよう．

イオン化合物の溶解性に対する一般的な規則

規則 [1]　次のカチオンのうちの一つを含むイオン化合物は水に溶ける.
- 1族元素のカチオン: Li^+, Na^+, K^+, Rb^+, Cs^+
- アンモニウムイオン NH_4^+

規則 [2]　次のアニオンのうちの一つを含むイオン化合物は水に溶ける.
- ハロゲン化物イオン: Cl^-, Br^-, I^-, ただし Ag^+, Hg_2^{2+}, Pb^{2+} の塩を除く
- 硝酸イオン NO_3^-
- 酢酸イオン $CH_3CO_2^-$
- 硫酸イオン SO_4^{2-}, ただし Ba^{2+}, Hg_2^{2+}, Pb^{2+} の塩を除く

8・4　溶解度: 温度と圧力の効果

温度と圧力はいずれも溶解度に影響を与える.

8・4A　温度の効果

ほとんどのイオン化合物や分子結晶では, 一般に温度の上昇とともに溶解度は増大する. たとえば, 砂糖は1杯のアイスティーよりも温かいコーヒーによく溶ける. 固体を高温で溶媒に溶かし, その溶液をゆっくり冷却させると, 溶質の溶解度が減少し, 固体が溶液から沈殿する. しかし, 非常にゆっくりと冷却させると, 溶液は溶質で過飽和となることがある. **過飽和溶液**とは, 与えられた温度において, 予測される最大量を超える溶質を含む溶液をいう. このような溶液は不安定であり, 乱れが生じるとただちに溶質が沈殿する.

過飽和溶液 supersaturated solution

対照的に, 気体の溶解度は温度の上昇とともに減少する. これは, 温度が上昇すると粒子の運動エネルギーが増大するため, 多くの気体粒子が気相へ離脱し, 溶液に残る粒子が減少するためである. 温度の上昇は, 湖や河川の酸素の溶解度を減少させる. 湖や河川の近くで操業している工場が水温を上昇させる場合には, 溶存する酸素が不足することによって, 水生生物が死に至ることもある.

8・4B　圧力の効果

圧力の変化は液体と固体の溶解度には影響しないが, 気体の溶解度には著しい影響を与える. 気体の溶解度に対する圧力の効果は**ヘンリーの法則**によって記述される.

ヘンリーの法則 Henry's law

- ヘンリーの法則によると, 液体中の気体の溶解度は, その液体に接する気体の分圧に比例する.

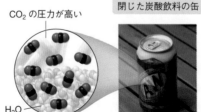

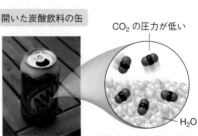

CO_2 の圧力が高い　閉じた炭酸飲料の缶　開いた炭酸飲料の缶　CO_2 の圧力が低い

H_2O　　　　　　　　　　　　　　　　　　　　　　　　H_2O

溶液中の CO_2 濃度が高い　　　　　　　　　　溶液中の CO_2 濃度が低い

図 8・4　ヘンリーの法則と炭酸飲料. 閉じた炭酸飲料の缶の中の空気圧は約 2 atm である. 缶を開けると, 缶の中の液体上の圧力は 1 atm に低下するので, 炭酸飲料中の CO_2 濃度も同様に低下する. このため, 炭酸飲料から気体がシューッと噴き出す.

　すなわち，圧力が高いほど，溶媒中の気体の溶解度は大きくなる．炭酸飲料の缶を開けると気体が噴き出すのは，ヘンリーの法則によるものである．CO_2が溶けた炭酸飲料の缶は，1 atm よりも高い圧力下で封印される．缶を開けると，液体に接する気体の圧力が 1 atm へ減少するため，飲料中の CO_2 の溶解度も減少する．このため，溶けていた CO_2 の一部がシューッと溶液の外へ噴き出すのである（図 8・4）．

8・5　濃度の単位：パーセント濃度

　実験室で溶液を用いたり，液体の薬剤の適切な量を患者に投与するときには，その濃度を知らなければならない．**濃度**は定められた量の溶液に溶けている溶質の量である．濃度を表記する方法には，質量，体積，あるいは物質量を用いたいくつかの方法がある．濃度の有用な二つの表記法として，パーセント，すなわち溶液 100 mL 当たりの溶質の質量（g 単位）あるいは体積（mL 単位）を用いる方法がある．

濃度 concentration

8・5A　質量/体積パーセント濃度

　濃度の最も一般的な表記法の一つは，**質量/体積パーセント濃度**である．これは，溶液 100 mL に溶けている溶質の質量（g 単位）と定義され，(w/v)% と表記される．数学的には質量/体積パーセント濃度は，与えられた溶液中の溶質の質量（g 単位）を溶液の体積（mL 単位）で割り，100% を掛けることによって求められる．

質量/体積パーセント濃度 weight/volume percent concentration

メスフラスコ volumetric flask

$$\text{質量/体積パーセント濃度　(w/v)\%} = \frac{\text{溶質の質量 (g)}}{\text{溶液の体積 (mL)}} \times 100\%$$

　たとえば，食酢は溶液 100 mL に溶解した 5 g の酢酸を含んでいる．したがって，食酢中の酢酸の濃度は 5 (w/v)% となる．

$$\text{酢酸濃度 (w/v)\%} = \frac{\text{酢酸 5 g}}{\text{食酢溶液 100 mL}} \times 100\% = 5 \text{ (w/v)\%}$$

　濃度を計算する際に用いる体積は，溶液の最終的な体積であり，溶液を調製するために加える溶媒の体積ではないことに注意してほしい．与えられた濃度の溶液を調製するためには，**メスフラスコ**とよばれる特殊なフラスコが用いられる（図 8・5）．まず，溶質をフラスコに入れ，混合して溶質を溶かすために十分な量の溶媒を加える．つづいて，溶液の最終的な体積を示す目盛線に到達するまで，溶媒を追加する．

(a) 溶質を加える

(b) 溶媒を加える

図 8・5　**特定の濃度をもつ溶液の調製**．与えられた濃度の溶液を調製するためには，まず秤量した溶質をメスフラスコに加え(a)，それから溶媒を加えて固体を溶かし，さらに溶液の高さがフラスコの首にある目盛り線に到達するまで，溶媒を追加する(b)．

例題 8・3　**質量/体積パーセント濃度を計算する**

ある種ののどスプレーには，防腐剤として溶液 25 mL 当たり 0.35 g のフェノールが溶けている．フェノールの質量/体積パーセント濃度を求めよ．

解答

$$\text{(w/v)\%} = \frac{\text{フェノール 0.35 g}}{\text{溶液 25 mL}} \times 100\% = 1.4 \text{ (w/v)\%}$$

答　フェノール濃度は 1.4 (w/v)%

練習問題 8・3　海水 1 L が 35 g の塩化ナトリウム NaCl を含むとすると，海水中の NaCl の質量/体積パーセント濃度を求めよ．

8・5B 体積/体積パーセント濃度

溶液中の溶質が液体であるときには，その濃度はしばしば**体積/体積パーセント濃度**を用いて表記される．これは，溶液 100 mL に溶けている溶質の体積（mL 単位）と定義され，(v/v)% と表記される．数学的には体積/体積パーセント濃度は，与えられた溶液中の溶質の体積（mL 単位）を溶液の体積（mL 単位）で割り，100% を掛けることによって求められる．

$$\text{体積/体積パーセント濃度}\quad (v/v)\% = \frac{\text{溶質の体積（mL）}}{\text{溶液の体積（mL）}} \times 100\%$$

たとえば，1 本の消毒用アルコールが溶液 100 mL に 70 mL の 2-プロパノールを含むならば，その 2-プロパノール濃度は 70 (v/v)% である．

$$\text{2-プロパノール濃度 (v/v)\%} = \frac{\text{2-プロパノール 70 mL}}{\text{消毒用アルコール 100 mL}} \times 100\% = 70\,(v/v)\%$$

8・5C 変換因子としてパーセント濃度を用いる計算

パーセント濃度は，溶質の量（g あるいは mL 単位）と溶液の量を関係づけるための変換因子として用いることができる．たとえば，麻酔薬であるケタミンは 5.0 (w/v)% 溶液として供給される．これは溶液 100 mL に 5.0 g のケタミンが存在することを意味している．これから，パーセント濃度に由来する二つの変換因子を書くことができる．

$$\text{ケタミン濃度 5 (w/v)\%}\qquad \frac{\text{ケタミン 5.0 g}}{\text{溶液 100 mL}}\quad \text{あるいは}\quad \frac{\text{溶液 100 mL}}{\text{ケタミン 5.0 g}}$$

質量/体積パーセント濃度

これらの変換因子は，与えられた溶液の体積に含まれる溶質の量を求めるために（例題 8・4），また与えられた溶質の質量を含む溶液の体積を求めるために（問題 8・5），用いることができる．

例題 8・4 パーセント濃度を用いて溶質の質量を求める

経口摂取ができない患者のための点滴に用いる生理食塩水は，水中に 0.92 (w/v)% の NaCl を含んでいる．この溶液 250 mL に含まれる NaCl の質量は何 g か．

解答

[1] わかっている量と求めるべき量を明確にする．

NaCl 濃度 0.92 (w/v)% の溶液
250 mL （わかっている量）　　? g NaCl（求めるべき量）

[2] 変換因子を書き出す．
- 質量/体積パーセント濃度を用いて，NaCl の質量と溶液の体積を関係づける変換因子を設定する．

$$\frac{\text{溶液 100 mL}}{\text{NaCl 0.92 g}}\quad \text{あるいは}\quad \boxed{\frac{\text{NaCl 0.92 g}}{\text{溶液 100 mL}}}$$

mL を消去するためにこの変換因子を選択する

[3] 解答を得る．
- もとの量と変換因子を掛け合わせ，求めるべき量を得る．

$$250\,\text{mL} \times \frac{0.92\,\text{g NaCl}}{\text{溶液 100 mL}} = 2.3\,\text{g}$$

答　NaCl の質量は 2.3 g

練習問題 8・4 鎮痛薬イブプロフェンは，小児用に経口懸濁液として市販されている．次の問いに答えよ．
(a) 懸濁液 5.0 mL 当たり 100.0 mg のイブプロフェンが含まれている．この懸濁液におけるイブプロフェンの質量/体積パーセント濃度を求めよ．
(b) この懸濁液を 2.5 tsp 投与するとき，得られるイブプロフェンの質量は何 mg か．ただし，1 tsp = 5 mL とする．

問題 8・5 麻酔薬ケタミンの濃度が 5.0 (w/v)% の溶液において，75 mg のケタミンを含む溶液の体積を求めよ．
問題 8・6 市販されている手指消毒薬に含まれるエタノールの濃度を 62 (v/v)% とすると，500.0 mL の瓶に入った手指消毒薬には何 mL のエタノールが含まれているか．

体積/体積パーセント濃度 volume/volume percent concentration
ワインやビール，および他のアルコール飲料のアルコール（エタノール）含有量は，(v/v)% を用いて示される．典型的なワインのアルコール含有量は 10〜13% であるが，ビールはふつう 3〜5% 程度である．

問題 8・4　750 mL 瓶のワインには，101 mL のエタノールが含まれている．このエタノールの体積/体積パーセント濃度を求めよ．

ケタミンは人間と動物の両方で広く用いられている麻酔薬である．ケタミンは幻覚をひき起こすので，娯楽のための麻薬として違法に使用されている．

生理食塩水は，静脈内注射，傷の洗浄，コンタクトレンズの保管のほか，多くの用途に用いられている．

8・5D 百万分率

　溶液に含まれる溶質の濃度が著しく小さいときには，濃度はしばしば**百万分率**（ppm）で表記される．パーセント濃度は溶液 100（100 mL）に対する部分の数（g あるいは mL）を表すが，ppm は溶液 1,000,000 に対する部分の数を表す．"部分"の単位は質量でも，体積でもよい．ただし，分子と分母で同じ単位を用いなければならない．

$$
\text{百万分率}\quad \text{ppm} = \frac{\text{溶質の質量 (g)}}{\text{溶液の質量 (g)}} \times 10^6 \quad \text{あるいは}
$$
$$
\text{ppm} = \frac{\text{溶質の体積 (mL)}}{\text{溶液の体積 (mL)}} \times 10^6
$$

　たとえば，質量 10^6 g の溶液に 1.3 g のマグネシウムイオンを含む海水試料のマグネシウム濃度は 1.3 ppm となる．

$$
\text{マグネシウム濃度 ppm} = \frac{\text{マグネシウム 1.3 g}}{\text{海水 } 10^6 \text{ g}} \times 10^6 = 1.3\ \text{ppm}
$$

　ppm は非常に希薄な溶液に対する濃度の単位として用いられる．水が溶媒であるとき，溶液の密度は純粋な水の密度，すなわち室温で 1.0 g/mL に近い．この場合には，単位が g であるか mL であるかにかかわらず，分母の数字は同じになる．たとえば，ガソリンの添加物であり環境汚染物質である MTBE を 2 ppm 含む水溶液は，次のように書くことができる．

$$
\text{MTBE 濃度}\quad \frac{2\,\text{g MTBE}}{\text{溶液 } 10^6\,\text{g}} \times 10^6 = \frac{2\,\text{g MTBE}}{\text{溶液 } 10^6\,\text{mL}} \times 10^6 = 2\ \text{ppm}
$$
$$
10^6\ \text{mL の質量は } 10^6\ \text{g である}
$$

例題 8・5　**ppm 単位で濃度を求める**

海鳥の組織に含まれる DDT を調べたところ，質量 1900 g の組織に 50.0 mg の DDT が検出された．DDT の濃度は何 ppm か．DDT は生分解性のない農薬であり，持続性のある環境汚染物質である．DDT は日本では 1971 年には製造・販売が禁止された．

解答

[1]　溶質と溶液がいずれも同じ単位をもつように，DDT の質量を mg 単位から g 単位に変換する．

$$
50.0\ \text{mg DDT} \times \frac{1\ \text{g}}{1000\ \text{mg}} = 0.0500\ \text{g DDT}
$$

[2]　式を用いて，ppm 単位の濃度を求める．

$$
\frac{\text{DDT } 0.0500\ \text{g}}{\text{組織 } 1900\ \text{g}} \times 10^6 = 26\ \text{ppm}
$$

答　DDT の濃度は 26 ppm

練習問題 8・5　次の試料に含まれる DDT の濃度を ppm 単位で求めよ．
(a) プランクトン 1400 g 中の DDT 0.042 mg
(b) 母乳 1.0 kg 中の DDT 225 μg

農薬の DDT で汚染された魚を常食とするミサゴなどの海鳥は，その脂肪組織に平均 25 ppm の DDT を蓄積している．DDT 濃度が高まると，海鳥の産む卵の殻が非常に薄くなり，卵が壊れやすくなるため，卵からひなにかえる海鳥の数が減少する．

8・6　濃度の単位：モル濃度

　実験室において最も一般的に用いられる濃度の単位は，**モル濃度**である．モル濃度

は溶液 1 L 当たりの溶質の物質量と定義される．モル濃度の単位は mol/L であるが，記号 M（モーラーと読む）によって略記されることが多い．

$$\text{モル濃度 } M = \frac{\text{溶質の物質量（mol）}}{\text{溶液の体積（L）}}$$

　1.00 mol（58.4 g）の塩化ナトリウム NaCl を十分な量の水に溶かし，体積を 1.00 L とした溶液は，モル濃度 1.00 M の溶液である．また，2.50 mol（146 g）の NaCl を十分な量の水に溶かし，体積を 2.50 L とした溶液も，モル濃度 1.00 M の溶液である．いずれの溶液も，単位体積当たり同じ物質量の溶質を含む．

$$M = \frac{\text{溶質の物質量（mol）}}{V\text{（L）}} = \frac{\text{NaCl 1.00 mol}}{\text{溶液 1.00 L}} = 1.00 \text{ M}$$

$$M = \frac{\text{溶質の物質量（mol）}}{V\text{（L）}} = \frac{\text{NaCl 2.50 mol}}{\text{溶液 2.50 L}} = 1.00 \text{ M}$$

同じ濃度
単位体積当たり同じ物質量を含む

　実験室では一般に物質の量は天秤を用いて秤量されるので，物質の特定の質量からモル濃度を計算する方法を学ばなければならない．以下にこの方法を段階的手法として示すことにしよう．

How To　与えられた溶質の質量からモル濃度を求める方法

例　質量 20.0 g の水酸化ナトリウム NaOH から調製した溶液 250 mL のモル濃度を求めよ．

段階 1　わかっている量と求めるべき量を明確にする．

NaOH 20.0 g
溶液 250 mL　　　　? M（mol/L）
わかっている量　　　求めるべき量

段階 2　溶質の質量を物質量に変換する．必要ならば，溶液の体積を L 単位に変換する．
・NaOH のモル質量（40.00 g/mol）を用いて，質量を物質量に変換する．

モル質量変換因子

$$20.0 \text{ g NaOH} \times \frac{1 \text{ mol}}{40.00 \text{ g NaOH}} = 0.500 \text{ mol NaOH}$$

g が消去される

・mL–L 変換因子を用いて，溶液の体積を mL 単位から L 単位へ変換する．

mL–L 変換因子

$$250 \text{ mL 溶液} \times \frac{1 \text{ L}}{1000 \text{ mL}} = 0.25 \text{ L 溶液}$$

mL が消去される

問題 8・7　静脈注射用に調製されたグルコース溶液は，溶液 2.0 L 中にグルコース 108 g を含む．この溶液のモル濃度を求めよ．

段階 3　溶質の物質量を溶液の体積（L 単位）で割り，モル濃度を得る．

$$M = \frac{\text{溶質の物質量（mol）}}{V\text{（L）}} = \frac{\text{NaOH 0.500 mol}}{0.25 \text{ L 溶液}} = 2.0 \text{ M}$$

モル濃度は 2.0 M となる．

　モル濃度は，溶質の物質量とそれを含む溶液の体積とを関係づける変換因子となる．したがって，溶液のモル濃度と体積がわかれば，溶液に含まれる溶質の物質量を求めることができる．また，溶液のモル濃度と溶質の物質量がわかれば，溶液の体積

（L 単位）を計算することができる.

溶質の物質量を求めるには
$$\frac{溶質の物質量（mol）}{V（L）} = M$$

モル濃度の式を書き換える
溶質の物質量（mol）$= M \times V$（L）

溶液の体積を求めるには
$$\frac{溶質の物質量（mol）}{V（L）} = M$$

モル濃度の式を書き換える
$$V（L） = \frac{溶質の物質量（mol）}{M}$$

例題 8・6　モル濃度と物質量から溶液の体積を求める

濃度 0.30 M のグルコース溶液について，0.025 mol のグルコースを含む溶液の体積は何 mL か.

解答

[1]　わかっている量と求めるべき量を明確にする.

$$
\begin{array}{cc}
0.30\ \text{M} & ?\ V\ \text{（mL）溶液} \\
\text{グルコース}\ 0.025\ \text{mol} & \\
\text{わかっている量} & \text{求めるべき量}
\end{array}
$$

[2]　物質量をモル濃度で割り，体積（L 単位）を得る.

$$V\ (\text{L}) = \frac{溶質の物質量（mol）}{M}$$

$$= \frac{\text{グルコース}\ 0.025\ \text{mol}}{0.30\ \text{mol/L}} = 0.083\ \text{L 溶液}$$

[3]　mL-L 変換因子を用いて，L 単位を mL 単位に変換する.

mL-L 変換因子

$$0.083\ \text{L 溶液} \times \frac{1000\ \text{mL}}{1\ \text{L}} = 83\ \text{mL}$$

L が消去される

答　グルコース溶液の体積は 83 mL

練習問題 8・6　濃度 1.5 M のグルコース溶液について，次のそれぞれの物質量を含む溶液の体積は何 mL か.
(a) 0.020 mol　　(b) 3.0 mol

問題 8・8　コンタクトレンズの洗浄や保存には，濃度 0.15 M の塩化ナトリウム NaCl 溶液が用いられる. この溶液 710 mL に含まれる NaCl の物質量を求めよ.

　物質の質量と物質量はモル質量によって関係づけられる. したがって，以下のような段階的な計算を行うことによって，与えられた溶液の体積を，それに含まれる溶質の質量へ変換することができる. 問題 8・9 でこの種の問題をやってみよう.

$$
\boxed{溶液の体積} \xrightarrow[\text{モル濃度変換因子}]{[1]} \boxed{溶質の物質量} \xrightarrow[\text{モル質量変換因子}]{[2]} \boxed{溶液の質量}
$$

問題 8・9　濃度 0.050 M のアスピリン溶液 50.0 mL に含まれるアスピリンの質量を求めよ. ただし，アスピリンのモル質量を 180.2 g/mol とする.

問題 8・10　濃度 0.25 M のスクロース溶液について，質量 2.0 g のスクロースを含む溶液の体積は何 mL か. ただし，スクロースのモル質量を 342.3 g/mol とする.

8・7　希　　釈

　しばしば溶液の濃度が，必要とする濃度よりも高いことがある. このような場合，溶液の濃度を減少させるために，溶媒を添加することが行われる. このような操作を**希釈**という. たとえば，薬剤の溶液は，薬局の棚に置く場所を小さくするために，高濃度の保存溶液として供給されることが多い. そしてそれは，適切な体積で，また低い濃度で正確な量を患者に投与できるように希釈される.

　希釈において留意すべき重要なことは，溶質の量は一定ということである. 溶媒の

希釈 dilution

添加によって変化するのは，溶液の体積だけである．

最初の溶液   希釈された溶液

§8・6では濃度の単位としてモル濃度を用いると，溶液のモル濃度と体積から，溶質の物質量を計算できることを学んだ．

$$溶質の物質量 = モル濃度 \times 体積$$
$$mol = MV$$

したがって，モル濃度と体積の最初の値（M_1 と V_1）がわかっていれば，希釈した後のモル濃度あるいは体積（M_2 あるいは V_2）の最終的な値を求めることができる．なぜなら，モル濃度と体積の積は物質量に等しく，希釈によって変化しないからである．

$$M_1V_1 = M_2V_2$$
最初の値   最終的な値

モル濃度は実験室で用いられる最もふつうの濃度単位であるが，他の濃度単位，すなわちパーセント濃度や ppm を用いて表記された溶液の希釈においても，モル濃度で述べたことと同じことが維持される．したがって一般に，濃度と体積の積は一定になるから，濃度と体積の最初の値（C_1 と V_1）がわかっていれば，濃度あるいは体積の新しい値（C_2 あるいは V_2）を求めることができる．

$$C_1V_1 = C_2V_2$$
最初の値   最終的な値

例題 8・7　希釈した後の濃度を求める

濃度 3.2 M のグルコース溶液 5.0 mL を 40.0 mL に希釈した．得られた溶液の濃度を求めよ．

解答

[1]　わかっている量と求めるべき量を明確にする．

$M_1 = 3.2$ M　　　　　　　　　$M_2 = ?$
$V_1 = 5.0$ mL　　$V_2 = 40.0$ mL
　　　　わかっている量　　　　求めるべき量

[2]　式を書き，一方の辺が求めるべき量 M_2 だけになるように書き換える．

$M_1V_1 = M_2V_2$　両辺を V_2 で割り，M_2 について解く

$$\frac{M_1V_1}{V_2} = M_2$$

[3]　解答を得る．

・三つのわかっている量を式に代入し，M_2 を求める．

$$M_2 = \frac{M_1V_1}{V_2} = \frac{(3.2\ \text{M})(5.0\ \text{mL})}{(40.0\ \text{mL})} = 0.40\ \text{M}$$

答　グルコース溶液の濃度は 0.40 M

練習問題 8・7　濃度 3.8 M のグルコース溶液 25.0 mL を，275 mL に希釈することによって得られる溶液の濃度を求めよ．

問題 8・11　ドーパミンは重症の患者における血圧を上昇させるために効力のある薬剤であり，静脈内注射によって投与される．濃度 0.080 (w/v)％の溶液を 250 mL 調製するためには，濃度 4.0 (w/v)％の溶液を何 mL 用いなければならないか．

問題 8・12　ケタミン（§8・5C）は濃度 100.0 mg/mL の溶液として供給される．この溶液 2.0 mL を体積 10.0 mL に希釈したとき，投与すべき量 75 mg のケタミンを患者に供給するためには，この希釈溶液を何 mL 投与したらよいか．

8・8 束 一 的 性 質

溶液の多くの性質は純粋な溶媒の性質と類似しているが,溶液の沸点や融点は,用いた溶媒の沸点や融点とは異なっている.

• 溶質の濃度に依存するが,その種類には依存しない溶液の性質を**束一的性質**という.

束一的性質 colligative property

すなわち束一的性質は,溶解した溶媒の粒子数によって影響されるが,溶質が何であるかには影響を受けない溶液の性質である.本節では,溶解した溶質が,どのように溶液の沸点を上昇させ,また融点を低下させるかについて述べる.また,§8・9では浸透,すなわち半透膜を通した溶媒の拡散を含む過程について説明する.

8・8A 沸 点 上 昇
溶液中の溶質は**揮発性**の場合と,**不揮発性**の場合がある.

揮発性 volatility
不揮発性 nonvolatility

• 揮発性の溶質は,容易に気相へ離脱する.
• 不揮発性の溶質は,容易には気相へ離脱しない.このため,与えられた温度においてその蒸気圧は無視することができる.

図 8・6 に純粋な液体(水)の蒸気圧と,水中に不揮発性の溶質を溶かして得られた溶液の蒸気圧を比較して示した.不揮発性の溶質と液体の溶媒からなる溶液では,その蒸気圧に寄与するのは溶媒に由来する気体分子だけである.溶液では,存在する溶媒分子の数が純粋な溶媒よりも少ないので,同様に気相に存在する分子の数も少ない.その結果として,溶液の蒸気圧は純粋な溶媒の蒸気圧よりも低くなる.

H₂O　純粋な液体　溶液　溶質　H₂O

図 8・6 **溶液の蒸気圧**. 不揮発性の溶質が溶媒に加えられると,気相の溶媒分子が減少するため,溶液の蒸気圧は低下する.

この低い蒸気圧によって,溶液の沸点はどのような影響を受けるだろうか.沸点は蒸気圧が大気圧に等しくなる温度である.蒸気圧が低いことは,蒸気圧を大気圧と等しくするためには,溶液をより高い温度に加熱しなければならないことを意味する.この結果,溶液の沸点は上昇することになる.この現象を**沸点上昇**という.

沸点上昇 boiling point elevation

• 不揮発性の溶質を含む溶液は,単独の溶媒よりも高い沸点をもつ.

沸点が上昇する量は,溶解した粒子の数だけに依存する.

• あらゆる不揮発性の溶質 1 mol は,水 1 kg の沸点を 0.52 K だけ上昇させる.

すなわち,グルコース分子 1 mol は水 1 kg の沸点を 0.52 K だけ上昇させるので,溶液の沸点は 100.52 ℃ となる.塩化ナトリウム NaCl は 1 mol ごとに二つの粒子,すなわち Na⁺ と Cl⁻ をそれぞれ 1 mol ずつ含むので,1 mol の NaCl は水 1 kg の沸点を 2×0.52 K だけ上昇させる.したがって,溶液の沸点は 101.04 ℃,四捨五入して 101.0 ℃ となる.

例題 8・8　溶液の沸点上昇を計算する

1.00 kg の水に 0.45 mol の KCl を含む溶液の沸点を求めよ.
解答　それぞれの KCl 単位は二つの粒子, K^+ と Cl^- を与える.

$$\text{温度の上昇} = \frac{0.52\,\text{K}}{\text{mol 粒子}} \times 0.45\,\text{mol KCl} \times \frac{2\,\text{mol 粒子}}{\text{mol KCl}} = 0.47\,\text{K}$$

溶液の沸点は 100.0 ℃ + 0.47 ℃ = 100.47 ℃, 四捨五入して 100.5 ℃ となる.

練習問題 8・8　次のそれぞれの量の溶質を水 1.00 kg に溶かすことによって生成する溶液の沸点を求めよ.
(a) 2.0 mol のスクロース　　(b) 20.0 g の NaCl

凝固点降下 freezing point depression

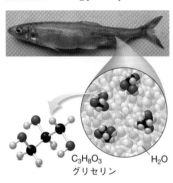

C₃H₈O₃
グリセリン　　H₂O

問題 8・13　3.00 mol の塩化カルシウム $CaCl_2$ を水 1.00 kg に溶かした溶液の融点を求めよ. $CaCl_2$ は冬季に高速道路や歩道で, 氷雪を解かすための塩として用いられる.

問題 8・14　250 g のエチレングリコール $C_2H_6O_2$ を水 1.00 kg に溶かすことによって生成した溶液の融点を求めよ. ただし, エチレングリコールのモル質量を 62.07 g/mol とする.

半透膜 semipermeable membrane

8・8B　凝固点降下

同様に, 溶解した溶質は溶液の凝固点を低下させる. 溶質分子が存在すると, 溶媒分子が規則正しい結晶性固体を形成しにくくなるため, 液体が固体になる温度が低下する. この結果, 凝固点は低下することになる. この現象を**凝固点降下**という.

- 不揮発性の溶質を含む溶液は, 単独の溶媒よりも低い凝固点をもつ.

凝固点が低下する量は, 溶解した粒子の数だけに依存する. たとえば,

- あらゆる不揮発性の溶質 1 mol は, 水 1 kg の凝固点を 1.85 K だけ低下させる.

すなわち, グルコース分子 1 mol を含む水 1 kg の凝固点は −1.85 ℃ となる. 塩化ナトリウム NaCl は 1 mol ごとに二つの粒子, すなわち Na^+ と Cl^- をそれぞれ 1 mol ずつ含むので, 1 mol の NaCl は水 1 kg の凝固点を 2 × (−1.85 K), すなわち −3.70 ℃ まで低下させる.

凝固点降下を利用した実際的な応用例がいくつかある. 自動車の冷却装置の水の凝固点を低下させ, 寒いときでも凍結しないようにするために, 不揮発性のエチレングリコールを含む不凍液が自動車のラジエーターに添加される. また, 寒冷な環境に生息する魚は, 血液の凝固点を低下させる多量のグリセリン $C_3H_8O_3$ を生産しており, これによって, きわめて冷たい水中でも魚の血液の流動性が維持されている.

8・9　浸透と透析

生体細胞を取囲んでいる膜は**半透膜**の例である. 半透膜とは, 水や小さい分子は透過することができるが, イオンや大きい分子は透過できない膜をいう.

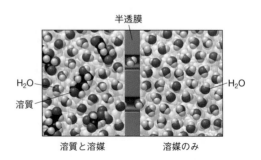

半透膜

H₂O　　　　　　　　　　　　　　　　H₂O

溶質

溶質と溶媒　　　　　溶媒のみ

- 溶質の濃度が低い溶液から高い溶液へと，半透膜を横切って溶媒（一般に水）が移動する現象を**浸透**という.

浸透 osmosis

8・9A　浸　透　圧

水とグルコース水溶液が半透膜によって隔てられたとき，何が起こるだろうか. 水は膜を横切って後方へまた前方へと流れるが，より多くの水が，純粋な溶媒側からグルコースを含む溶液側へと流れる. これによって，膜の一方の側にある純粋な溶媒の体積が減少し，もう一方の側にあるグルコース溶液の体積が増大する.

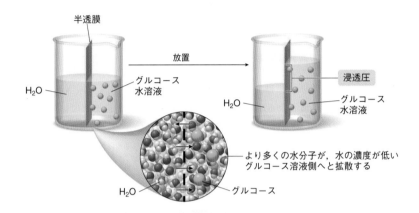

グルコース溶液の体積が増大すると，膜の一方の側に増大した圧力が生じる. 増大した圧力がある点に到達すると，それによって，グルコース溶液をさらに希釈する水の動きが妨げられる. 水は膜を通して，後方へまた前方へと拡散し続けるが，二つの液体の高さはもはや変化することはない.

- 半透膜の一方の側にある溶液へ，さらに溶媒が流れることを妨げる圧力を**浸透圧**という.

浸透圧 osmotic pressure

浸透圧は束一的性質であり，その大きさは溶液中の粒子の数だけに依存する. 溶解した粒子の数が多いほど，浸透圧も大きくなる. したがって，濃度 0.1 M の塩化ナトリウム NaCl 溶液の浸透圧は，濃度 0.1 M のグルコース溶液の浸透圧の 2 倍になる. これは，それぞれの NaCl 単位は二つの粒子，すなわち Na^+ と Cl^- から形成されるためである.

もし，膜の一方の側にある液体が純粋な水ではなく，濃度が異なる溶液であれば，水は濃度が低い溶液の側から流れ，濃度が高い溶液は希釈されるであろう.

例題 8・9　浸透の結果を予測する

濃度 0.1 M のグルコース溶液と濃度 0.2 M のグルコース溶液が，半透膜によって隔てられている. 以下の問いに答えよ.
(a) より大きな浸透圧を及ぼしているのはどちらの溶液か.
(b) 二つの溶液の間で，水はどちらの方向に流れるか.
(c) 平衡に到達したとき，二つの溶液の高さはどのようになる

か.

解答　(a) 溶解した粒子の数が多いほど浸透圧は高い. したがって，より大きな浸透圧を及ぼす溶液は，濃度 0.2 M のグルコース溶液である.

(b) 水は濃度が低い溶液 (0.1 M) から，濃度が高い溶液 (0.2 M)

（つづく）

へと流れる.
(c) 水は濃度 0.2 M のグルコース溶液へと流れるので,その高さは増大し,濃度 0.1 M のグルコース溶液の高さは減少すると予想される.

8・9B　浸透と生体膜

　細胞膜は半透膜であり,体液は溶解したイオンや分子を含んでいるので,浸透は生体細胞でも起こっている現象である.細胞膜の両側にある液体は,細胞の内部あるいは外部の圧力が高くなるのを避けるために,同じ浸透圧をもたねばならない.患者に与えられるあらゆる静脈注射用の溶液に,体液と同じ浸透圧をもつ溶液が用いられるのはこのためである.

等張液 isotonic solution

• 同じ浸透圧をもつ溶液を**等張液**という.

　病院で用いられる等張液には,濃度 0.92 (w/v) %の塩化ナトリウム NaCl 溶液(あるいは 0.15 M NaCl 溶液)と 5.0 (w/v) %のグルコース溶液が含まれている.この溶液は,体液と正確に同じイオンや分子を含むわけではないが,それらは同じ浸透圧を及ぼす.束一的性質では粒子の濃度が重要であり,粒子の種類は重要ではないことを思い出してほしい.

図 8・7　浸透圧の違いが赤血球に及ぼす効果.(a) 等張液では,赤血球の内部への水の侵入と外部への拡散が同じ程度で起こるため,赤血球の正常な体積は維持される.(b) 低張液では,赤血球の内部に侵入する水のほうが外部へ拡散するよりも多いので,赤血球は膨張し,ついには破裂する(溶血).(c) 高張液では,赤血球の外部へ拡散する水のほうが内部へ侵入するよりも多いので,赤血球は収縮する(鋸歯状化).

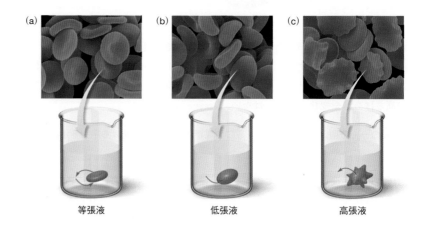

(a)　　　　　(b)　　　　　(c)

等張液　　　　低張液　　　　高張液

　赤血球を生理食塩水とよばれる等張的な NaCl 溶液に置くと,細胞の内部と外部の浸透圧が同じであるから,赤血球は最初と同じ大きさと形状を維持することができる(図8・7a).赤血球を浸透圧が異なる溶液中に置くと,何が起こるだろうか.

低張液 hypotonic solution
高張液 hypertonic solution

• 体液よりも浸透圧の低い溶液を**低張液**という.
• 体液よりも浸透圧の高い溶液を**高張液**という.

　低張液の中では,細胞の外側にある粒子の濃度が,細胞の内側にある粒子の濃度よりも低い.いいかえれば,細胞の外側にある水の濃度が,細胞の内側にある水の濃度よりも高いので,水は細胞の内側へ拡散する(図8・7b).その結果,細胞は膨張し,ついには破裂する.このような赤血球の膨張や破裂を**溶血**という.

溶血 hemolysis

　一方,高張液の中では,細胞の外側にある粒子の濃度が,細胞の内側にある粒子の

濃度よりも高い．いいかえれば，細胞の内側にある水の濃度が，細胞の外側にある水の濃度よりも高いので，水は細胞の外側へと拡散する（図8・7c）．その結果，細胞は収縮する．この現象を**鋸歯状化**という．

鋸歯状化 crenation

透　析

透析（dialysis）もまた，半透膜を横切る物質の選択的な移動を含む現象である．透析に用いる半透膜は透析膜とよばれる．透析では，水と小さい分子，およびイオンは膜を横切って移動できるが，タンパク質やデンプンのような大きな生体分子は移動できない．

人体では，血液は腎臓において，透析の過程によって沪過される．それぞれの腎臓は，100万個以上のネフロンとよばれる沪過膜をもつチューブ状の構造体をもつ．これらの膜によって，血液からグルコース，アミノ酸，尿素などの小さい分子やイオン，および水が沪過される．その後，グルコースなどの有益な物質は再吸収されるが，尿素や他の老廃物は尿中に排出される．

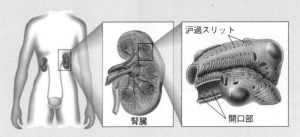

腎臓による体液の透析．血液は腎臓を通ることによって透析される．

9

酸 と 塩 基

硫黄を含む燃料の燃焼によって生じる硫黄酸化物から硫酸 H_2SO_4 が生成し，それが雨水を酸性化させる．この酸性雨は森林の植生を破壊し，湖や河川を魚や貝類が生存できないほど強い酸性にする．

アニオンやカチオンといった化学用語は，科学者ではないほとんどの人にはなじみがないかもしれない．しかし，**酸**という用語は，酸性雨や胃酸過多など日常語のなかにみることができる．英語の acid はラテン語の"酸っぱい"を意味する acidus に由来する．酸は共通して，塩基と反応する性質をもつ．制酸薬，ガラス洗浄剤，排水管洗浄剤はすべて塩基を含んでいる．9 章では，酸と塩基の性質とそれらの反応について学ぶ．

9・1 酸と塩基入門

アレニウス Svante Arrhenius

酸と塩基に関する最も初期の定義は，19 世紀後半に，スウェーデンの化学者アレニウスによってなされた．アレニウスは酸と塩基を次のように定義した．

酸 acid
塩基 base

- **酸**は水素原子をもち，水に溶解して水素イオン H^+ を生成する物質である．
- **塩基**は水酸化物イオンをもち，水に溶解して OH^- を生成する物質である．

この定義によると，塩化水素 HCl は酸である．なぜなら，HCl は水に溶解し，水中で H^+ と Cl^- を生成するからである．一方，水酸化ナトリウム NaOH は塩基である．なぜなら，NaOH は OH^- をもち，水に溶解して溶媒和された Na^+ と OH^- を生成するからである．

$$HCl(g) \longrightarrow \overset{\frown \text{HCl から } H^+ \text{ が生成する}}{H^+(aq)} + Cl^-(aq)$$
酸

$$NaOH(s) \longrightarrow Na^+(aq) + \overset{\frown \text{NaOH から } OH^- \text{ が生成する}}{OH^-(aq)}$$
塩基

アレニウスの定義によって，多くの酸と塩基のふるまいを正確に予測することができたが，この定義は限定的であり，しばしば不正確であった．たとえば私たちは，水中では水素イオン H^+ は存在しないことを知っている．H^+ は電子をもたない裸の陽子であり，この集中した正電荷は速やかに H_2O 分子と反応し，**オキソニウムイオン**

オキソニウムイオン oxonium ion

H_3O^+ を生成する。反応式では，水溶液中であることを強調するために $H^+(aq)$ と書かれるが，実際に反応に関与する化学種は $H_3O^+(aq)$ である。

$H^+(aq)$ と $H_3O^+(aq)$ は化学では，ほとんど同じ意味に用いられる。しかし，$H^+(aq)$ は水溶液中では実際には存在しないことを忘れてはならない。

水溶液中では実際には存在しない ↗

$$H^+(aq) \quad + \quad H_2O(l) \quad \longrightarrow \quad H_3O^+(aq)$$

水素イオン   オキソニウムイオン ↖ 水溶液中で実際に存在する

さらに，水酸化物イオン OH^- をもたないにもかかわらず，塩基の特徴的な性質を示す化合物がいくつか存在する。例として，電気的に中性な分子であるアンモニア NH_3 や，塩の炭酸ナトリウム Na_2CO_3 をあげることができる。その結果，20 世紀初期に，酸と塩基のより一般的な定義がブレンステッドとローリーによって提案された。今日では彼らの定義が広く用いられている。

<aside>ブレンステッド Johannes Brønsted
ローリー Thomas Lowry
プロトン proton</aside>

ブレンステッド-ローリーの定義では，酸と塩基は**プロトン**，すなわち正電荷をもつ水素イオン H^+ を供与できるか，あるいは受容できるかによって分類される。ブレンステッド-ローリーの定義による酸と塩基をそれぞれ，**ブレンステッド酸，ブレンステッド塩基**という。

<aside>**ブレンステッド酸** Brønsted acid，ブレンステッド-ローリー酸ともいう。
ブレンステッド塩基 Brønsted base，ブレンステッド-ローリー塩基ともいう。</aside>

- ブレンステッド酸は，プロトン供与体である。
- ブレンステッド塩基は，プロトン受容体である。

塩化水素 HCl を水に溶かしたとき，何が起こるか考えてみよう。

この H^+ が供与される ↘ H_2O は H^+ を受容する ↘

$$HCl(g) \quad + \quad H_2O(l) \quad \longrightarrow \quad H_3O^+(aq) \quad + \quad Cl^-(aq)$$

ブレンステッド酸   ブレンステッド塩基

- HCl は H^+ を溶媒の H_2O に供与するので，ブレンステッド酸である。
- H_2O は HCl から H^+ を受容するので，ブレンステッド塩基である。

この過程について詳しく学ぶ前に，ブレンステッド酸と塩基の特徴について理解しなければならない。

9・1A ブレンステッド酸

ブレンステッド酸は必ず水素原子をもつ。HCl を水に溶かすと，H_2O に H^+ を供与して，オキソニウムイオン H_3O^+ と塩化物イオン Cl^- が生成する。したがって，HCl はブレンステッド酸である。

$$HCl(g) \quad + \quad H_2O(l) \quad \longrightarrow \quad H_3O^+(aq) \quad + \quad Cl^-(aq)$$

この H^+ が H_2O に供与される
ブレンステッド酸

塩化水素 HCl は共有結合化合物であり，室温では気体であるが，それが水に溶解すると，水と反応して二つのイオン H_3O^+ と Cl^- が生成する。塩化水素の水溶液を**塩酸**という。

<aside>**塩酸** hydrochloric acid</aside>

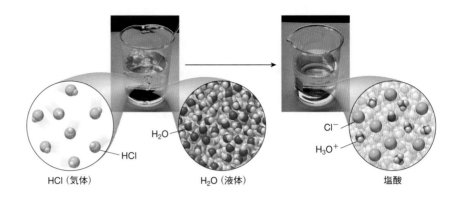

HCl（気体）   H₂O（液体）   塩酸

ブレンステッド酸は水素原子を含むので，ブレンステッド酸を HA と表すことがある．A は Cl や Br のような単一の原子でよい．すなわち，HCl や HBr はブレンステッド酸である．また A は多原子イオンでもよい．たとえば，硫酸 H_2SO_4 や硝酸 HNO_3 もまた，ブレンステッド酸である．炭素原子が一つの酸素原子と二重結合を形成し，もう一つの酸素原子と単結合を形成するように配列した原子団 COOH をもつ一群のブレンステッド酸を，**カルボン酸**という．酢酸 CH_3COOH は簡単なカルボン酸の例である．カルボン酸がいくつかの酸素原子をもつこともあるが，供与される酸性の水素は OH 基の H 原子である．

酸の名称は日本語では，水に溶解したときに生成するアニオンの名称に基づいて命名され，"–化物イオン"を与える酸は "–化水素酸" という．ただし，HCl には塩化水素酸よりも塩酸という名称がよく使われる．また，非金属元素と複数の酸素原子からなる多原子アニオン（§3・6）を与える酸が多数あり，代表的なものとして炭酸 H_2CO_3，硫酸 H_2SO_4，硝酸 HNO_3，リン酸 H_3PO_4 がある．多原子アニオンと同様に，酸素原子が一つ少ない酸には "亜" をつける．たとえば，H_2PO_3 は亜リン酸という．

英語では酸は一般に，それが水に溶解したときに生成するアニオンの名称に基づいて命名される．

- 接尾語 "-ide" をもつ名称のアニオンを与える場合は，アニオンの名称に接頭語 "hydro" を加え，語尾の "-ide" を "-ic acid" に変える．
- 接尾語 "-ate" をもつ名称の多原子アニオンを与える場合は，アニオンの語尾 "-ate" を "-ic acid" に変える．
- 接尾語 "-ite" をもつ名称の多原子アニオンを与える場合は，語尾 "-ite" を "-ous acid" に変える．

さらにいくつかの例を表9・1に示した．

カルボン酸 carboxylic acid

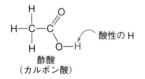

酢酸
（カルボン酸）

← 酸性の H

アニオン   酸

Cl^- HCl
塩化物イオン ----→ 塩化水素酸（塩酸）
chloride   hydrochloric acid

SO_4^{2-} H_2SO_4
硫酸イオン ----→   硫酸
sulfate   sulfuric acid

SO_3^{2-} H_2SO_3
亜硫酸イオン ----→   亜硫酸
sulfite   sulfurous acid

表 9・1　一般的な酸の名称

アニオン	アニオンの名称	酸	酸の名称
Br^-	臭化物イオン bromide	HBr	臭化水素酸 hydrobromic acid
PO_4^{3-}	リン酸イオン phosphate	H_3PO_4	リン酸 phosphoric acid
CO_3^{2-}	炭酸イオン carbonate	H_2CO_3	炭酸 carbonic acid
$CH_3CO_2^-$	酢酸イオン acetate	CH_3CO_2H	酢酸 acetic acid
NO_2^-	亜硝酸イオン nitrite	HNO_2	亜硝酸 nitrous acid

問題 9・1　次の酸を命名せよ．
(a) HF　(b) HNO_3　(c) HCN

ブレンステッド酸は，二つ以上の供与できる H^+ をもつこともある．

- 酸性の水素を一つもつものを一塩基酸という. HCl は一塩基酸である.
- 酸性の水素を二つもつものを二塩基酸という. H_2SO_4 は二塩基酸である.
- 酸性の水素を三つもつものを三塩基酸という. H_3PO_4 は三塩基酸である.

　ブレンステッド酸には必ず水素原子が含まれるが, ブレンステッド酸自身は電気的に中性の場合も, 正味の正電荷あるいは負電荷をもつ場合もある. たとえば, H_3O^+, HCl, HSO_4^- は, それぞれ $+1, 0, -1$ の正味の電荷をもつが, すべてブレンステッド酸である. また, 図9・1に示すように, 食酢, 柑橘系の果物, 炭酸飲料はすべてブレンステッド酸を含んでいる.

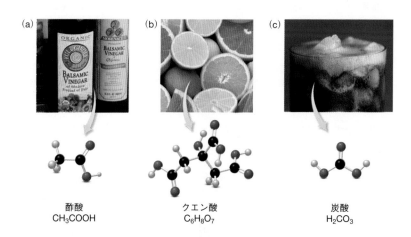

(a) 酢酸 CH₃COOH (b) クエン酸 C₆H₈O₇ (c) 炭酸 H₂CO₃

図 9・1 **食品におけるブレンステッド酸の例.** (a) 酢酸は食酢の酸味を与える成分である. エタノールの空気酸化により酢酸が生成する反応はワインに酸味を与え質を低下させる. (b) クエン酸はオレンジやレモンなどの柑橘類に酸味を与えている. (c) 炭酸飲料には炭酸 H_2CO_3 が含まれる.

例題 9・1　ブレンステッド酸を判別する

次の化学種のうち, ブレンステッド酸となるものはどれか.
(a) HF　　(b) HSO_3^-　　(c) Cl_2
解答　(a) HF は酸性の H をもつのでブレンステッド酸である.
(b) HSO_3^- は酸性の H をもつのでブレンステッド酸である.

(c) Cl_2 は H をもたないのでブレンステッド酸ではない.

練習問題 9・1　次の化学種のうち, ブレンステッド酸となるものはどれか.
(a) HI　　(b) SO_4^{2-}　　(c) $H_2PO_4^-$　　(d) Cl^-

9・1B　ブレンステッド塩基

　ブレンステッド塩基はプロトン受容体であるから, プロトン H^+ と結合を形成できなければならない. H^+ は電子をもたないので, 塩基は H^+ と共有して新しい結合を形成するための非共有電子対をもつ必要がある. たとえば, アンモニア NH_3 には非共有電子対をもつ窒素原子があるので, NH_3 はブレンステッド塩基である. NH_3 が水に溶解すると, その窒素原子は H_2O から H^+ を受容し, アンモニウムイオン NH_4^+ と水酸化物イオン OH^- が生成する.

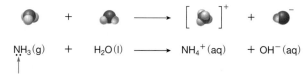

$$NH_3(g) + H_2O(l) \longrightarrow NH_4^+(aq) + OH^-(aq)$$

この電子対が H_2O から供給される
H と新たな結合を形成する
ブレンステッド塩基

ブレンステッド塩基は，それが H^+ と結合するための非共有電子対をもつことを強調するために，B: と書かれることがある．塩基は電気的に中性の場合もあるが，一般に正味の負電荷をもつ場合が多い．水酸化物イオン OH^- は最もふつうのブレンステッド塩基であり，三つの非共有電子対をもつ酸素原子をもっている．$NaOH, KOH, Mg(OH)_2, Ca(OH)_2$ などのさまざまな金属塩が，水酸化物イオンの供給源となる．アンモニア NH_3 や水 H_2O も非共有電子対をもつ原子を含むので，ブレンステッド塩基となる．

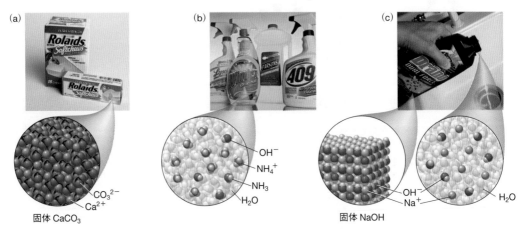

| 一般的なブレンステッド塩基 | NaOH 水酸化ナトリウム | Mg(OH)₂ 水酸化マグネシウム | N̈H₃ アンモニア |
| | KOH 水酸化カリウム | Ca(OH)₂ 水酸化カルシウム | H₂Ö: 水 |

OH^- がそれぞれの金属塩における塩基である

非共有電子対によってこれらの電気的に中性の化合物は塩基となる

図9・2に示すように，多くの日用品にはブレンステッド塩基が含まれている．

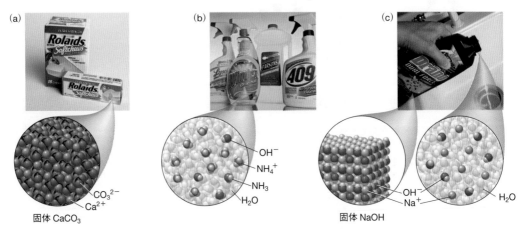

固体 CaCO₃ CO_3^{2-} Ca^{2+}

OH^- NH_4^+ NH_3 H_2O

固体 NaOH OH^- Na^+ H_2O

図 9・2 **日用品におけるブレンステッド塩基の例．**(a) 炭酸カルシウム $CaCO_3$ は塩基であり，ある種の制酸薬の有効成分である．(b) ある種の家庭用洗剤には，水に溶解したアンモニア NH_3 が含まれている．NH_3 の水溶液では，カチオン NH_4^+ とアニオン OH^- が生成している．(c) ある種の排水管洗浄剤は固体の水酸化ナトリウム $NaOH$ の錠剤を含んでいる．水と混合すると，カチオン Na^+ とアニオン OH^- が生成する．

例題 9・2　ブレンステッド塩基を判別する

次の化学種のうち，ブレンステッド塩基となるものはどれか．
(a) LiOH　　(b) Cl^-　　(c) CH_4
解答　(a) LiOH は，酸素原子に三つの非共有電子対をもつ水酸化物イオン OH^- を含むので，塩基である．
(b) Cl^- は四つの非共有電子対をもつので，塩基である．
(c) CH_4 は非共有電子対をもたないので，塩基ではない．

練習問題 9・2　次の化学種のうち，ブレンステッド塩基となるものはどれか．
(a) $Al(OH)_3$　　(b) Br^-　　(c) NH_4^+　　(d) CN^-

問題 9・2　次の反応式における反応物を，ブレンステッド酸あるいはブレンステッド塩基に分類せよ．
(a) $HF(g) + H_2O(l) \longrightarrow F^-(aq) + H_3O^+(aq)$
(b) $SO_4^{2-}(aq) + H_2O(l) \longrightarrow HSO_4^-(aq) + OH^-(aq)$
(c) $OH^-(aq) + HSO_4^-(aq) \longrightarrow H_2O(l) + SO_4^{2-}(aq)$

9・2　ブレンステッド酸とブレンステッド塩基との反応

　ブレンステッド酸とブレンステッド塩基が反応すると，プロトン H^+ が酸から塩基へと移動する．ブレンステッド酸は H^+ を供与し，ブレンステッド塩基はそれを受容する．

　たとえば，一般的な酸 H−A と一般的な塩基 B: との反応を考えてみよう．酸塩基反応では，一つの結合が開裂し，一つの結合が形成される．塩基 B: の電子対によって酸の H^+ との間に新たな結合が形成され，$H-B^+$ が生成する．酸 H−A は H^+ を失い，H−A 結合を形成していた電子対は A に残って A:$^-$ が生成する．

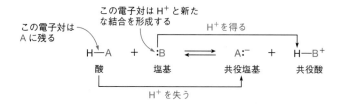

- 酸から H^+ が失われて生じる生成物を，その酸の**共役塩基**という．
- 塩基が H^+ を獲得することによって生じる生成物を，その塩基の**共役酸**という．

共役塩基 conjugate base
共役酸 conjugate acid

　すなわち，酸 HA の共役塩基は A:$^-$ であり，塩基 B: の共役酸は HB^+ となる．

- H^+ の存在によって異なる二つの化学種を**共役酸塩基対**という．

共役酸塩基対 conjugate acid–base pair

　酸塩基反応では，反応式の左辺にある酸と塩基（HA と B:）が，また酸と塩基である二つの生成物（HB^+ と A:$^-$）を与える．反応物と生成物の間には，平衡の矢印（⇌）が用いられることが多い．これは反応が，正方向あるいは逆方向のどちらにも進むことができるからである．§9・3 で述べるように，生成物が著しく有利になる反応もある．

　たとえば，HBr が水に溶解すると，酸 HBr は H^+ を失ってその共役塩基 Br$^-$ が生成し，塩基 H_2O は H^+ を獲得してその共役酸 H_3O^+ が生成する．

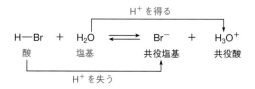

　このように HBr と Br$^-$ は，H^+ の存在によって異なる二つの化学種であるから，共役酸塩基対である．また H_2O と H_3O^+ も，H^+ の存在によって異なる二つの化学種であるから，共役酸塩基対である．

　反応式の両方の辺において，正味の電荷は同じでなければならない．上記の例では，二つの反応物はいずれも電気的に中性であり（正味の電荷はゼロ），生成物における電荷 −1 と電荷 +1 の和もまたゼロとなる．

　それぞれの共役酸塩基対における電荷の変化について，特に注意してほしい．化学種が H^+ を獲得すると，それは電荷 +1 を獲得する．したがって，反応物が最初は電気的に中性であれば，それは最終的に電荷 +1 をもつことになる．一方，化学種が

水が存在しなくても HCl は NH₃ に H⁺ を供与し，NH₄⁺ と Cl⁻ が生成する．それらは結合して，固体の塩化アンモニウム NH₄Cl が生成する．シャーレに入れた塩酸とフラスコに入れたアンモニア水のそれぞれから発生した気体の HCl と NH₃ が反応して，NH₄Cl の白煙が生じる．

H⁺ を失うと，生成物は反応する前に比べて H⁺（電荷 +1）の数が一つ少なくなるので，実質的に電荷 −1 を獲得する．したがって，反応物が最初は電気的に中性であれば，それは最終的に電荷 −1 をもつことになる．

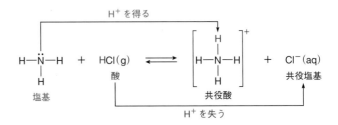

アンモニア NH₃ と HCl との反応もまた，ブレンステッド酸とブレンステッド塩基との反応である．この例では，NH₃ が塩基であり，H⁺ を獲得してその共役酸 NH₄⁺ が生成する．HCl が酸であり，H⁺ を供与してその共役塩基 Cl⁻ が生成する．

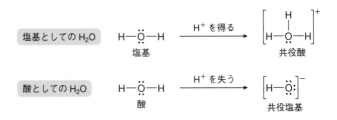

プロトン移動反応 proton transfer reaction

- ブレンステッド酸とブレンステッド塩基との酸塩基反応は，いつも酸から塩基への H⁺ の移動が起こるので，**プロトン移動反応**である．

与えられた化学種の共役酸あるいは共役塩基を特定し，その化学式を書くことができなければならない．問題 9・3 と問題 9・4 でその問題をやってみよう．

水素原子と非共有電子対の両方をもつ化合物は，個々の反応に依存して酸あるいは塩基のどちらにもなることができる．このような化合物は，**両性**とよばれる．たとえば，H₂O が塩基としてふるまうときには，H₂O は H⁺ を獲得して H₃O⁺ が生成する．すなわち，H₂O と H₃O⁺ は共役酸塩基対である．一方，H₂O が酸としてふるまうときには，H₂O は H⁺ を失い OH⁻ が生成する．すなわち，H₂O と OH⁻ もまた，共役酸塩基対である．

問題 9・3 次の塩基の共役酸を書け．
(a) F⁻　(b) H₂O　(c) HCO₃⁻
問題 9・4 次の酸の共役塩基を書け．
(a) H₂O　(b) HCO₃⁻　(c) HCN

両性 amphoteric

例題 9・3 反応における酸，塩基，共役酸，共役塩基を判別する

次の反応における酸，塩基，共役酸，共役塩基を判別せよ．

$$NH_4^+(aq) + OH^-(aq) \rightleftharpoons NH_3(g) + H_2O(l)$$

解答 NH₄⁺ は H⁺ を失ってその共役塩基である NH₃ を与えるので，酸である．OH⁻ は

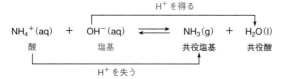

H$^+$ を獲得してその共役酸である H$_2$O を与えるので，塩基である．

練習問題 9・3　次の反応における酸，塩基，共役酸，共役塩基を判別せよ．

(a) H$_2$O(l) + HI(g) $\longrightarrow$ I$^-$(aq) + H$_3$O$^+$(aq)

(b) Br$^-$(aq) + HNO$_3$(aq) $\longrightarrow$ HBr(aq) + NO$_3{}^-$(aq)

問題 9・5　次の酸塩基反応について，適切な化学種を空欄に書け．

(a) HSO$_4{}^-$ + H$_2$O $\rightleftharpoons$ $\boxed{}$ + OH$^-$

(b) HSO$_4{}^-$ + H$_2$O $\rightleftharpoons$ $\boxed{}$ + H$_3$O$^+$

9・3　酸と塩基の強さ

すべてのブレンステッド酸はプロトン H$^+$ をもっているが，容易に H$^+$ を供与する酸もあれば，そうでない酸もある．同様に，他のブレンステッド塩基よりも，ずっと容易に H$^+$ を獲得する塩基もある．プロトン移動の起こりやすさは，酸と塩基の強さによって決まる．

9・3A　酸と塩基の強さの関係

酸が水に溶解すると，プロトン移動によって H$_3$O$^+$ とアニオンが生成する．共有結合化合物の分子（あるいはイオン化合物）が，それを構成するイオンに分かれることを**解離**という．それぞれの酸は，H$_2$O への H$^+$ の供与しやすさ，すなわち水中において解離する程度が異なる．

解離 dissociation

- H$^+$ を供与しやすい酸を**強酸**という．強酸が水に溶解すると，100%の酸がイオンに解離する．
- H$^+$ を供与しにくい酸を**弱酸**という．弱酸が水に溶解すると，ほんの少しの部分の酸がイオンに解離する．

強酸 strong acid

弱酸 weak acid

一般的な強酸として HI, HBr, HCl, H$_2$SO$_4$, HNO$_3$ がある（表9・2）．HCl と H$_2$SO$_4$ について次式に示すように，それぞれの酸が水に溶解すると 100%の酸が解離し，H$_3$O$^+$ とそれぞれの酸の共役塩基が生成する．

胃で分泌される HCl は腐食性の酸であるが，粘液の厚い層が胃壁を覆い，強酸による損傷から防いでいる．強酸の HCl は H$_3$O$^+$ と Cl$^-$ に完全に解離している．

> ・単一の反応矢印を用いる
> ・平衡では生成物が著しく有利である

HCl(g) + H$_2$O(l) $\longrightarrow$ H$_3$O$^+$(aq) + Cl$^-$(aq)
強酸　　　　　　　　　　　　　　共役塩基

H$_2$SO$_4$(l) + H$_2$O(l) $\longrightarrow$ H$_3$O$^+$(aq) + HSO$_4{}^-$(aq)
強酸　　　　　　　　　　　　　　共役塩基

塩酸 HCl は食物を消化するために胃で分泌される．硫酸 H$_2$SO$_4$ は，リン酸肥料の

表 9・2 酸とその共役塩基の相対的な強さ

酸		共役塩基	
強酸			
ヨウ化水素酸	HI	I$^-$	ヨウ化物イオン
臭化水素酸	HBr	Br$^-$	臭化物イオン
塩酸	HCl	Cl$^-$	塩化物イオン
硫酸	H$_2$SO$_4$	HSO$_4^-$	硫酸水素イオン
硝酸	HNO$_3$	NO$_3^-$	硝酸イオン
オキソニウムイオン	H$_3$O$^+$	H$_2$O	水
弱酸			
リン酸	H$_3$PO$_4$	H$_2$PO$_4^-$	リン酸二水素イオン
フッ化水素酸	HF	F$^-$	フッ化物イオン
酢酸	CH$_3$COOH	CH$_3$COO$^-$	酢酸イオン
炭酸	H$_2$CO$_3$	HCO$_3^-$	炭酸水素イオン
アンモニウムイオン	NH$_4^+$	NH$_3$	アンモニア
シアン化水素	HCN	CN$^-$	シアン化物イオン
水	H$_2$O	OH$^-$	水酸化物イオン

（左余白：酸の強さが増大 ↑）（右余白：塩基の強さが増大 ↓）

製造における重要な工業的原料である．実質的にすべての反応物が生成物へ変換されることを示すために，単一の反応矢印（→）が用いられる．

　酢酸 CH$_3$COOH は弱酸である．酢酸が水に溶解すると，ほんの少しの部分の酢酸分子がプロトンを水に供与し，H$_3$O$^+$ と共役塩基 CH$_3$COO$^-$ が生成する．平衡においておもに存在する化学種は，未解離の酸 CH$_3$COOH である．平衡が左へ偏っていることを示すために，長さが異なる平衡の矢印（⇌）が用いられる．表9・2に，他の弱酸とその共役塩基の例を一覧表として示した．

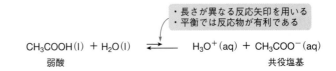

・長さが異なる反応矢印を用いる
・平衡では反応物が有利である

CH$_3$COOH(l) + H$_2$O(l) ⇌ H$_3$O$^+$(aq) + CH$_3$COO$^-$(aq)
　　弱酸　　　　　　　　　　　　　　　　　共役塩基

図9・3には完全に解離した強酸の水溶液と，未解離の酸を多く含む弱酸の水溶液

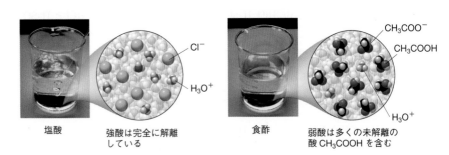

塩酸　　　強酸は完全に解離している　　　　　食酢　　　弱酸は多くの未解離の酸 CH$_3$COOH を含む

（図中ラベル：Cl$^-$，H$_3$O$^+$，CH$_3$COO$^-$，CH$_3$COOH，H$_3$O$^+$）

図 9・3　**水に溶かした強酸と弱酸．**　強酸 HCl は，水中で H$_3$O$^+$ と Cl$^-$ に完全に解離している．食酢は水に溶解した CH$_3$COOH を含んでいる．弱酸 CH$_3$COOH はほんの少量が H$_3$O$^+$ と CH$_3$COO$^-$ に解離しているだけであり，平衡ではほとんどが CH$_3$COOH として存在している．CH$_3$COOH の空間充塡模型は，赤色球(O)に結びついた灰色球(H)を示している．一方，CH$_3$COO$^-$ は O に結合した H がないので，赤色球に結びついた灰色球をもっていない．

の違いを示した. 問題9・6と問題9・7で, 酸の解離の程度と酸の強さの関係に関する問題をやってみよう.

問題 9・6　次の分子図のうち, 水に溶解した硝酸 HNO_3 の溶液を正しく表しているものはどちらか.

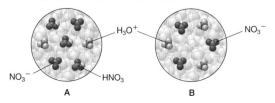

NO₃⁻　　HNO₃
A

B

問題 9・7　次の分子図 **A**〜**C** は, 水中に溶解した3種類の酸

HA を示している. これらのうち, 最も強い酸を示している図はどれか. また, 最も弱い酸を示している図はどれか.

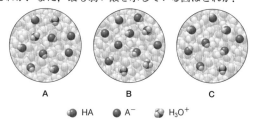

A　　　B　　　C

● HA　　● A⁻　　◉ H_3O^+

塩基もまた, H^+ を受容するそれぞれの能力が異なっている.

- H^+ を受容しやすい塩基を**強塩基**という. 強塩基が水に溶解すると, 100%の塩基がイオンに解離する.
- H^+ を受容しにくい塩基を**弱塩基**という. 弱塩基が水に溶解すると, ほんの少しの部分の塩基がイオンを形成する.

強塩基 strong base

弱塩基 weak base

　最も一般的な強塩基は水酸化物イオン OH^- であり, $NaOH$ や KOH などのさまざまな金属塩に用いられている. 固体の $NaOH$ が水に溶解すると, 溶媒和されたカチオン Na^+ とアニオン OH^- が生成する. 対照的に, 弱塩基の NH_3 が水に溶解すると, ほんの少しの部分の NH_3 分子が水と反応して, NH_4^+ と OH^- が生成する. 平衡においておもに存在する化学種は, 未解離の分子 NH_3 である.

　図9・4に強塩基の水溶液と弱塩基の水溶液の違いを示した. また, 表9・2には一般的な塩基を一覧表にして示した.

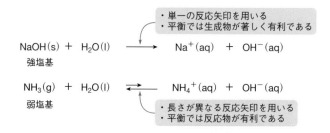

・単一の反応矢印を用いる
・平衡では生成物が著しく有利である

$$NaOH(s) + H_2O(l) \longrightarrow Na^+(aq) + OH^-(aq)$$
強塩基

$$NH_3(g) + H_2O(l) \rightleftharpoons NH_4^+(aq) + OH^-(aq)$$
弱塩基

・長さが異なる反応矢印を用いる
・平衡では反応物が有利である

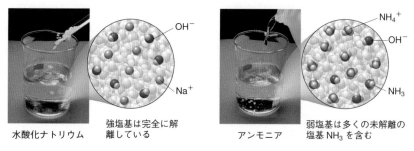

OH⁻

Na⁺

強塩基は完全に解離している

水酸化ナトリウム

NH₄⁺

OH⁻

NH₃

弱塩基は多くの未解離の塩基 NH_3 を含む

アンモニア

図 9・4　**水に溶かした強塩基と弱塩基**. 強塩基 $NaOH$ は, 水中で Na^+ と OH^- に完全に解離している. 弱塩基 NH_3 はほんの少量が NH_4^+ と OH^- に解離しているだけであり, 平衡ではほとんどが NH_3 として存在している.

酸と塩基の間には，逆の関係が存在する．

> • 強酸は容易に H^+ を供与し，弱い共役塩基が生成する．
> • 強塩基は容易に H^+ を受容し，弱い共役酸が生成する．

　このような逆の関係が存在するのはなぜだろうか．強酸は容易に H^+ を供与するので，生成する共役塩基はほとんど H^+ を受容する能力をもたない弱塩基となる．また，強塩基は容易に H^+ を受容するので，生成する共役酸は H^+ と緊密に結びついた弱酸となる．

　たとえば，強酸 HCl の共役塩基 Cl^- は弱塩基である．また，強塩基 OH^- の共役酸 H_2O は弱酸である．表9・2に示した酸は，その強さが低下する順に配列されている．これは，表9・2はまた，生成する共役塩基の強さが増大する順に配列されていることを意味する．すなわち，二つの酸の相対的な強さがわかれば，それらの共役塩基の相対的な強さを予想できるのである．

例題 9・4　酸と塩基の強さを関係づける

表9・2を用いて次の問いに答えよ．
(a) H_3PO_4 と HF のうち強い酸はどちらか．
(b) H_3PO_4 と HF のそれぞれの共役塩基を書き，どちらの塩基が強いかを予想せよ．

解答　(a) 表9・2をみると，H_3PO_4 は HF の上方に位置している．したがって，H_3PO_4 のほうが強い酸である．
(b) それぞれの共役塩基を書くには，それぞれの酸から H^+ を除去すればよい．どちらの酸も電気的に中性なので，両方の共役塩基は -1 の電荷をもつ．HF のほうが弱い酸であるから，F^- のほうが強い塩基となる．

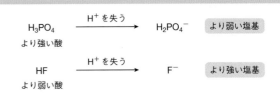

練習問題 9・4　次のそれぞれの組における二つの酸のうち，どちらが強い酸か．また，強い共役塩基をもつ酸はどちらか．
(a) H_2SO_4 と H_3PO_4 　　(b) H_2CO_3 と NH_4^+
(c) HCN と HF

9・3B　酸の強さを用いる平衡の位置の予測

　ブレンステッド酸とブレンステッド塩基との反応は，平衡反応となる．酸が塩基に H^+ を供与すると，共役酸と共役塩基が生成するので，反応混合物中にはいつも二つの酸と二つの塩基が存在する．平衡の位置，すなわち平衡においてどちらの酸塩基対が有利になるかは，酸と塩基の強さに依存する．

> • 強い酸と強い塩基の反応が有利に進行し，弱い酸と弱い塩基が生成する．

　強い酸と強い塩基は容易に H^+ を供与あるいは受容するため，これら二つが反応し，H^+ を供与しにくい弱い共役酸と，受容しにくい弱い共役塩基が生成する．すなわち，反応物として強い酸と強い塩基が反応式の左辺にあるとき反応は容易に起こり，右方向へ進行する．

　　　　　　　　　　　　　　　　　　正方向が長い矢印は生成物が有利であることを示す

H—A　　+　　:B　　⇌　　A:⁻　　+　　H—B⁺
強い酸　　　強い塩基　　　　　　弱い塩基　　　弱い酸
　　　　　　　　　　　　　　　　　　生成物が有利となる

　一方，酸塩基反応が強い酸と強い塩基を生成する反応である場合は，平衡は反応物

側が有利であり，生成物はほとんど得られない.

H—A　+　:B　⇌　A:⁻　+　H—B⁺

逆方向が長い矢印は反応物が有利であることを示す

弱い酸　　弱い塩基　　　　　強い塩基　　強い酸

反応物が有利となる

　次の段階的な方法において，表9・2の情報から平衡の位置を予測する方法を示すことにしよう.

How To　酸塩基反応における平衡の位置を予測する方法

例　次の酸塩基反応において，反応物と生成物のどちらが有利になるかを予測せよ.

$$HCN(g) + OH^-(aq) \rightleftharpoons CN^-(aq) + H_2O(l)$$

段階 1　反応物における酸と，生成物における共役酸を判別する.

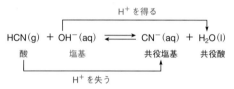

H⁺ を得る

$$HCN(g) + OH^-(aq) \rightleftharpoons CN^-(aq) + H_2O(l)$$
酸　　　　塩基　　　　　共役塩基　　　共役酸

H⁺ を失う

• HCN は H⁺ を供与するから酸である.

• H₂O は塩基である OH⁻ から生成する共役酸である.
段階 2　酸と共役酸の相対的な強さを決定する.
• 表9・2によると，HCN は H₂O よりも強い酸である.
段階 3　平衡は弱い酸が生成する方向が有利となる.
• 反応式では強い酸 HCN が反応物であるので，反応は書かれたように右方向へ進行し，弱い酸 H₂O が生成する. 長さの異なる矢印で平衡の位置を示す場合には，右辺の生成物側の方向により長い矢印を書く.

$$HCN(g) + OH^-(aq) \longrightarrow CN^-(aq) + H_2O(l)$$
より強い酸　　　　　　　　　　　　　　　より弱い酸

生成物が有利となる

問題 9・8　次の反応が平衡にあるとき，反応物と生成物のどちらが有利になるか.

(a)　$NH_4^+(aq) + Cl^-(aq) \rightleftharpoons NH_3(g) + HCl(aq)$

(b)　$HCO_3^-(aq) + H_3O^+(aq) \rightleftharpoons H_2CO_3(aq) + H_2O(l)$

9・4　平衡と酸解離定数

　すべての平衡と同様に，酸HAが水に溶解したときに起こる酸塩基反応について，平衡定数の式を書くことができる. 平衡定数 K は，反応物の濃度に対する生成物の濃度の比を表す.

反応　　$HA(aq) + H_2O(l) \rightleftharpoons H_3O^+(aq) + A:^-(aq)$

平衡定数　$K = \dfrac{[H_3O^+][A:^-]}{[HA][H_2O]}$　生成物の濃度／反応物の濃度

　水は塩基と溶媒の両方として働く. 水は液体であり，その濃度は実質的に一定であるから，上式は両辺に [H₂O] を掛けることによって，次のように書き換えることができる. ここで得られた新たな定数を**酸解離定数**といい，K_a で表す.

酸解離定数 acid dissociation constant

$$\text{酸解離定数 } K_a = K[H_2O] = \dfrac{[H_3O^+][A:^-]}{[HA]}$$

186　　9. 酸 と 塩 基

K_a は酸の強さとどのように関係しているだろうか. 酸が強くなるほど, 酸塩基反応の生成物の濃度が高くなるので, K_a の式における分子がより大きくなる. その結果, 次のようになる.

• 酸が強いほど, K_a の値は大きくなる.

表 9・2 に示した強酸はすべて, 1 よりもきわめて大きい K_a の値をもつ. 一方, 弱酸の K_a は 1 よりも小さい. 表 9・3 にいくつかの弱酸の K_a を一覧にして示した.

問題 9・9　次のそれぞれの組における二つの酸のうち, 強いものはどちらか.
(a) HCN と HSO$_4^-$
(b) CH$_3$COOH と NH$_4^+$

表 9・3　一般的な弱酸の酸解離定数 K_a

酸	構造式	K_a
硫酸水素イオン	HSO$_4^-$	1.2×10^{-2}
リン酸	H$_3$PO$_4$	7.5×10^{-3}
フッ化水素酸	HF	7.2×10^{-4}
酢酸	CH$_3$COOH	1.8×10^{-5}
炭酸	H$_2$CO$_3$	4.3×10^{-7}
リン酸二水素イオン	H$_2$PO$_4^-$	6.2×10^{-8}
アンモニウムイオン	NH$_4^+$	5.6×10^{-10}
シアン化水素	HCN	4.9×10^{-10}
炭酸水素イオン	HCO$_3^-$	5.6×10^{-11}
リン酸水素イオン	HPO$_4^{2-}$	2.2×10^{-13}

（左側に「酸性度が増大」の上向き矢印）

K_a の値から二つの酸の相対的な強さがわかるので, K_a を用いて酸塩基反応における平衡の位置を予測することができる. 例題 9・5 でこのような問題をやってみよう.

• 平衡は, 弱い酸, すなわち小さい K_a をもつ酸が生成する方向が有利になる.

例題 9・5　K_a を用いて, 平衡の位置を予測する

アスコルビン酸はビタミン C ともよばれ, 筋肉や血管の結合組織にある一般的なタンパク質であるコラーゲンの生成に必要とされる. ビタミン C の K_a を 7.9×10^{-5} とすると, 次の酸塩基反応において, 生成物と反応物のどちらが有利になるか.

$$C_6H_8O_6(aq) + NH_3(aq) \rightleftharpoons C_6H_7O_6^-(aq) + NH_4^+(aq)$$

ビタミン C　　　　　　　　ビタミン C の共役塩基

ビタミン C
(アスコルビン酸)
C$_6$H$_8$O$_6$

解答　反応物側では, ビタミン C が酸であり NH$_3$ が塩基である. NH$_3$ は H$^+$ を獲得してその共役酸 NH$_4^+$ を生成し, その K_a は 5.6×10^{-10} である (表 9・3). したがって, 共役酸はビタミン C ($K_a = 7.9 \times 10^{-5}$) よりも小さな K_a をもつので, 弱い酸である. この結果, 平衡は, 共役酸 NH$_4^+$ が生成する方向が有利となる.

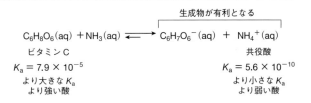

生成物が有利となる

$$C_6H_8O_6(aq) + NH_3(aq) \rightleftharpoons C_6H_7O_6^-(aq) + NH_4^+(aq)$$

ビタミン C　　　　　　　　　　　　　　　共役酸
$K_a = 7.9 \times 10^{-5}$　　　　　　　　　　$K_a = 5.6 \times 10^{-10}$
より大きな K_a　　　　　　　　　　　　　より小さな K_a
より強い酸　　　　　　　　　　　　　　　より弱い酸

練習問題 9・5　表 9・3 の酸解離定数を用いて, 次の反応において, 反応物と生成物のどちらが有利になるかを予測せよ.

$$HCO_3^-(aq) + NH_3(aq) \rightleftharpoons CO_3^{2-}(aq) + NH_4^+(aq)$$

問題 9・10　二つの弱酸 HCN と H$_2$CO$_3$ について, 次の問いに答えよ.
(a) より大きな K_a をもつのはどちらの酸か.
(b) より強い酸はどちらの酸か.
(c) より強い共役塩基をもつのはどちらの酸か.
(d) より弱い共役塩基をもつのはどちらの酸か.
(e) それぞれの酸を水に溶かしたとき, 平衡がより右方向に偏るのはどちらの酸か.

9・5 水 の 解 離

　§9・2で学んだように，水はブレンステッド酸としても，またブレンステッド塩基としてもふるまうことができる．その結果として，水は二つの分子の間で酸塩基反応を起こすことができる．

酸　　　　　　　塩基　　　　　　共役塩基　　　　　共役酸

H_2O は H^+ を供与する　　H_2O は H^+ を受容する

- 一つの H_2O 分子は H^+ を供与し，その共役塩基 OH^- を生成する．
- 一つの H_2O 分子は H^+ を受容し，その共役酸 H_3O^+ を生成する．

　反応物の酸 H_2O は共役酸 H_3O^+ よりも著しく弱いので，平衡は反応物側が有利になる．このため，純粋な水に含まれるイオン H_3O^+ と OH^- の濃度はきわめて低い．

　例によって，H_2O の酸塩基反応に対する平衡定数の式は，反応物である2分子の H_2O の濃度に対する生成物，すなわち H_3O^+ と OH^- の濃度の比として表記することができる．水は液体であり，その濃度は実質的に一定であるから，この式の両辺に $[H_2O]^2$ を掛けることによって，次式のように書き換えることができる．新しい平衡定数 K_w を，**水のイオン積**という．

水のイオン積 ion product of water

$$K = \frac{[H_3O^+][OH^-]}{[H_2O][H_2O]} = \frac{[H_3O^+][OH^-]}{[H_2O]^2}$$
両辺に $[H_2O]^2$ を掛ける

$$K_w = K[H_2O]^2 = [H_3O^+][OH^-]$$
水のイオン積

$$K_w = [H_3O^+][OH^-]$$

　それぞれの反応において一つの H_3O^+ と一つの OH^- が生成するので，純粋な水では H_3O^+ と OH^- の濃度は等しい．実験によって，25℃において，$[H_3O^+] = [OH^-] = 1.0 \times 10^{-7}\,M$ であることが示されている．

$$K_w = [H_3O^+][OH^-]$$
$$= (1.0 \times 10^{-7}) \times (1.0 \times 10^{-7})$$
$$= 1.0 \times 10^{-14}$$

- 25℃において，あらゆる水溶液に対して，$[H_3O^+]$ と $[OH^-]$ の積は一定の値 1.0×10^{-14} をとる．

　K_w の値は，純粋な水だけでなく，あらゆる水溶液に適用することができる．したがって，二つのイオン H_3O^+ と OH^- のうち，どちらか一方の濃度がわかれば，次のように K_w の式を書き換えることによって，もう一方の濃度を知ることができる．

指数表記法による数字の書き方は，§1・6で説明した．指数表記法で示した数の掛け算や割り算については，§5・5で述べた．

[H₃O⁺] がわかっているときに [OH⁻] を求める

$$K_w = [H_3O^+][OH^-]$$

$$[OH^-] = \frac{K_w}{[H_3O^+]}$$

$$[OH^-] = \frac{1.0 \times 10^{-14}}{[H_3O^+]}$$

[OH⁻] がわかっているときに [H₃O⁺] を求める

$$K_w = [H_3O^+][OH^-]$$

$$[H_3O^+] = \frac{K_w}{[OH^-]}$$

$$[H_3O^+] = \frac{1.0 \times 10^{-14}}{[OH^-]}$$

たとえば，1杯のコーヒーにおける H₃O⁺ の濃度が 1.0×10^{-5} M であれば，この値を用いて OH⁻ の濃度を求めることができる．

$$[OH^-] = \frac{K_w}{[H_3O^+]} = \frac{1.0 \times 10^{-14}}{1.0 \times 10^{-5}} = 1.0 \times 10^{-9} \text{ M}$$

コーヒーにおける水酸化物イオンの濃度

したがって，コーヒーにおける H₃O⁺ の濃度は OH⁻ の濃度よりも大きい．しかし，これらの濃度の積は 1.0×10^{-14} であり，一定の値 K_w となる．

中性 neutral

純粋な水，および H₃O⁺ と OH⁻ の濃度が 1.0×10^{-7} M で等しいあらゆる溶液は**中性**であるという．他の溶液は，H₃O⁺ と OH⁻ のうちどちらのイオンの濃度が高いかによって，**酸性**あるいは**塩基性**のいずれかに分類される．

酸性 acidic

塩基性 basic

- 酸性溶液では，$[H_3O^+] > [OH^-]$，すなわち $[H_3O^+] > 10^{-7}$ M である．
- 塩基性溶液では，$[OH^-] > [H_3O^+]$，すなわち $[OH^-] > 10^{-7}$ M である．

コーヒーは H₃O⁺ の濃度が OH⁻ の濃度よりも高いので，酸性溶液である．

酸性溶液では，酸 H₃O⁺ の濃度のほうが塩基 OH⁻ の濃度よりも高い．塩基性溶液では，塩基 OH⁻ の濃度のほうが酸 H₃O⁺ の濃度よりも高い．表9・4に，中性，酸性，塩基性の溶液に関する情報をまとめた．

表 9・4 中性，酸性，塩基性の溶液

種類	[H₃O⁺]と[OH⁻]	[H₃O⁺]	[OH⁻]
中性	$[H_3O^+] = [OH^-]$	10^{-7} M	10^{-7} M
酸性	$[H_3O^+] > [OH^-]$	$> 10^{-7}$ M	$< 10^{-7}$ M
塩基性	$[H_3O^+] < [OH^-]$	$< 10^{-7}$ M	$> 10^{-7}$ M

例題 9・6 [H₃O⁺] がわかっているとき [OH⁻] を求める

血液における H₃O⁺ の濃度を 4.0×10^{-8} M とするとき，OH⁻ の濃度を求めよ．血液は酸性，塩基性，中性のうちどれか．

解答 問題に与えられた [H₃O⁺] の値を式に代入し，[OH⁻] を求める．

$$[OH^-] = \frac{K_w}{[H_3O^+]} = \frac{1.0 \times 10^{-14}}{4.0 \times 10^{-8}} = 2.5 \times 10^{-7} \text{ M}$$

血液における水酸化物イオンの濃度

$[OH^-] > [H_3O^+]$ であるので，血液は塩基性溶液である．

練習問題 9・6 次の溶液について，与えられた [H₃O⁺] から

[OH⁻] の値を求めよ．また，それぞれの溶液が，酸性あるいは塩基性のいずれであるかを判定せよ．

(a) $[H_3O^+] = 10^{-3}$ M 　(b) $[H_3O^+] = 2.8 \times 10^{-10}$ M
(c) $[H_3O^+] = 5.6 \times 10^{-4}$ M

問題 9・11 次の溶液について，与えられた [OH⁻] から [H₃O⁺] の値を求めよ．また，それぞれの溶液が，酸性あるいは塩基性のいずれであるかを判定せよ．

(a) $[OH^-] = 10^{-6}$ M 　(b) $[OH^-] = 5.2 \times 10^{-11}$ M
(c) $[OH^-] = 7.3 \times 10^{-4}$ M

HCl のような強酸は水溶液中では完全に解離しているので，酸の濃度から溶液中に存在する H_3O^+ の濃度がわかる．たとえば，濃度 0.1 M の HCl 溶液では HCl は完全に解離しているので，H_3O^+ の濃度は 0.1 M である．したがって，この値を用いて水酸化物イオン OH^- の濃度を計算することができる．同様に，NaOH のような強塩基は水溶液中では完全に解離しているので，塩基の濃度から溶液中に存在する OH^- の濃度がわかる．たとえば，濃度 0.1 M の NaOH 溶液の OH^- の濃度は 0.1 M である．

濃度 0.1 M の HCl 溶液　　$[H_3O^+] = 0.1\ M = 1 \times 10^{-1}\ M$
　　強酸

濃度 0.1 M の NaOH 溶液　　$[OH^-] = 0.1\ M = 1 \times 10^{-1}\ M$
　　強塩基

例題 9・7　強塩基の溶液における $[H_3O^+]$ と $[OH^-]$ を求める

濃度 0.01 M の NaOH 溶液における $[H_3O^+]$ と $[OH^-]$ の値を求めよ．

解答　NaOH は強塩基であり，完全に解離して Na^+ と OH^- が生成するので，NaOH の濃度から OH^- の濃度がわかる．したがって，濃度 0.01 M の NaOH 溶液における $[OH^-]$ の値は，$0.01\ M = 1 \times 10^{-2}\ M$ である．

$$[H_3O^+] = \frac{K_w}{[OH^-]} = \frac{1 \times 10^{-14}}{1 \times 10^{-2}} = 1 \times 10^{-12}\ M$$
　　　　　　　　　　OH^- の濃度　　　　　　　　　H_3O^+ の濃度

練習問題 9・7　次のそれぞれの溶液における $[H_3O^+]$ と $[OH^-]$ の値を求めよ．
(a) 0.001 M NaOH　　(b) 0.001 M HCl　　(c) 1.5 M HCl　　(d) 0.30 M NaOH

9・6　pH 表記法

オキソニウムイオン H_3O^+ の濃度を知ることは，さまざまな場合において必要となる．たとえば，良好な健康状態を維持するためには，血液の H_3O^+ 濃度はきわめて狭い範囲になければならない．植物は酸性が強すぎる，あるいは塩基性が強すぎる土壌では成長することができない．スイミングプールでは水を清浄に保ち，また微生物や藻類が増殖しないように，常に H_3O^+ の濃度を測定し，調整しなければならない．

9・6A　pH の計算

H_3O^+ の濃度は，10 の負のべき乗をもつ非常に小さい値なので，もっと都合よく $[H_3O^+]$ を記述するために，**pH 表記法**が用いられる．pH 表記法は H_3O^+ の濃度の対数により定義され，一般に溶液の pH は 0 から 14 の間の値となる． **pH 表記法** pH scale

$$pH = -\log[H_3O^+]$$

10 のべき乗の指数を**対数**という． 対数 logarithm, log と略記

対数は指数を表す
$\log(10^5) = 5$　　　$\log(10^{-10}) = -10$　　　$\log(0.001) = \log(10^{-3}) = -3$
　　　　　　　　　　対数は指数を表す　　　　指数表記法に変換する

pH を求めるために，まず数値を指数表記法で書いたとき，係数が 1 となる H_3O^+

リンゴジュースの pH は約 4 なので,
酸性溶液である.

問題 9・12 (a) 次の pH の値をも
つ溶液の組における $[\mathrm{H_3O^+}]$ の差
は何倍か. (b) 二つの pH の値が示
す溶液のうち,$\mathrm{H_3O^+}$ 濃度が高いも
のはどちらか.
1) pH = 4 と pH = 5
2) pH = 4 と pH = 6
3) pH = 6 と pH = 10

濃度を考えよう. たとえば,リンゴジュースの $[\mathrm{H_3O^+}]$ の値は約 1×10^{-4} であり,
係数なしで書くと 10^{-4} となる. この溶液の pH は次のように求められる.

$$\mathrm{pH} = -\log[\mathrm{H_3O^+}] = -\log(10^{-4}) = -(-4) = 4$$
リンゴジュースの pH

pH は $[\mathrm{H_3O^+}]$ の対数に負符号をつけた値と定義され,ふつう $[\mathrm{H_3O^+}]$ の値は 10^{-x}
のように負の指数をもつので,pH は正の値となる.
溶液が酸性,中性,塩基性のいずれであるかは,その pH を用いて定義することが
できる.

- 酸性溶液は $[\mathrm{H_3O^+}] > 1 \times 10^{-7}\,\mathrm{M}$ であるから,pH < 7 である.
- 中性溶液は $[\mathrm{H_3O^+}] = 1 \times 10^{-7}\,\mathrm{M}$ であるから,pH = 7 である.
- 塩基性溶液は $[\mathrm{H_3O^+}] < 1 \times 10^{-7}\,\mathrm{M}$ であるから,pH > 7 である.

$[\mathrm{H_3O^+}]$ と pH の関係に注意しよう.

- pH が小さいほど,$\mathrm{H_3O^+}$ の濃度は高くなる.

pH は対数尺度で表記されるので,pH における小さな違いが,$\mathrm{H_3O^+}$ 濃度では大き
な変化に対応する. たとえば,pH における 1 の違いは,$\mathrm{H_3O^+}$ 濃度では 10 倍の差を
意味する. また,pH における 3 の違いは,$\mathrm{H_3O^+}$ 濃度では 1000 倍の差を意味する.

pH における 1 の違いは
pH = 2 $[\mathrm{H_3O^+}] = 1 \times 10^{-2}$
pH = 3 $[\mathrm{H_3O^+}] = 1 \times 10^{-3}$
$[\mathrm{H_3O^+}]$ では 10 倍の差を意味する

pH における 3 の違いは
pH = 2 $[\mathrm{H_3O^+}] = 1 \times 10^{-2}$
pH = 5 $[\mathrm{H_3O^+}] = 1 \times 10^{-5}$
$[\mathrm{H_3O^+}]$ では 1000 倍の差を意味する

図 9・5 に示すように,溶液の pH は pH 計を用いて測定される. また,おおよそ
の pH の値は,pH 試験紙や,溶液の pH に依存して異なる色に変化する指示薬を用
いて決定することができる. 図 9・6 に,さまざまな物質の pH を示した.
例題 9・8 に,与えられた $\mathrm{H_3O^+}$ 濃度を pH の値に変換する方法を示した. また,
問題 9・13 で,逆の過程,すなわち pH の値を $\mathrm{H_3O^+}$ 濃度に変換する問題をやってみ
よう.

(a)    (b)    (c)

図 9・5 **pH の測定.** (a) pH 計は小型の電子機器であり,電極を溶液に浸して pH を測定する. (b) pH 試験
紙とよばれる紙片は,1 滴の水溶液をつけると,特定の pH に対応する色に変化する. (c) おおよその pH を知
るために酸塩基指示薬が用いられる. 指示薬は溶液の pH に依存して色が変化する色素である.

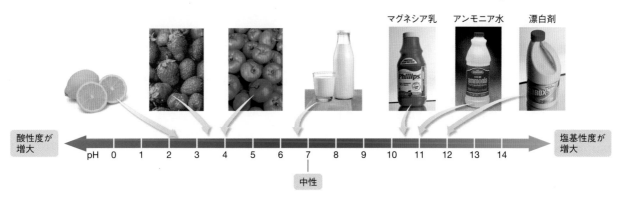

図 9・6　**いくつかの一般的な物質の pH**. 多くの果物の pH は 7 以下であり, それらは酸性である. 家庭用のアンモニア水や漂白剤のような多くの洗浄剤は塩基性(pH＞7)である.

例題 9・8　[H₃O⁺] から pH を求める

H_3O^+ の濃度が 1×10^{-5} M である尿の pH を求めよ. この溶液は酸性, 塩基性, 中性のうち, どれに分類されるか.

解答　　　　　$pH = -\log[H_3O^+] = -\log(10^{-5}) = -(-5) = 5$

答　尿の試料の pH は 5. この尿は pH＜7 であるから, 酸性である.

練習問題 9・8　次の H_3O^+ 濃度を pH に変換せよ.
(a) 1×10^{-12} M　　(b) 0.00001 M　　(c) 0.00000000001 M

問題 9・13　レモンジュースの pH を 2 とするとき, この溶液の H_3O^+ 濃度を求めよ. また, この溶液を酸性, 塩基性, 中性のいずれかに分類せよ.

9・6B　計算機を用いる pH の計算

たとえば 2.0×10^{-3} のように, 指数表記法で表した H_3O^+ 濃度 [H₃O⁺] の係数が 1 に等しくない場合, その溶液の pH を計算するためには, 対数機能をもつ計算機が必要となる. キーの表示や操作の順序は, 計算機の種類によって異なる.

計算機にこの数字を入れる

$$pH = -\log[H_3O^+] = -\log(2.0 \times 10^{-3}) = -(-2.70) = 2.70$$

同様に, たとえば海水試料における pH ＝ 8.50 のように, 与えられた pH が整数でないとき, 逆対数, すなわち対数が 8.50 となる数値を求めるためには, 計算機が必要となる. 計算が正しいことを確認するために, 海水試料の pH は 8 と 9 の間にあるので, H_3O^+ 濃度は 10^{-8} M から 10^{-9} M の間になければならないことに注意しよう.

逆対数 antilogarithm

$$[H_3O^+] = \text{antilog}(-pH) = \text{antilog}(-8.50) = 3.2 \times 10^{-9} \text{ M}$$

海水は溶解した塩を含むので, その pH は 8.50 である. そのため, 海水は純水のような中性ではなく, わずかに塩基性である.

対数を用いるときには, 有効数字に注意しなければならない.

• 対数は, もとの数値の係数の桁数と同じ数だけ, 小数点の右側に数字をもつ.

$$[H_3O^+] = 3.2 \times 10^{-9} \text{ M} \qquad pH = 8.50$$

小数点の右側に 2 桁の数字

有効数字は 2 桁

例題 9·9 計算機を用いて [H₃O⁺] から pH を求める

ワインの H_3O^+ 濃度は 3.2×10^{-4} M である．このワインの pH を求めよ．

解答　指数表記法における係数が 1 に等しくない数の対数を求めるためには，計算機を用いる．操作の順序やキーの表示は，計算機によってさまざまである．次のような三つの操作を行うことによって，pH を求めることができる場合もある．まず，H_3O^+ 濃度を入力し，ついで log キーを押し，さらに符号変換キーを押す．このような操作によって求めるべき数値が得られない場合には，使用している計算機の説明書を参照せよ．もとの数値の係数が 2 桁の有効数字をもつので，pH は，小数点の右側に 2 桁の数字をもつことになる．

有効数字は 2 桁

$$pH = -\log[H_3O^+] = -\log(3.49 \times 10^{-4})$$
$$= -(-3.49) = 3.49$$

小数点の右側に 2 桁の数字

練習問題 9·9　次の H_3O^+ 濃度を pH に変換せよ．
(a) 9.21×10^{-12} M　(b) 0.000088 M　(c) 0.0000000000762 M

問題 9·14　汗の pH は 5.8 である．計算機を用いてこの汗の H_3O^+ 濃度を求めよ．

9·7　一般的な酸塩基反応

すでに§9·2から§9·4で，さまざまな酸塩基反応の例をみてきた．本節では，さらに注目に値する二つの一般的な反応，すなわち酸と水酸化物イオン OH^- との反応，および酸と炭酸水素イオン HCO_3^- や炭酸イオン CO_3^{2-} との反応について述べる．

9·7A　酸と水酸化物イオンとの反応

ブレンステッド酸 HA と水酸化物イオンをもつ金属塩 MOH との反応は，中和反応の例である．**中和反応**は，生成物として塩と水を与える酸塩基反応である．

中和反応 neutralization reaction

$$HA(aq) + MOH(aq) \longrightarrow H-OH(l) + MA(aq)$$
酸　　　　塩基　　　　　水　　　　塩

- 酸 HA はプロトン H^+ を塩基 OH^- に供与して，H_2O が生成する．
- 酸に由来するアニオン A^- は塩基に由来するカチオン M^+ と結合して，塩 MA が生成する．

体液の pH

図に示すように，人体にはさまざまな pH をもつ液体が存在している．唾液はやや酸性であるが，胃で分泌される胃液は生体で最も低い pH をもつ．胃の強い酸性の環境は，食物の消化に役立っている．また，強い酸性は，食物や飲料とともに意図せずに摂取された多くの種類の微生物を殺している．食物が胃を出ると，食物は塩基性の環境にある小腸に送られる．小腸における塩基は，胃に由来する酸と反応する．

いくつかの体液の pH は，きわめて狭い範囲にあることが求められる．たとえば，健康な人の血液の pH は 7.35〜7.45 の範囲にある．この pH を維持することは，201 ページで述べる複雑な機構によって達成されている．pH が比較的変化しやすい体液もある．たとえば，尿の pH は，その人の最近の食事や運動の状況に依存して，4.6 から 8.0 あたりの値をとる．

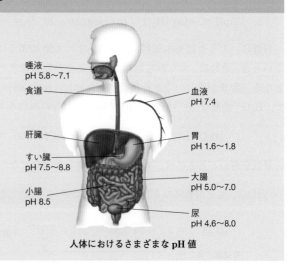

唾液
pH 5.8〜7.1
食道
血液
pH 7.4
肝臓
胃
pH 1.6〜1.8
すい臓
pH 7.5〜8.8
大腸
pH 5.0〜7.0
小腸
pH 8.5
尿
pH 4.6〜8.0

人体におけるさまざまな pH 値

たとえば，塩酸 HCl は水酸化ナトリウム NaOH と反応して，水と塩化ナトリウム NaCl が生成する．平衡は生成物側が著しく有利となるから，反応物と生成物の間には単一の反応矢印が書かれる．

$$HCl(aq) + NaOH(aq) \longrightarrow H-OH(l) + NaCl(aq)$$
$$\text{酸} \qquad \text{塩基} \qquad \text{水} \quad \text{塩}$$

この反応において反応にかかわる重要な化学種は，酸 HCl に由来する H^+ と塩基 NaOH に由来する OH^- である．酸塩基反応であることを明確に示すために，実際に反応にかかわる化学種だけを含む反応式を用いる場合がある．このような反応式を，**正味のイオン反応式**という．

正味のイオン反応式 net ionic equation

- 正味のイオン反応式は，反応にかかわる化学種だけを含む反応式である．

酸塩基反応に対する正味のイオン反応式を書くには，まず酸，塩基，および塩を，溶液中に存在する個々のイオンとして表記する．ここで，塩基へ移動するのは H^+ であるから，式を簡略化するために，反応にかかわる酸の化学種を H_3O^+ ではなく H^+ と書くことにする．すると，HCl と NaOH との反応は，個々のイオンを用いて次のように書くことができる．

$$H^+(aq) + Cl^-(aq) + Na^+(aq) + OH^-(aq) \longrightarrow H-OH(l) + Na^+(aq) + Cl^-(aq)$$

この方法で反応式を書くと，反応において Na^+ と Cl^- は変化しないことがわかる．反応式の両辺に現れ，反応において変化しないイオンを，**傍観イオン**という．反応式から傍観イオンを除くと，正味のイオン反応式が得られる．

傍観イオン spectator ion

$$H^+(aq) + Cl^-(aq) + Na^+(aq) + OH^-(aq) \longrightarrow H-OH(l) + Na^+(aq) + Cl^-(aq)$$
傍観イオンを除く　　　　　　　　　傍観イオンを除く

正味のイオン反応式　　$$H^+(aq) + OH^-(aq) \longrightarrow H-OH(l)$$

- 強酸と強塩基が反応するときはいつでも，正味のイオン反応式は常に同じ反応式，すなわち H^+ が OH^- と反応して H_2O が生成する反応式となる．

これらの中和反応の生成物を書くために，中和反応では常に二つの生成物，すなわち水と金属塩が生成することを覚えておいてほしい．§5・2で概要を述べた一般的な反応の釣合をとるための段階的方法を用いることによって，酸塩基反応の反応式の釣合をとることができる．釣合のとれた反応式の係数から，一つの H^+ に対してそれぞれ一つの OH^- が反応しなければならないことがわかる．

制酸薬には過剰の胃酸と反応する2種類の塩基，$Mg(OH)_2$ と $Al(OH)_3$ を含むものがある．塩基の組合わせを用いるのは，アルミニウム塩の便秘を起こす効果を，マグネシウム塩の便秘を抑制する効果によって相殺するためである．

How To　HA と MOH との中和反応に対する釣合のとれた反応式を書く方法

例　$Mg(OH)_2$ はある種の制酸薬の有効成分である．胃における $Mg(OH)_2$ と塩酸 HCl との反応に対する釣合のとれた反応式を書け．
段階 1　反応物における酸と塩基を明確にし，一つの生成物として H_2O を書く．
- HCl は酸であり，$Mg(OH)_2$ は塩基である．酸に由来する

- H^+ は塩基に由来する OH^- と反応して H_2O が生成する．
$$HCl(aq) + Mg(OH)_2(aq) \longrightarrow H_2O(l) + \text{塩}$$
酸　　　　　塩基
段階 2　生成物として得られる塩の組成を決める．
- H_2O の生成に用いられなかった酸と塩基の元素から，塩が生成する．塩のアニオンは酸に由来し，塩のカチオンは塩基

（つづく）

に由来する.
- この問題では, HCl に由来する Cl^- と $Mg(OH)_2$ に由来する Mg^{2+} が結合して, 塩 $MgCl_2$ が生成する.

段階 3　反応式の釣合をとる.
- §5·2で述べた方法に従って, 反応式の釣合をとる. 釣合のとれた反応式は, 1 mol の $Mg(OH)_2$ に対して 2 mol の

HCl が必要であることを示している. これは, 1 mol の $Mg(OH)_2$ はそれぞれ 2 mol の OH^- を含んでいるからである.

HとOの釣合をとる
ために2をつける

$$2\,HCl(aq) + Mg(OH)_2(aq) \longrightarrow 2\,H_2O(l) + MgCl_2$$

Clの釣合をとるために2をつける

問題 9·15　次の酸塩基反応に対する釣合のとれた反応式を書け. また, 正味のイオン反応式を書け.

$$H_2SO_4(aq) + KOH(aq) \longrightarrow$$

9·7B　酸と炭酸水素塩および炭酸塩との反応

炭酸水素ナトリウム $NaHCO_3$ は HCO_3^- の金属塩である. これはある種の制酸薬の成分であり, 過剰の胃酸と反応して CO_2 を放出する. §9·7Aで述べた中和反応と同様に, 塩基に由来するカチオン Na^+ と酸に由来するアニオン Cl^- から, 塩 $NaCl$ が生成する. また, 炭酸カルシウム $CaCO_3$ はカルシウム補給剤や制酸薬に含まれており, $CaCO_3$ も過剰の胃酸と反応して CO_2 を放出する.

酸は, 塩基である HCO_3^- および CO_3^{2-} と反応する. HCO_3^- は一つの H^+ と反応して, 炭酸 H_2CO_3 を生成する. 一方, CO_3^{2-} は二つの H^+ と反応する. これらの反応で生成する炭酸は不安定であり, 分解して CO_2 と H_2O を与える. このため, 酸といずれかの塩が反応すると, 気体の CO_2 が泡となって放出される.

$$H^+(aq) + HCO_3^-(aq) \longrightarrow \left[H_2CO_3(aq)\right] \longrightarrow H_2O(l) + CO_2(g)$$

1 H^+ が必要　　炭酸水素イオン

CO_2 の泡

$$2\,H^+(aq) + CO_3^{2-}(aq) \longrightarrow \left[H_2CO_3(aq)\right] \longrightarrow H_2O(l) + CO_2(g)$$

2 H^+ が必要　　炭酸イオン

例題 9·10　**$NaHCO_3$ を用いる酸塩基反応に対する釣合のとれた反応式を書く**

H_2SO_4 と $NaHCO_3$ との反応に対する釣合のとれた反応式を書け.

解答
- H_2SO_4 は酸であり, $NaHCO_3$ は塩基である.
- 酸に由来する H^+ は塩基である HCO_3^- と反応して H_2CO_3 を生成し, それは H_2O と CO_2 に分解する.
- また, 塩基のカチオン Na^+ と酸のアニオン SO_4^{2-} から塩 Na_2SO_4 が生成する.

釣合のとれていない反応式

$$H_2SO_4(aq) + NaHCO_3(aq) \longrightarrow$$
　　　酸　　　　　　塩基

$$Na_2SO_4(aq) + \underbrace{H_2O(l) + CO_2(g)}_{H_2CO_3 \text{ に由来}}$$
　塩

反応式の釣合をとるために, 矢印の両辺にある原子の数が同じになるように係数をつける.

まず, Na の釣合をとるために2をつける

$$H_2SO_4(aq) + 2\,NaHCO_3(aq) \longrightarrow$$
　酸　　　　　　　塩基

$$Na_2SO_4(aq) + 2\,H_2O(l) + 2\,CO_2(g)$$
　　塩

つづいて C, H, O の釣合をとるために2をつける

練習問題 9·10　硝酸 HNO_3 と炭酸マグネシウム $MgCO_3$ との反応に対する釣合のとれた反応式を書け.

9·8　塩の溶液の酸性と塩基性

これまで本章では, 酸や塩基が水に溶けたときに何が起こるかを議論してきた. 塩が水に溶けたとき, 水の pH はどうなるだろうか. 塩は中和反応の生成物である (§9·7A). このことは, 塩が水に溶けると, pH 7 の中性の溶液が生じることを意味

するのだろうか.

> • 塩は,そのカチオンとアニオンが由来する酸と塩基が強いか,あるいは弱いかに依存して,酸性,塩基性,あるいは中性の溶液を形成する.

まず,塩 M^+A^- を形成するために用いられる酸と塩基を確認しよう.

> • カチオン M^+ は塩基に由来する.
> • アニオン A^- は酸 HA に由来する.

たとえば,NaCl は強塩基 NaOH と強酸 HCl が反応して生成する塩とみることができる.また,$NaHCO_3$ は強塩基 NaOH と弱酸 H_2CO_3 から生成し,NH_4Cl は弱塩基 NH_3 と強酸 HCl から生成する.

強塩基と強酸に由来する塩は,中性溶液(pH = 7)を形成する.また,塩を形成するイオンの一つが弱酸あるいは弱塩基に由来するときには,次の原理に従う.すなわち,塩を形成するイオンのうち,より強い酸あるいはより強い塩基に由来するイオンが,溶液が酸性であるか,塩基性であるかを決定する.

> • 強塩基と弱酸に由来する塩は,塩基性溶液(pH > 7)を形成する.
> • 弱塩基と強酸に由来する塩は,酸性溶液(pH < 7)を形成する.

たとえば,$NaHCO_3$ が水に溶解すると,$Na^+(aq)$ と $HCO_3^-(aq)$ が生成する.Na^+ のようなアルカリ金属カチオンは H_2O と反応しないが,HCO_3^- は H_2O と以下のように反応して OH^- が生成する.このように,強塩基と弱酸に由来する塩である $NaHCO_3$ は,塩基性溶液を形成する.

$$HCO_3^-(aq) + H_2O(l) \rightleftharpoons H_2CO_3(aq) + \boxed{OH^-(aq)}$$

水酸化物イオンにより
溶液は塩基性となる
したがって pH > 7

一方,NH_4Cl が水に溶解すると,$NH_4^+(aq)$ と $Cl^-(aq)$ が生成する.Cl^- のようなハロゲン化物イオンは H_2O と反応しないが,NH_4^+ は H_2O と以下のように反応して H_3O^+ が生成する.このように,強酸と弱塩基に由来する塩である NH_4Cl は,酸性溶液を形成する.

$$NH_4^+(aq) + H_2O(l) \rightleftharpoons NH_3(aq) + \boxed{H_3O^+(aq)}$$

H_3O^+ により溶液は
酸性になる
したがって pH < 7

また,NaCl が水に溶解すると,$Na^+(aq)$ と $Cl^-(aq)$ が生成する.どちらのイオンも水と反応しない.酸塩基反応が起こらないので,溶液は中性のままである.このように,強酸と強塩基に由来する塩である NaCl は,中性溶液を形成する.表9・5に

塩の溶液の酸性と塩基性についてまとめた.

表 9・5　塩の溶液の酸性と塩基性

カチオンの由来	アニオンの由来	溶液	pH	例
強塩基	強酸	中性	7	NaCl, KBr, NaNO$_3$
強塩基	弱酸	塩基性	>7	NaHCO$_3$, KCN, CaF$_2$
弱塩基	強酸	酸性	<7	NH$_4$Cl, NH$_4$NO$_3$

例題 9・11　**塩の溶液が酸性，塩基性，中性のいずれであるかを判定する**

次の塩が水に溶解したとき，生成する溶液は，酸性，塩基性，中性のうちどれか.
(a) NaF　　(b) KNO$_3$　　(c) NH$_4$Br

解答

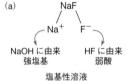

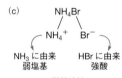

練習問題 9・11　次の塩が水に溶解したとき，生成する溶液は，酸性，塩基性，中性のうちどれか.
(a) K$_2$CO$_3$　　(b) NH$_4$I　　(c) BaCl$_2$　　(d) Na$_3$PO$_4$

9・9　滴　定

滴定 titration

しばしば，溶液中の酸や塩基の正確な濃度を知らなければならない場合がある. 溶液の濃度を決定するための操作を**滴定**といい，ビュレットとよばれる器具を用いて行われる. ビュレットは目盛のついたガラス管の底部にストップコックをつけたものであり，濃度がわかった溶液を少量ずつ，濃度が未知の溶液へ添加することができる. 図 9・7 には，ビュレットを用いて HCl 溶液に含まれる酸の全濃度を決定するための手法を示した.

滴定によって，HCl 溶液の濃度がわかるのはなぜだろうか. 滴定は，フラスコに含まれる酸（HCl）とビュレットから添加される塩基（NaOH）との間に起こる酸塩基反応に基づいている. 添加された塩基の物質量が，フラスコ内の酸の物質量と等しくなったとき，酸は中和され，塩と水が生成する.

終点では，酸 H$^+$ の物質量と塩基 OH$^-$ の物質量が等しくなる

$$HCl(aq) + NaOH(aq) \rightleftharpoons NaCl(aq) + H_2O(l)$$

滴定によって得られたデータから，未知のモル濃度を求めるためには，次の三つの操作が必要である.

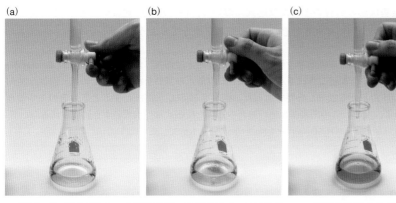

(a)　　　　　　　　(b)　　　　　　　　(c)

図 9・7　濃度がわかった塩基を用いる酸の滴定. HCl 溶液のモル濃度を決定する手順.
（a）体積がわかっている HCl 溶液をフラスコに加え, 酸塩基指示薬を加える. 指示薬として, しばしばフェノールフタレインが用いられる. これは, 酸性では無色であるが, 塩基性では鮮やかな桃色に変化する. （b）モル濃度がわかっている NaOH 溶液をビュレットにみたし, ゆっくりと HCl 溶液に加える. （c）**終点**(end point)に到達するまで, NaOH 溶液を加える. 終点は指示薬の色が変化する点であり, ここでは添加した NaOH の物質量がフラスコ内の HCl の物質量と等しくなる. いいかえれば, すべての HCl が NaOH と反応し, 溶液はもはや酸性ではなくなる. ビュレットから加えた NaOH 溶液の体積を読む. 求められた NaOH 溶液の体積と, わかっている NaOH 溶液のモル濃度および HCl 溶液の体積から, HCl 溶液のモル濃度を求めることができる.

　まず, 滴定で得られた体積とわかっているモル濃度を用いて, 添加した塩基の物質量を決定する. つづいて, 酸塩基反応の釣合のとれた反応式における係数を用いて, その塩基と反応する酸の物質量を求める. 最後に, 求められた物質量とわかっている酸の体積から, 酸のモル濃度を求める.

How To　滴定によって酸溶液のモル濃度を決定する方法

例　体積 25.0 mL の HCl 溶液を滴定するために, 濃度 0.100 M の NaOH 溶液が 22.5 mL 必要であった. HCl 溶液のモル濃度を求めよ.

段階 1　酸を中和するために用いられる塩基の物質量を求める.

- mL–L 変換因子を用いて, 塩基の体積を mL 単位から L 単位に変換する. 塩基のモル濃度 M (mol/L) と体積 V (L) 用いて, 物質量 n (mol) 求める $(n = MV)$.

$$\underset{\text{NaOH の体積}}{22.5 \text{ mL NaOH}} \times \underset{\text{mL–L 変換因子}}{\frac{1 \text{ L}}{1000 \text{ mL}}} \times \underset{\text{モル濃度変換因子}}{\frac{0.100 \text{ mol NaOH}}{1 \text{ L}}} = 0.00225 \text{ mol NaOH}$$

段階 2　釣合のとれた反応式における係数を用いて, 反応する酸の物質量を求める.

- この反応では, 1 mol の HCl が 1 mol の NaOH と反応する. したがって, 滴定の終点における NaOH の物質量は, HCl の物質量に等しい.

$$\underset{0.00225 \text{ mol}}{\text{HCl(aq)}} + \underset{0.00225 \text{ mol}}{\text{NaOH(aq)}} \longrightarrow \text{NaCl(aq)} + \text{H}_2\text{O(l)}$$

段階 3　求められた物質量とわかっている体積から, 酸のモル濃度を求める.

- mL–L 変換因子を用いて, 酸の体積を mL 単位から L 単位に変換する. 酸の物質量 n (mol) とわかっている体積 V (L) を用いて, モル濃度 M (mol/L) を求める $(M = n/V)$.

$$\text{モル濃度 } M = \frac{\text{mol}}{\text{L}} = \frac{0.00225 \text{ mol HCl}}{25.0 \text{ mL 溶液}} \times \underset{\text{mL–L 変換因子}}{\frac{1000 \text{ mL}}{1 \text{ L}}} = 0.0900 \text{ M HCl}$$

酸塩基反応の釣合のとれた反応式において，酸と塩基の比はいつも 1：1 であるとは限らない．問題 9・16 でそのような問題をやってみよう．

問題 9・16 酸性雨は正常より低い pH をもつ雨水であり，溶解した H_2SO_4 のような酸の存在によってひき起こされる．体積 125 mL の雨水の試料を滴定するために，濃度 0.20 M の NaOH 溶液が 5.22 mL 必要であった．雨水を H_2SO_4 水溶液とするとき，そのモル濃度を求めよ．なお，この酸塩基反応の釣合のとれた反応式は，次式のように表される．

$$H_2SO_4(aq) + 2\,NaOH(aq) \longrightarrow Na_2SO_4(aq) + 2\,H_2O(l)$$

9・10 緩 衝 液

緩衝液 buffer

酸あるいは塩基を加えたとき，ほとんどその pH が変化しない溶液を**緩衝液**という．ほとんどの緩衝液は，ほぼ等しい量の弱酸とその共役塩基の塩から構成される．

- 緩衝液の弱酸は，加えられた塩基 OH^- と反応する．
- 緩衝液の共役塩基は，加えられた酸 H_3O^+ と反応する．

9・10A 緩衝液の一般的特徴

緩衝液の効果は，少量の強酸や強塩基を水に添加したときに起こる pH 変化を，同量の強酸や強塩基を緩衝液に添加したときに起こる pH 変化と比較することによって示すことができる．図 9・8 にその様子を示した．0.020 mol の HCl を 1.0 L の水に加えると，pH は 7 から 1.7 へ変化する．また，0.020 mol の NaOH を水 1.0 L に加えると，pH は 7 から 12.3 に変化する．この例では，中性の水に少量の強酸や強塩基を添加すると，5 以上も pH が変化することになる．

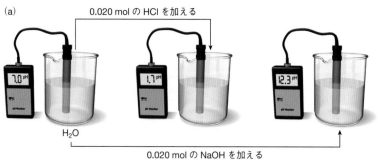

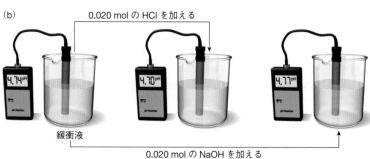

図 9・8 **pH 変化に対する緩衝液の効果**．(a) 純水に少量の強酸あるいは強塩基を添加すると，その pH は劇的に変化する．(b) 緩衝液に同じ量の強酸あるいは強塩基を添加しても，その pH はほとんど変化しない．

これに対して，たとえば，濃度 0.50 M の酢酸 CH₃COOH と濃度 0.50 M の酢酸ナトリウム NaCH₃COO から調製される緩衝液の pH は 4.74 である．この溶液に，同量の酸（0.020 mol の HCl）を添加すると pH は 4.70 に変化し，同量の塩基（0.020 mol の NaOH）を添加すると pH は 4.77 に変化する．この例から，緩衝液が存在すると，pH の変化はたかだか 0.04 にとどまることがわかる．

なぜ緩衝液は，酸や塩基をきわめて小さい pH 変化で吸収できるのだろうか．例として，等しい濃度の酢酸 CH₃COOH とその共役塩基のナトリウム塩である酢酸ナトリウム NaCH₃COO を含む緩衝液について考えてみよう．CH₃COOH は弱酸であるので，水に溶解すると，わずかな部分だけが解離してその共役塩基 CH₃COO⁻ が生成する．しかし，緩衝液では，酢酸ナトリウムからほぼ等しい量の CH₃COO⁻ が供給される．

$$CH_3COOH(aq) + H_2O(l) \rightleftharpoons H_3O^+(aq) + CH_3COO^-(aq)$$

ほぼ等しい量

§9·4 では，この反応に対する酸解離定数 K_a の式の書き方を学んだ．この式を書き換えて [H₃O⁺] について解くと，緩衝液に酸や塩基を加えたとき，それほど pH が変化しない理由がわかる．

K_a の表記　$$K_a = \frac{[H_3O^+][CH_3COO^-]}{[CH_3COOH]}$$

表記を書き換える　$$[H_3O^+] = K_a \times \frac{[CH_3COOH]}{[CH_3COO^-]}$$ ← この比があまり変化しなければ，[H₃O⁺] もあまり変化しない

H₃O⁺ の濃度は二つの項に依存している．すなわち，定数である K_a，および弱酸とその共役塩基の濃度の比である．したがって，この比の値があまり変化しなければ，H₃O⁺ の濃度，すなわち pH はあまり変化しない．

少量の強酸が緩衝液に添加された場合を考えよう．添加された H₃O⁺ は CH₃COO⁻ と反応して CH₃COOH を生成する．この結果，[CH₃COO⁻] はわずかに減少し，[CH₃COOH] はわずかに増大する．しかし，これら二つの濃度の比は大きく変化することはない．このため，[H₃O⁺]，すなわち pH もほんのわずかに変化するだけとなる．

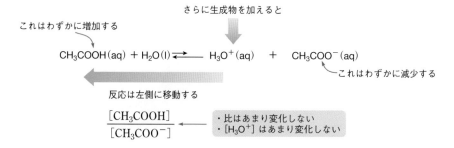

一方，少量の強塩基が緩衝液に添加された場合には，添加された OH⁻ は CH₃COOH と反応して，CH₃COO⁻ を生成する．この結果，[CH₃COOH] はわずかに減少し，[CH₃COO⁻] はわずかに増加する．しかし，これら二つの濃度の比は大きく変化することはない．したがってこの場合も，[H₃O⁺]，すなわち pH はほんのわずかに変化するだけとなる．

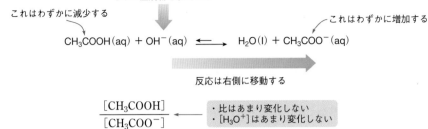

これはわずかに減少する　　　さらに生成物を加えると　　　これはわずかに増加する

$$CH_3COOH(aq) + OH^-(aq) \rightleftharpoons H_2O(l) + CH_3COO^-(aq)$$

反応は右側に移動する

$$\frac{[CH_3COOH]}{[CH_3COO^-]}$$

・比はあまり変化しない
・$[H_3O^+]$ はあまり変化しない

　　緩衝液が有効であるためには，添加される酸や塩基の量は，存在する緩衝液の量と比較して少量でなければならない．多量の酸や塩基が緩衝液に添加された場合には，弱酸とその共役塩基の濃度は大きく変化してしまうので，H_3O^+ 濃度もまた大きく変化する．表 9・6 にいくつかの一般的な緩衝液を示した．

問題 9・17　弱酸 HCO_3^- とその共役塩基 CO_3^{2-} から調製される緩衝液について，以下の問いに答えよ．

$$HCO_3^-(aq) + H_2O(l) \rightleftharpoons CO_3^{2-}(aq) + H_3O^+(aq)$$

(a) 緩衝液を調製するためには，HCO_3^- と CO_3^{2-} の両方が必要である理由を説明せよ．
(b) 少量の酸が緩衝液に添加されたとき，HCO_3^- と CO_3^{2-} の濃度はどのように変化するか．
(c) 少量の塩基が緩衝液に添加されたとき，HCO_3^- と CO_3^{2-} の濃度はどのように変化するか．

酸性雨と湖における天然の緩衝液

　　汚染されていない雨水は pH 7 の中性溶液ではない．雨水は溶解した二酸化炭素を含むため，むしろわずかに酸性であり，その pH は約 5.6 である．

$$CO_2(g) + 2H_2O(l) \rightleftharpoons H_3O^+(aq) + HCO_3^-(aq)$$
空気による CO_2

低い濃度の H_3O^+ により雨水は pH < 7 となる

　　燃焼した化石燃料に由来する H_2SO_4（あるいは HNO_3）が溶解した雨水は，5.6 よりも低い pH をもつ．ある地域に正常よりも低い pH をもつ雨が継続的に降ると，この酸性雨によって動植物の生態が破壊的な影響を受ける．

　　酸性雨の結果として，湖の pH が劇的に変化する場合もあるが，一方で，pH がほとんど変化しない湖もある．実際に，いくつかの湖が pH を大きく変化させることなく酸性雨を吸収できるのは，完全に緩衝液の作用によるものである（右図）．石灰岩が豊富な土壌に囲まれた湖の水は，固体の炭酸カルシウム $CaCO_3$ に接している．その結果，湖は天然の炭酸イオン/炭酸水素イオン緩衝液になっている．湖に酸性雨が降ると，溶解した炭酸イオン CO_3^{2-} が酸と反応し，炭酸水素イオン HCO_3^- を生成する．

緩衝液が雨によって加えられた酸と反応する

$$CO_3^{2-}(aq) + H_3O^+(aq) \rightleftharpoons HCO_3^-(aq) + H_2O(l)$$

石灰岩によって囲まれた湖は天然の CO_3^{2-}/HCO_3^- 緩衝液になっている

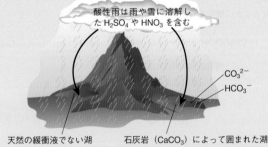

酸性雨は雨や雪に溶解した H_2SO_4 や HNO_3 を含む

CO_3^{2-}
HCO_3^-

天然の緩衝液でない湖
酸性雨は湖水に H_3O^+ を添加し，その pH を低下させる

石灰岩（$CaCO_3$）によって囲まれた湖
湖は CO_3^{2-} と HCO_3^- の天然の緩衝液を含んでいる．雨に由来する H_3O^+ は溶解した CO_3^{2-} と反応して HCO_3^- を生成する．CO_3^{2-} と HCO_3^- の濃度はほとんど変化しないので，湖の pH はわずかに変化するだけである

酸性雨と湖における天然の緩衝液

血液における緩衝液

健康な人の正常な血液の pH は 7.35 から 7.45 の範囲にある. この範囲よりも高いあるいは低い pH は，一般に呼吸や代謝過程が不安定であることを示唆している. 身体がきわめて安定な pH を維持することができるのは，血液や他の組織が緩衝液の作用を受けているからある. 血液における主要な緩衝液は，炭酸水素イオン/炭酸（HCO_3^-/H_2CO_3）によるものである.

血液における炭酸水素イオン/炭酸緩衝液系を考えるとき，二つの平衡が重要になる. 第一に，炭酸 H_2CO_3 と血液に溶解している CO_2 との平衡である（§9・7）. 第二に，炭酸は弱酸であるので，水に溶解して，その共役塩基 HCO_3^- を生成することである.

$$CO_2(g) + H_2O(l) \rightleftharpoons H_2CO_3(aq) \overset{H_2O}{\rightleftharpoons} H_3O^+(aq) + HCO_3^-(aq)$$

炭酸　　　　　　　炭酸水素イオン

血液における主要な緩衝液

CO_2 は代謝過程によって体内で定常的に生成し，肺へ運ばれて排出される. このため，血液に溶解している CO_2 の量は，血液の H_3O^+ 濃度，すなわち pH と直接的に関係している. 血液の pH が 7.35 よりも低いときは，血液は正常よりも酸性であり，この状態をアシドーシス（acidosis）という. また，血液の pH が 7.45 よりも高いときは，血液は正常よりも塩基性であり，この状態をアルカローシス（alkalosis）という.

溶解した CO_2 の濃度が増加あるいは減少したことが，血液の pH に及ぼす効果は，ルシャトリエの原理によって説明できる. CO_2 濃度が正常よりも高ければ，平衡は右方向に移動し，H_3O^+ の濃度は増大して pH は低下する. 身体が肺を通して適切な量の CO_2 を排出できないときには，このような呼吸性アシドーシスになる. これは進行した肺疾患や呼吸不全もつ患者に起こりやすい. 一方，CO_2 濃度が正常よりも低ければ，平衡は左方向に移動し，H_3O^+ の濃度は減少して pH は上昇する. このような呼吸性アルカローシスは過呼吸，すなわち興奮したりパニックになったときに必要以上に呼吸を行うことによってひき起こされる. また，血液の pH は，身体の代謝過程が均衡を失ったときにも変化する.

激しい運動の間は，肺は通常よりも多くの CO_2 を排出し，血液の pH も上昇する

表 9・6　一般的な緩衝液

緩衝液	弱酸	共役塩基	弱酸の K_a
酢酸イオン/酢酸	CH_3COOH	CH_3COO^-	1.8×10^{-5}
炭酸イオン/炭酸水素イオン	HCO_3^-	CO_3^{2-}	5.6×10^{-11}
リン酸水素イオン/リン酸二水素イオン	$H_2PO_4^-$	HPO_4^{2-}	6.2×10^{-8}
リン酸イオン/リン酸水素イオン	HPO_4^{2-}	PO_4^{3-}	2.2×10^{-13}

9・10B　緩衝液の pH の計算

緩衝液が効果的に働く pH の範囲は，緩衝液を調製するために用いた弱酸 HA の K_a に依存する. 緩衝液の pH は，弱酸 HA の K_a，および弱酸 HA と共役塩基 A^- の濃度から計算することができる. 例題 9・12 でこの問題をやってみよう.

一般的な酸 HA の
酸解離定数 K_a

$$K_a = \frac{[H_3O^+][A\!:^-]}{[HA]}$$

表記を書き換えて
$[H_3O^+]$ について解く

$$[H_3O^+] = K_a \times \frac{[HA]}{[A\!:^-]}$$

緩衝液の pH を決める

例題 9・12 緩衝液の pH を計算する

濃度 0.20 M の CH_3COOH と濃度 0.20 M の $NaCH_3COO$ から調製される緩衝液の pH を求めよ.

解答

[1] 問題に与えられた CH_3COOH と CH_3COO^- の濃度を，それぞれ [HA] と [A:$^-$] に代入し，[H_3O^+] を計算する. なお，酢酸 CH_3COOH の K_a は 1.8×10^{-5} である.

$$[H_3O^+] = K_a \times \frac{[CH_3COOH]}{[CH_3COO^-]} = (1.8 \times 10^{-5}) \times \frac{[0.20\ M]}{[0.20\ M]}$$

$$[H_3O^+] = 1.8 \times 10^{-5}\ M$$

[2] 例題 9・9 でやったように，計算機を用いて H_3O^+ 濃度を pH に変換する.

$$pH = -\log[H_3O^+] = -\log(1.8 \times 10^{-5})$$
$$pH = 4.74$$

練習問題 9・12 次のそれぞれの濃度から調製されるリン酸水素イオン/リン酸二水素イオン緩衝液の pH を求めよ. また，等しい濃度の弱酸と共役塩基から調製される緩衝液の pH について，わかることを述べよ.

(a) 0.10 M の NaH_2PO_4 と 0.10 M の Na_2HPO_4

(b) 1.0 M の NaH_2PO_4 と 1.0 M の Na_2HPO_4

(c) 0.50 M の NaH_2PO_4 と 0.50 M の Na_2HPO_4

10

核 化 学

これまでの化学反応に関する学習では，価電子がかかわる反応に注目していた．10
章では，私たちの注意を核化学反応，すなわち原子核が変化する反応に向ける．核化
学反応は一般的ではないが，広い応用範囲をもつ有用な一つの領域を形成している．
放射性同位体を用いた病気の診断や治療，原子力発電所におけるエネルギーの製造，
考古学試料の年代決定，信頼性の高い煙感知器の設計は，すべてこの 10 章で説明す
る核化学の概念を利用したものである．

少量のヨウ素-125 とチタンからなる
小さい線源（大きさを示すために 1 セ
ント銅貨を並べて示した）は，前立腺
がんを治療するために前立腺の近くに
埋込まれる．放射線が局所に制限され
るので，近傍にある膀胱や直腸などの
器官は，ほんの少量の放射線を受ける
だけである．

10・1 核 化 学 入 門

　ほとんどの化学反応は価電子がかかわる反応である．しかし，少数ではあるが重要
な一群の反応として**核化学反応**，すなわち原子核の原子構成粒子がかかわる反応があ
る．核化学反応を理解するために，まず 2 章で示した同位体と原子核の特徴に関する
事項を復習しよう．

核化学反応 nuclear reaction，**核反応**とも
いう．

10・1A 同 位 体

　原子の**原子核**は**陽子**と**中性子**からなる．

- **原子番号** Z は原子核における陽子の数に等しい．
- **質量数** A は原子核における陽子の数と中性子の数の和に等しい．

　同じ種類の元素の原子は，同じ原子番号をもつが，中性子の数は異なることがあ
る．

- 同じ元素の原子であるが，中性子の数が異なる原子を**同位体**という．

原子核 nucleus
陽子 proton
中性子 neutron
原子番号 atomic number
質量数 mass number

同位体 isotope

　この結果として，同位体は同じ原子番号 Z をもつが，互いに質量数 A が異なる．
たとえば，炭素では天然に 3 種類の同位体が存在する．それぞれの同位体はいずれも
原子核に 6 個の陽子をもつが（すなわち $Z = 6$），中性子の数は 6, 7, 8 と異なってい
る．したがって，これらの同位体の質量数 A はそれぞれ，12, 13, 14 となる．2 章で
学んだように，これらの同位体を，炭素-12，炭素-13，炭素-14 とよぶ．同位体はま
た，元素記号の左上方に質量数を，左下方に原子番号をつけて表すこともある．

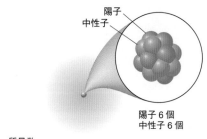

陽子6個
中性子6個

質量数 ——→ $^{12}_{6}$C
原子番号 ——→
炭素-12

陽子6個
中性子7個

$^{13}_{6}$C
炭素-13

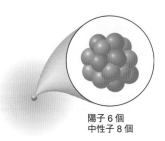

陽子6個
中性子8個

$^{14}_{6}$C
炭素-14

中性子
陽子

多くの同位体は安定であるが，そうでない同位体はもっと多い．

放射性同位体 radioisotope

> • 放射能をもつ同位体を**放射性同位体**という．放射性同位体は不安定であり，自発的に
> エネルギーを放出して，より安定な原子核に変化する．

放射能 radioactivity

人工同位体 artificial isotope

　放射能は，不安定な放射性同位体が自発的に放射線を放出する性質をいう．知られているすべての元素の同位体のうち，264 種類が安定であり，300 種類が自然界に存在するが不安定である．さらに多くの放射性同位体が実験室で合成されている．これらを**人工同位体**という．炭素-12 と炭素-13 はいずれも安定同位体であり，放射性同位体の炭素-14 よりも天然存在比が高い．

例題 10・1 二つの同位体の性質を比較する

ヨウ素-123 とヨウ素-131 は放射性同位体であり，甲状腺疾患の診断や治療のために用いられる．両方の同位体に対して，次の表を完成させよ．

	原子番号	質量数	陽子の数	中性子の数	同位体記号
ヨウ素-123					
ヨウ素-131					

解答

	原子番号	質量数	陽子の数	中性子の数	同位体記号
ヨウ素-123	53	123	53	123 − 53 = 70	$^{123}_{53}$I
ヨウ素-131	53	131	53	131 − 53 = 78	$^{131}_{53}$I

練習問題 10・1　次の核種は医療に用いられている放射性同位体である．それぞれの同位体に対して，1) 原子番号，2) 質量数，3) 陽子数，4) 中性子数を示せ．

(a)　　　$^{85}_{38}$Sr　　　(b)　　　$^{67}_{31}$Ga　　　(c)　　　セレン-75

骨画像化に利用　　　腹部の画像化に利用　　　すい臓の画像化に利用

10・1B 放射線の種類

　放射性の原子核がより安定な原子核に変化するとき，種々の放射線が放出される．放射線には α（アルファ）粒子，β（ベータ）粒子，陽電子，γ（ガンマ）線がある．

α 粒子 alpha particle，記号 α あるいは $^{4}_{2}$He

> • α 粒子は 2 個の陽子と 2 個の中性子からなる高エネルギーをもつ粒子である．

　α 粒子は α，あるいはヘリウムの元素記号 $^{4}_{2}$He で表記され，+2 の電荷をもち，質

量数は 4 である.

- **β 粒子は高エネルギーをもつ電子である.**

β 粒子 beta particle, 記号 β あるいは $_{-1}^{0}\mathrm{e}$

電子は -1 の電荷をもち, その質量は陽子と比較して無視できるほど小さい. β 粒子は β, あるいは電子 e の左上方に質量数 0, 左下方に電荷 -1 をつけた記号で表記される. β 粒子は, 中性子 n が陽子 p と電子に変換されるときに生成する.

$$_{0}^{1}\mathrm{n} \longrightarrow {}_{1}^{1}\mathrm{p} + {}_{-1}^{0}\mathrm{e}$$
中性子　　　　陽子　　　β 粒子

- **陽電子は β 粒子と同一の質量と異なる電荷をもつ粒子であり, β 粒子の反粒子である.**

陽電子 positron, 記号 $_{+1}^{0}\mathrm{e}$ あるいは β^{+}
反粒子 antiparticle

すなわち, 陽電子は β 粒子と同様に質量は無視できるが, 電荷は β 粒子とは逆の $+1$ である. 陽電子は β^{+} か, あるいは電子 e の左上方に質量数 0, 左下方に電荷 $+1$ をつけた記号で表記される. 陽電子は "正電荷をもつ電子" とみなすことができ, 陽子が中性子へ変換されるときに生成する.

$$_{1}^{1}\mathrm{p} \longrightarrow {}_{0}^{1}\mathrm{n} + {}_{+1}^{0}\mathrm{e}$$
陽子　　　　中性子　　　陽電子

- **γ 線は放射性の原子核から放出される高エネルギーの電磁波である.**

γ 線 gamma ray, 記号 γ

γ 線は γ で表記される. γ 線は電磁波の一種であり, したがって質量や電荷をもたない. 表 10・1 にはこれらの放射線のいくつかの性質をまとめた.

表 10・1　放射線の種類

放射線の種類	記号	電荷	質量数
α 粒子	α あるいは $_{2}^{4}\mathrm{He}$	$+2$	4
β 粒子	β あるいは $_{-1}^{0}\mathrm{e}$	-1	0
陽電子	β^{+} あるいは $_{+1}^{0}\mathrm{e}$	$+1$	0
γ 線	γ	0	0

問題 10・1　α 粒子とヘリウム原子との違いを述べよ.

10・2　核化学反応

放射壊変 radioactive decay

不安定な放射性原子核が放射線を放出し, 新たな組成の原子核を形成する過程を**放射壊変**という. この過程は核化学反応式で記述される. 核化学反応式には, もとの原子核, 新たな原子核, および放出される放射線が示される. 原子について釣合をとる化学反応式とは異なって, 核化学反応式では, 原子核の質量数と原子番号の釣合をとらねばならない.

- 核化学反応式の両辺では, 質量数 A の総和が等しくなければならない.
- 核化学反応式の両辺では, 原子番号 Z の総和が等しくなければならない.

10・2A　α 壊変

α 壊変 α-decay

α 粒子を放出する原子核の壊変を **α 壊変**という. たとえば, ウラン-238 は α 粒子を放出して壊変し, トリウム-234 が生成する.

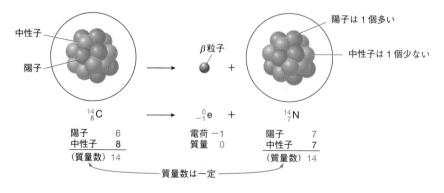

$$^{238}_{92}U \longrightarrow {}^{4}_{2}He + {}^{234}_{90}Th$$

陽子 92	陽子 2	陽子 90
中性子 146	中性子 2	中性子 144
（質量数）238	（質量数）4	（質量数）234

問題 10・2　次の同位体の α 壊変に対する釣合のとれた核化学反応式を書け.
(a) ポロニウム-218
(b) トリウム-230　(c) ^{252}Es

放射性元素のアメリシウム-241 は煙感知器に使われている. 壊変によって発生した α 粒子により電流が生じるが, 煙が感知器に入るとそれが妨げられ, 警報が鳴る.

α 粒子は 2 個の陽子をもつので, 新たな原子核はもとの原子核よりも陽子の数が 2 個だけ少ない. 陽子数が異なるので, 新たな原子核は異なる元素となる. ウラン-238 は 92 個の陽子をもつので, 2 個の陽子が失われると陽子数が 90 個の元素であるトリウム Th が生成する. Th 原子核は質量数 4 をもつ α 粒子が失われて生成するので, その質量数は, もとの原子核の質量数よりも 4 少ない 234 となる.

結果として, 反応式の両辺で, 質量数の総和は 238 ＝ 4 ＋ 234 と等しくなる. また, 原子番号の総和も 92 ＝ 2 ＋ 90 と等しくなる.

How To　核化学反応に対する反応式の釣合をとる方法

例　アメリシウム-241 が α 粒子を放出して壊変する過程に対する核化学反応式を書け.
段階 1　左辺にもとの原子核を, また右辺に放出された粒子を記した不完全な反応式を書く.
- 反応式には, 周期表を参照して質量数と原子番号も記載する.

$$^{241}_{95}Am \longrightarrow {}^{4}_{2}He + ?$$

段階 2　右辺に新たに生成する原子核の質量数と原子番号を求める.
- 質量数の総和は反応式の両辺で等しくなければならない. もとの原子核の質量数から α 粒子の質量数 4 を引くと, 新たな原子核の質量数が得られる. すなわち, 241 － 4 ＝ 237 となる.

- 原子番号の総和は反応式の両辺で等しくなければならない. もとの原子核の原子番号から, α 粒子の 2 個の陽子を引くと, 新たな原子核の原子番号が得られる. すなわち, 95 － 2 ＝ 93 となる.

段階 3　原子番号を用いて新たな原子核を同定し, 反応式を完成させる.
- 周期表から, 93 の原子番号をもつ元素はネプツニウム Np であることがわかる.
- 元素記号とともに質量数と原子番号を書き, 反応式を完成させる.

$$241 = 4 + 237$$
$$^{241}_{95}Am \longrightarrow {}^{4}_{2}He + {}^{237}_{93}Np$$
$$95 = 2 + 93$$

10・2B　β　壊　変

β 壊変 β-decay

β 粒子を放出する原子核の壊変を **β 壊変**という. たとえば, 炭素-14 は β 粒子を放

中性子
陽子
β粒子
陽子は 1 個多い
中性子は 1 個少ない

$$^{14}_{6}C \longrightarrow {}^{0}_{-1}e + {}^{14}_{7}N$$

陽子 6	電荷 −1	陽子 7
中性子 8	質量 0	中性子 7
（質量数）14		（質量数）14

質量数は一定

出して壊変し，窒素-14 が生成する．炭素-14 の放射壊変は，考古学試料の年代決定に利用されている（§10・3）．

β壊変では，もとの原子核がもつ中性子の1個がβ粒子と陽子に変化する．この結果として，新たな原子核はもとの原子核よりも，陽子は1個多く，また中性子が1個少ない．上記の例では，6個の陽子をもつ炭素原子が壊変して，7個の陽子をもつ窒素原子が生成する．原子核における粒子の総数は変化しないので，質量数は一定である．

β粒子は電荷 −1 をもつので，原子番号を示す下付文字は釣合がとれている．すなわち，右辺の7個の陽子にβ粒子の電荷 −1 を加えると，全電荷が +6 となり，これは左辺の炭素の原子番号に等しい．また，質量数も釣合がとれている．なぜなら，β粒子の質量数はゼロであり，もとの原子核と新たな原子核はいずれも，14個の原子核構成粒子（陽子と中性子）をもつからである．

β粒子を放出する放射性元素は，医療において広く利用されている．β粒子は速やかに運動している高エネルギーの電子からなり，局所的な領域の生体組織を貫通するので，腫瘍細胞に近接して放射性元素を置くと，腫瘍細胞を殺すことができる．このような**内部放射線療法**では健常な細胞と病的な細胞がともに破壊されるが，速やかに分裂している腫瘍細胞のほうが放射線の効果に敏感であるため，その成長と複製は最も影響を受ける（図 10・1）．

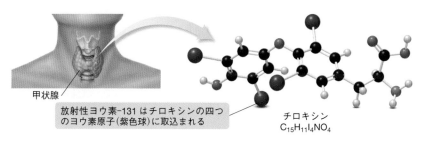

図 10・1 ヨウ素-131 を用いる甲状腺機能亢進症の治療．ヨウ素-131 はβ粒子を放出する放射性元素であり，内部放射線療法による甲状腺機能亢進症，すなわち活動が活発すぎる甲状腺による症状の治療に用いられる．ヨウ素-131 が投与されると，それは甲状腺ホルモンのチロキシンに取込まれる．ヨウ素-131 から放出されるβ粒子は，甲状腺の組織を部分的に破壊し，これによって活発すぎる甲状腺の活動が抑制される．

甲状腺

放射性ヨウ素-131 はチロキシンの四つのヨウ素原子（紫色球）に取込まれる

チロキシン
$C_{15}H_{11}I_4NO_4$

10・2C β⁺ 壊 変

陽電子 β^+ を放出する原子核の壊変を **β^+ 壊変** という．たとえば，炭素の人工放射性同位体である炭素-11 は，β^+ 粒子を失うことによってホウ素-11 へ壊変する．β^+

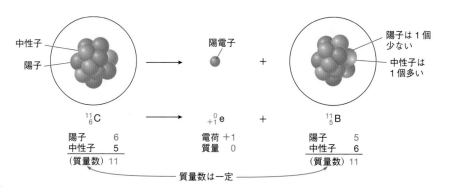

| 中性子 | | 陽電子 | | | 陽子は1個少ない |
| 陽子 | | | | | 中性子は1個多い |

$${}^{11}_{6}C \longrightarrow {}^{0}_{+1}e + {}^{11}_{5}B$$

陽子	6	電荷 +1		陽子	5
中性子	5	質量 0		中性子	6
（質量数）	11			（質量数）	11

質量数は一定

放射能の効果

放射線は高いエネルギーをもつので，物体や生体の表面を貫通し，細胞を損傷したり，殺すことができる．放射線に対して最も敏感な細胞は，骨髄，生殖器，皮膚，腸管などの分裂の速い細胞である．がん細胞もまた分裂が速いので，特に放射線に敏感である．これが，がん治療の効果的な方法として放射線が利用される理由である．

α粒子，β粒子，γ線は，それぞれ表面を貫通する程度が異なっている．α粒子は最も重いため，運動が最も遅く，表面を貫通する程度も最も少ない．β粒子は無視できる程度の質量しかもたないので，α粒子に比べて運動が速く，人体組織にまで貫通する．γ線は最も速やかに伝わり，人体組織を容易に貫通する．γ線を放出する物質の取扱いはきわめて危険で，それを止めるには厚い鉛の防御物が必要である．

内部放射線療法 internal radiation therapy

問題 10・3 次の同位体のβ壊変に対する釣合のとれた核化学反応式を書け．
(a) ${}^{20}_{9}F$　(b) ${}^{98}_{38}Sr$　(c) クロム-55

β^+ 壊変 β^+-decay

陽電子放射断層撮影法 positron emission tomography，略称 PET

壊変を行う放射性同位体は，比較的新しい診断技術である**陽電子放射断層撮影法**に利用されている（下記コラム参照）。

β^+ 壊変では，もとの原子核がもつ陽子の1個が β^+ 粒子と中性子に変化する。その結果として，新たな原子核はもとの原子核よりも，陽子は1個少なく，また中性子は1個多い。上記の例では，6個の陽子をもつ炭素原子が壊変して，5個の陽子をもつホウ素原子が生成する。原子核における粒子の総数は変化しないので，質量数は一定である。

問題 10・4 次の同位体の β^+ 壊変に対する釣合のとれた核化学反応式を書け。
(a) ヒ素-74　　(b) 酸素-15

10・2D γ 壊 変

γ壊変 γ-decay

γ 線を放出することによる原子核の壊変を**γ 壊変**という。γ 線は単に電磁波の一種であるから，γ 壊変では，放射性原子核の原子番号も質量数も変化しない。γ 壊変は単独で起こることがある。たとえば，テクネチウム-99の一種でテクネチウム-99mと表記される同位体は，テクネチウム原子核の高エネルギー種であり，γ 線の放出を伴ってテクネチウム-99になる。テクネチウム-99 は比較的安定であるが，依然として放射性である。

テクネチウム-99m の m は，metastable（準安定な）を表す。この表記は，その同位体は同じ同位体のより安定な形態に壊変することを意味している。

$$^{99m}_{43}\text{Tc} \longrightarrow {}^{99}_{43}\text{Tc} + \gamma$$

質量数と原子番号は変化しない

テクネチウム-99m は医用画像診断に広く利用されている放射性同位体である。テクネチウム-99m は高エネルギーの γ 線を放出するが，短期間で壊変するので，脳や甲状腺，さらに肺，肝臓，骨や他の多くの器官の画像化に用いられる。

コバルト-60 はがんに対する**外部放射線療法**（external rediation therapy）に用いられる。この治療法ではコバルト-60 の壊変によって発生する放射線を，がん細胞を含む身体の特定の部位に集中させる。放射線を腫瘍上に導くことによって，健常な周囲の組織に対する損傷は最小化される。

一般に γ 壊変は，α 壊変あるいは β 壊変を伴うことが多い。たとえば，コバルト-60 の壊変では，β 壊変と γ 壊変が起こる。β 粒子が生成するので，壊変によって，同じ質量数をもつが陽子の数が異なる元素が生成する。コバルト-60 からは，新たな元

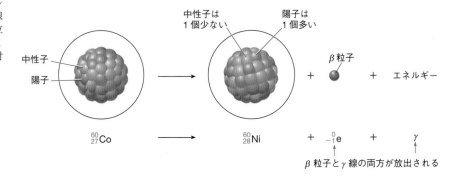

中性子は1個少ない　　　陽子は1個多い

中性子
陽子

β 粒子

＋　　　　＋　エネルギー

$^{60}_{27}\text{Co}$ → $^{60}_{28}\text{Ni}$ ＋ $^{\ 0}_{-1}\text{e}$ ＋ γ

β 粒子と γ 線の両方が放出される

陽電子放射断層撮影法

陽電子放射断層撮影法（PET）は，原子核の壊変により陽電子を放出する放射性同位体を用いた診断法である。陽電子は生成するとただちに電子と結合し，二つの γ 線が生じる。それを走査することにより，生体器官の画像化ができる。

PET に用いられる一般的な放射性同位体は，炭素-11，酸素-15，窒素-13，フッ素-18である。たとえば炭素-11やフッ素-18で標識されたグルコース分子を体内に取込ませる

と，その濃度は，継続的にグルコースを用いる身体の領域で最大になる。このため，健康な脳は高い放射能を示すが，頭に打撃を受けた人やアルツハイマー病の患者は脳の活性が著しく低下するため，放射能も低下する。また，PET は腫瘍や冠動脈疾患を検出したり，がんの治療が順調に進んでいるかどうかを追跡するための，生体を傷つけない方法としても用いられる。

素としてニッケル-60 が生成する.

表 10・2 にさまざまな種類の核化学反応をまとめた.

表 10・2　**核化学反応の種類**

種類	反応		
α 壊変	X 原子番号 Z 質量数 A	$\longrightarrow$　${}^{4}_{2}\text{He}$　+	Y 原子番号 $Z-2$ 質量数 $A-4$
β 壊変	X 原子番号 Z 質量数 A	$\longrightarrow$　${}^{0}_{-1}e$　+	Y 原子番号 $Z+1$ 質量数 A
β^{+}壊変	X 原子番号 Z 質量数 A	$\longrightarrow$　${}^{0}_{+1}e$　+	Y 原子番号 $Z-1$ 質量数 A
γ 壊変	X 原子番号 Z 質量数 A	$\longrightarrow$　γ　+	X 原子番号 Z 質量数 A

10・3　半　減　期

放射性同位体はどのくらい速く壊変するのだろうか. それは同位体によって異なっている.

- 放射性同位体の試料の半分が壊変するために必要な時間を, その放射性同位体の**半減期**といい, $t_{1/2}$ で表す.

半減期 half-life

10・3A　一般的な性質

リン-32 は β 壊変によって硫黄-32 に変化する放射性同位体である. ここに 16 g のリン-32 があるとしよう. リン-32 の半減期は約 14 日である. したがって, 14 日後には, 試料に含まれるリン-32 の量は, もとの半分の量の 8.0 g となる. さらに 14 日後には (全部で 2 半減期), 8.0 g のリン-32 は再び半分の 4.0 g となる. さらに 14 日後には (全部で 3 半減期), 4.0 g のリン-32 は半分の 2.0 g となり, 以下同様に続く. すなわち, リン-32 は 14 日ごとに, その半分が壊変するのである.

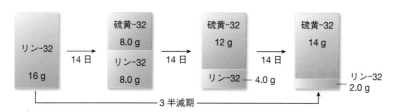

天然に存在する多くの同位体は, 長い半減期をもっている. 例として, 炭素-14 (5730 年) やウラン-235 (7.0×10^{8} 年) がある. 一方で, 医学的な診断や画像化に用いられる放射性同位体は, 短い半減期をもっており, そのため身体に残存しない. 例として, テクネチウム-99m (6.0 時間) やヨウ素-131 (8.0 日) がある. 表 10・3 には, いくつかの放射性同位体の半減期を示した.

問題 10・5　イリジウム-192 は β 壊変と γ 壊変を行う放射性同位体で, 体内に埋込まれて乳がんの治療に用いられる. イリジウム-192 の壊変に対する核化学反応式を書け.

放射性同位体の半減期は，その同位体に固有の性質であり，試料の量，温度，圧力に依存しない．したがって，半減期と試料の量がわかっていれば，ある時間の後に残っている放射性同位体の量を予測することができる．

表 10・3　一般的な放射性同位体の半減期

放射性同位体	記号	半減期	用 途
炭素-14	$^{14}_{6}C$	5730 年	考古学的年代測定
コバルト-60	$^{60}_{27}Co$	5.3 年	がん治療
ヨウ素-131	$^{131}_{53}I$	8.0 日	甲状腺治療
カリウム-40	$^{40}_{19}K$	1.3×10^{9} 年	地質学的年代測定
リン-32	$^{32}_{15}P$	14.3 日	白血病治療
テクネチウム-99m	$^{99m}_{43}Tc$	6.0 時間	臓器画像化
ウラン-235	$^{235}_{92}U$	7.0×10^{8} 年	原子炉

How To　半減期を用いて放射性同位体が存在する量を求める方法

例　ヨウ素-131（I-131）は，β 壊変によってキセノン-131（Xe-131）に変化する放射性同位体である．質量 100.0 mg の I-131 の試料は，32 日後に何 mg 残っているか．ただし，I-131 の半減期を 8.0 日とする．

段階 1　与えられた時間において，半減期が何回あるかを求める．

• I-131 の半減期を変換因子として用いて，与えられた日単位の時間を半減期の数に変換する．

$$32 \text{日} \times \frac{1 \text{半減期}}{8.0 \text{日}} = 4.0 \text{半減期}$$

段階 2　それぞれの半減期について，最初の質量に 1/2 を掛け，最終的な質量を得る．

• 32 日は 4 半減期に相当するので，最初の質量に 1/2 を 4 回掛け，最終的な質量を得る．4 半減期の後には，I-131 は 6.25 mg 残っている．

問題 10・6　質量 160.0 mg のテクネチウム-99m の試料が医学的な診断に用いられたとき，次のそれぞれの時間後に残っているテクネチウム-99m の質量を求めよ．ただし，テクネチウム-99m の半減期を 6.0 時間とする．
(a) 18.0 時間　　(b) 2 日

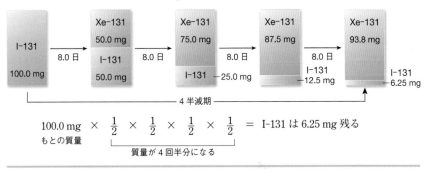

10・3B　考古学的年代決定

考古学者は，植物や動物に由来する炭素を含む物質の年代を決定するために，炭素-14 の半減期を用いている．この手法を**放射性炭素年代決定法**という．この手法は，定常的に周囲から CO_2 や他の炭素を含む栄養物を摂取している生物では，安定な炭素-12 に対する放射性炭素-14 の比は一定の値であるという事実に基づいている．しかし，ひとたびその生物が死ぬと，放射性同位体（C-14）は補充されることなく壊変するので（§10・2B），その濃度は減少するが，安定同位体（C-12）の量は一定の値のままである．遺物の C-12 に対する C-14 の比を，現在の生物の C-12 に対する

放射性炭素年代決定法 radiocarbon dating

C-14 の比と比較することによって，その遺物の年代を決定することができる．放射性炭素年代決定法は，木材，衣類，骨，木炭のほか炭素を含む多くの物質について，おおよその年代を決定するために用いられる．

　炭素-14 の半減期は 5730 年なので，約 6000 年後には C-14 の半分が壊変する．したがって，たとえば 6000 年の年代をもつ遺物は，C-12 に対する C-14 の比が現在の生物よりも 1/2 だけ減少しており，また 12,000 年の年代をもつ遺物は 1/4 だけ減少している．

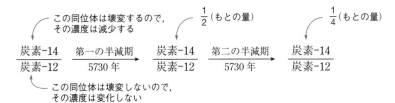

　この手法を用いて考古学者は，フランスにおける洞窟の壁に描かれた絵の年代を，約 30,000 年と決定した（図 10・2）．炭素-14 の量は時間とともに減少するので，約 50,000 年よりも古い遺物は，炭素-14 の量があまりに少ないため，その年代を正しく決定することができない．

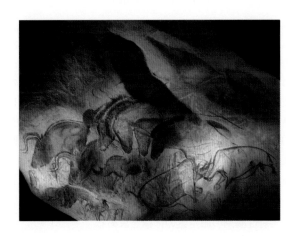

問題 10・7　生きている生物と比較して，C-12 に対する C-14 の量が 1/8 である遺物の年代を推定せよ．

図 10・2　**放射性炭素年代決定**．放射性炭素年代決定法を用いることにより，フランスで発見されたこの洞窟壁画の年代は約 30,000 年と推定されている．

10・4　放射能の検出と測定

　私たちはみな，宇宙線や土壌中の放射性物質に由来するほんの少量の放射線を日々受けている．それに加えて，テレビや歯科治療で用いられる X 線，およびその他の人為的な要因による放射線を受けている．さらに，私たちはまだ，放射性降下物，すなわち数十年前に行われた大気中の核兵器実験に由来する残留放射線にさらされている．

　このような環境放射線は避けがたく微小なものではあるが，強度が高くなると有害で，生命を危うくするものとなる．なぜなら，放射線は高エネルギーの粒子や電磁波からなるため，細胞を損傷し，重要な生体反応を阻害し，しばしば細胞死をひき起こすからである．放射線はどの感覚によっても直接感知することはできないが，どのように検出し，測定するのであろうか．

　ガイガー計数管は放射能の測定に用いられる小さな携帯型の機器である．ガイガー

ガイガー計数管 Geiger counter

ガイガー計数管は放射線を検出するために用いられる機器である．

計数管はアルゴンでみたされた管からなる．アルゴンが放射線に接触するとイオン化が起こり，電流が発生して，カチッという音が発生するか，あるいは計器に記録される．ガイガー計数管は，放射線源や放射能によって汚染された場所を特定するために利用される．

また，放射性物質を扱う人は，放射線バッジを身に着ける．このバッジはその人が確かに，命にかかわるような危険なレベルの放射線にさらされていないことを絶えず監視している．

10・4A 試料中の放射能の評価

キュリー curie, 記号 Ci

試料中の放射能の量は，毎秒壊変数，すなわち単位時間当たり壊変する原子核の数によって評価される．最もふつうの単位は**キュリー**（Ci）である．微小な量を表すためには，それに由来する**ミリキュリー**（mCi），あるいは**マイクロキュリー**（μCi）が用いられる．1 Ci は厳密に 3.7×10^{10} 壊変/秒に相当し，これは放射性元素であるラジウム 1 g の壊変速度によって定義されている．

$$1 \text{ Ci} = 3.7 \times 10^{10} \text{ 壊変/秒}$$
$$1 \text{ Ci} = 1000 \text{ mCi}$$
$$1 \text{ Ci} = 1{,}000{,}000 \text{ μCi}$$

ベクレル becquerel, 記号 Bq

放射能の評価に用いられる SI 単位は**ベクレル**（Bq）であり，1 Bq ＝ 1 壊変/秒によって定義される．それぞれの壊変が 1 Bq に対応するので，1 Ci ＝ 3.7×10^{10} Bq である．表 10・4 に放射能の単位をまとめた．

表 10・4 放射能の単位

1 Ci ＝ 3.7×10^{10} 壊変/秒
1 Ci ＝ 3.7×10^{10} Bq
1 Ci ＝ 1000 mCi
1 Ci ＝ 1,000,000 μCi

治療や検査に用いる放射性物質の服用量が，投与すべき mCi 単位の放射能として与えられることがある．たとえば，甲状腺機能を診断するための検査は，ヨウ素-131 を含むヨウ化ナトリウム，すなわち Na^{131}I を用いる．この放射性物質は，3.5 mCi/mL のように，1 mL 当たりの放射能の量を単位として供給される．患者に与えなければならない放射能の量と，薬剤中の放射能の濃度がわかると，投与すべき薬剤の体積を求めることができる（例題 10・2）．

単位キュリー（curie）はポーランドの化学者キュリー（Marie Skłodowska Curie）にちなんで名づけられた．彼女は放射性元素のポロニウム Po とラジウム Ra を発見し，20 世紀初頭にノーベル物理学賞とノーベル化学賞を受賞した．

例題 10・2 放射性薬剤の服用量の体積を求める

ヨウ素-131 は濃度 3.5 mCi/mL の溶液として入手することができる．ある患者に 4.5 mCi のヨウ素-131 を与えなければならないとき，この溶液を何 mL 投与したらよいか．
解答 与えなければならない放射能の量が mCi 単位でわかっており，また薬剤の単位体積当たりの放射能の量（3.5 mCi/mL）もわかっている．mCi-mL 変換因子として 3.5 mCi/mL を用いる．

$$4.5 \text{ mCi} \times \underbrace{\frac{1 \text{ mL}}{3.5 \text{ mCi}}}_{\text{mCi-mL 変換因子}} = 1.3 \text{ mL}$$

mCi が消去される

答 1.3 mL の溶液を投与すればよい

問題 10・8 ある患者に 32 mCi の放射能をもつテクネチウム-99m の試料を注入した．12 時間後に観測されるテクネチウム-99m の放射能を求めよ．ただし，テクネチウム-99m の半減期を 6.0 時間とする．

練習問題 10・2 ある患者の甲状腺腫瘍の治療のために，110 mCi のヨウ素-131 を与えなければならない．ヨウ素-131 は小瓶に入った 25 mCi/mL を含む溶液で供給される．患者に投与すべき溶液の体積を求めよ．

また，放射性同位体の半減期を用いると，ある時間が経過した後に試料に残っている放射能の量を求めることができる（問題 10・8）．

10・4B 放射能に対する人体の被ばくの評価

生体組織によって吸収された放射線の量を評価するために，いくつかの単位が用いられる．

- 単位質量の物質によって吸収された放射線の量を**吸収線量**といい，ラド（rad）単位で表す．吸収されたエネルギー量は，物質の性質と放射線の種類によって変化する．
- 生体組織に損傷を与える要因となる放射線の量を**線量当量**といい，レム（rem）単位で表す．放射線量の単位として rem を用いると，放射線の種類によらず 1 rem は生体組織に同じ量の損傷を与える．

吸収線量 absorbed dose
ラド radiation absorbed dose，記号 rad
線量当量 dose equivalent
レム radiation equivalent for man，記号 rem

吸収された放射線の量を評価するための単位として，ほかに**グレイ**（Gy）と**シーベルト**（Sv）がある．

グレイ gray，記号 Gy，1 Gy = 100 rad
シーベルト sievert，記号 Sv，1 Sv = 100 rem

環境放射線の量は場所によって異なるが，ヒトの 1 年当たりの平均放射線吸収量は 0.27 rem と見積もられている．一般に，放射線の吸収量が 25 rem 以下のときには，検出できるような生物学的効果は観測されない．20〜100 rem の放射線が一度に吸収されると，白血球数の一時的な減少をひき起こす．放射線の吸収が 100 rem を超えると，吐き気，嘔吐，疲労感，長期の白血球減少など，放射線障害の症状が現れる．

放射線の吸収量がさらに高くなると，死に至る．ヒトに対する放射線の**半数致死量**（LD$_{50}$），すなわち全体の 50% が死に至る量は 500 rem であり，600 rem の放射線にさらされることは，すべてのヒトに対して致命的となる．

半数致死量 lethal dose 50，LD$_{50}$

問題 10・9 吸収された放射線の量を評価するための単位として，しばしば mrem（ミリレム，1 rem = 1000 rem）が用いられる．以下の問いに答えよ．
(a) ラドン Rn に由来する放射線の平均的な年間吸収量は 200 mrem である．これは何 rem に相当するか．
(b) 患者が甲状腺検査のために 0.014 rem の放射線にさらされたとすると，この吸収量は何 mrem に相当するか．
(c) (a) と (b) のうちどちらの放射線量が多いか．
問題 10・10 サマリウム-153 は約 48 時間の半減期をもつ放射性同位体であり，骨に生じたがんの治療に用いられる．以下の問いに答えよ．
(a) サマリウム-153 がもつ陽子，中性子，電子の数はそれぞれいくつか．
(b) サマリウム-153 が β 粒子を放出して壊変する反応に対する釣合のとれた核化学反応式を書け．
(c) 放射能が 150 mCi のサマリウム-153 を含む溶液の入った小瓶を購入した．8 日後のその溶液の放射能は何 mCi か．

10・5 核分裂と核融合

原子力発電所で用いられる核化学反応は，**核分裂**とよばれる過程によって起こる．一方，太陽で起こっている核化学反応は，**核融合**とよばれる過程によって起こる．

核分裂 nuclear fission
核融合 nuclear fusion

- 核分裂は，重い原子核がより軽い原子核と中性子に分裂する過程である．
- 核融合は，二つの軽い原子核が結びついてより大きな原子核を生成する過程である．

10・5A 核分裂

ウラン-235 に高速の中性子が衝突すると核分裂が起こり，ウラン-235 はより軽い二つの原子核に分裂する．さまざまな分裂生成物が特定されている．一般的な核化学

医療における放射性同位体の利用

放射性同位体は，医療において診断と治療の両方の手法として用いられている．診断では，生体器官が適切に機能しているかどうかを判定するために，あるいは腫瘍の存在を検出するために用いられる．放射性同位体を服用あるいは注射によって体内に取込ませ，それが放出する放射線を手掛かりに生体を走査し，画像化する．例として，ヨウ化ナトリウム $Na^{131}I$ として投与されるヨウ素-131 や，特定の生体器官に取込まれる比較的大きな分子に結合させるテクネチウム-99 m などがある（右図）．放射性元素の取込み量が増大，あるいは減少した生体器官は，腫瘍が存在するか，あるいは他の病的な状態にあることを示している．

一方，病変した細胞やがん細胞を破壊するような治療に用いる場合には，もっと高い量の放射線が必要となる．これにはコバルト-60 のような放射線源を人体の外部に置き，放射線をビームとして腫瘍の位置に集中させる方法と，体内の腫瘍部位に放射性同位体を埋込む方法がある．後者は密封小線源治療法（brachytherapy）とよばれ，ヨウ素-125 を用いる前立腺がんの治療などの例がある．

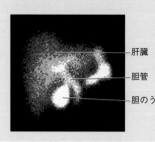

テクネチウム-99m を用いる診断法． テクネチウム-99m を用いた画像．肝臓，胆のう，胆管が明るい領域を示しており，正常に機能していることがわかる．

反応の一つは，ウラン-235 がクリプトン-91 とバリウム-142 に分裂する反応である．

$$^{235}_{92}U + ^{1}_{0}n \longrightarrow ^{91}_{36}Kr + ^{142}_{56}Ba + 3^{1}_{0}n$$

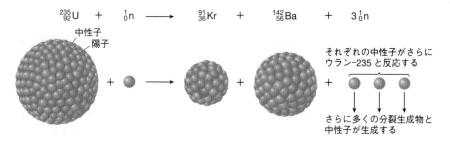

この反応ではまた，高いエネルギーをもつ3個の中性子と莫大なエネルギーが生成する．天然ガスに含まれるメタン1gが燃焼すると，56 kJ のエネルギーが放出され

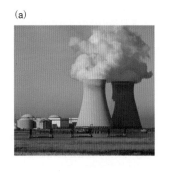

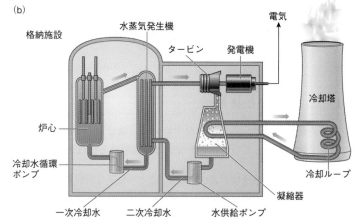

図 10・3 **原子力発電所．** (a) 原子力発電所の外観．冷却塔から水蒸気が立ち上っている．(b) 核分裂は，格納施設に収納された原子炉の炉心で起こる．核分裂で放出されたエネルギーによって原子炉のまわりの水が加熱され，このエネルギーがタービンを駆動して電気が発生する．タービンを駆動するために用いられた水蒸気は冷却され，原子炉の炉心のまわりに再循環される．環境への放射性物質の漏洩を防ぐために，原子炉の炉心の周囲にある水は決して格納施設から外に出ることはない．

るが，1 g のウラン-235 の分裂によって放出されるエネルギーは 7.1×10^7 kJ である．分裂によって発生したそれぞれの中性子は，つづいて他の 3 個のウラン-235 に衝突し，さらに多くの原子核と中性子が発生する．このような過程を**連鎖反応**という．

連鎖反応を維持するためには，十分な量のウラン-235 が存在しなければならない．その量を**臨界質量**という．臨界質量のウラン-235 が存在すると，連鎖反応が何度も繰返し起こり，原子爆発が起こる．連鎖反応を制御して起こさせ，発生するエネルギーから電気を得る発電方式が原子力発電である．

原子力発電所では，ウラン-235 原子核の分裂によって発生する巨大な量のエネルギーを用いて水を水蒸気に加熱し，それが発電機に動力を与え，電気を生み出している（図 10・3）．原子力エネルギーは米国の電力需要に対して小さいが，重要な部分を占めている．いくつかの欧州諸国では，製造される電気のほとんどが原子力に由来している*．

連鎖反応 chain reaction

臨界質量 critical mass

* 訳注：2018 年度の日本の総エネルギー供給における原子力発電の占める割合は 2.8% である．

例題 10・3　核分裂に対する核化学反応式の釣合をとる

ウラン-235 に中性子を衝突させると核分裂が起こり，ストロンチウム-90 とキセノンの同位体，および 3 個の中性子が生成する．この反応に対する核化学反応式を書け．

解答

[1]　左辺にもとの原子核と衝突させた中性子，また右辺に生成した粒子を記した不完全な反応式を書く．

・それぞれの元素の種類から，その原子番号を決定する．ウランの原子番号は 92，ストロンチウムは 38，キセノンは 54 である．

・左辺に 1 個の中性子を記載する．この反応では 3 個の高エネルギー中性子が生成するので，右辺に 3 個の中性子を記載する．

$$^{235}_{92}U + ^{1}_{0}n \longrightarrow ^{90}_{38}Sr + ^{?}_{54}Xe + 3^{1}_{0}n$$

[2]　右辺で新たに生成したすべての原子核の質量数と原子番号を求める．

・この問題では，すべての原子核の原子番号は元素の種類から明らかである．

・反応に用いた中性子と，生成した中性子の質量を考慮することによって，質量数の釣合をとる．左辺では，粒子（ウラン原子核と 1 個の中性子）の全質量数は 236（235 + 1）である．右辺では，ストロンチウム-90 とキセノン，および 3 個の中性子（全質量数 3）の質量数の総和は 236 に等しくなければならない．

$$236 = 90 + ? + 3(1)$$
$$236 = 93 + ?$$
$$143 = ?$$

中性子 3 個
それぞれの中性子は 1 質量単位

キセノンの質量数は 143 となる

[3]　完全な反応式を書く．

$$^{235}_{92}U + ^{1}_{0}n \longrightarrow ^{90}_{38}Sr + ^{143}_{54}Xe + 3^{1}_{0}n$$

練習問題 10・3　ウラン-235 に中性子を衝突させると核分裂が起こり，アンチモン-133 と 3 個の中性子，および他の 1 個の同位体が生成した．この反応に対する核化学反応式を書け．

10・5B　核融合

核融合は二つの軽い原子核が結びついて，より大きな原子核が生成するときに起こ

原子力利用の問題点

原子力の利用を取巻く二つの問題は，放射線漏洩の可能性と放射性廃棄物の処分である．発電所は放射性物質を原子炉内に封じ込めるように設計され，絶えず監視している．原子炉の炉心は厚い壁に囲まれた格納施設にあるので，もし漏洩が起こっても，放射線は原理的には建物内に保持される．

核分裂反応の生成物は，しばしば何百年あるいは何千年といった長い半減期をもつ放射性原子核になる．その結果として，核分裂によって放射性廃棄物が発生し，それは周囲の環境に危険が及ばないように安全な施設で保管しなければならない．現在，廃棄物を地中深くに埋めることが最良の選択肢と考えられているが，この問題はまだ解決されていない．

る．たとえば，重水素原子核は三重水素原子核と融合して，ヘリウム原子核と中性子が生成する．§2・3で述べたように，重水素は原子核に1個の陽子と1個の中性子をもつ水素の同位体であり，一方，三重水素は原子核に1個の陽子と2個の中性子をもつ水素の同位体である．

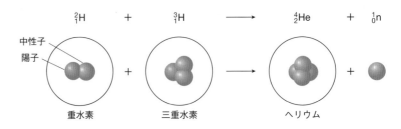

中性子
陽子

重水素   三重水素   ヘリウム

^2_1H + ^3_1H $\longrightarrow$ ^4_2He + ^1_0n

核分裂と同様に，核融合もまた莫大なエネルギーを放出する．たとえば，上記の反応によって1gの重水素から放出されるエネルギーは 8.4×10^8 kJ である．太陽や他の恒星の光や熱は，核融合に由来している．

核融合を人類のためのエネルギー供給として利用することに対する制限の一つは，それを製造するために必要とされるきわめて厳しい実験的条件である．同じ電荷をもつ二つの原子核の間に働く反発力に打勝つために著しい量のエネルギーが必要であるため，核融合は高温（100,000,000 ℃ 以上）および高圧（100,000 atm 以上）でのみ達成される．これらの実験条件は容易には達成できないため，制御された核融合をエネルギー源として用いることは，まだ現実にはなりそうもない．

制御された核融合は，安価できれいなエネルギーを供給できる可能性をもっている．核融合では核分裂炉のような放射線廃棄物の問題に悩まされることもなく，また必要な反応物も容易に入手することができる．

問題 10・11　恒星における核融合は，一連の反応によって起こる．次の反応は最終的に水素がヘリウムに変換される核融合反応である．化学種 X, Y, Z を適切な記号で表せ．
(a) $^1_1H + X \longrightarrow \,^2_1H + \,^0_{+1}e$
(b) $^1_1H + \,^2_1H \longrightarrow Y$
(c) $^1_1H + \,^3_2He \longrightarrow \,^4_2He + Z$

放射能のない医用画像撮影法

X線診断法，CT，MRI もまた，生体器官や四肢の画像を提供する技術であり，病状の診断のために用いられている．しかし，これらの方法は，PET 検査やこれまでに述べた他の手法とは異なり，核化学反応に基づいておらず，放射能を利用することもない．

X線（X-ray）は高いエネルギーをもつ電磁波の一種であるが，核化学反応によって発生する γ 線よりもエネルギーは低い．生体組織の密度が異なると X線との相互作用も異なるので，生体組織の画像が X線フィルム上に作成される．密度が高い骨は X線では明瞭に見ることができるので，この手法は骨折を発見するためのよい診断法になっている．

CT（computed tomography，コンピューター断層撮影法）も X線を用いるが，人体を"薄切り"にした高解像度の画像が得られる．以前には，CT 画像は人体の長軸に対して直角方向の組織の断面であったが，最近では，生体器官の三次元的な画像を得ることができる．頭部の CT では，脳における出血や腫瘍を診断するために利用されている．

MRI（magnetic resonance imaging，核磁気共鳴画像法）は低エネルギーのラジオ波を用いて，生体器官を可視化する．高エネルギーの電磁波を用いる方法とは異なり，細胞に損傷を与えない．MRI は軟組織を可視化するために良好な診断法であり，X線診断法と相補的に用いられる．

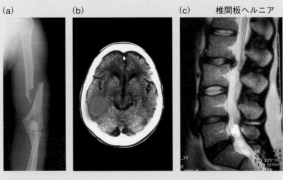

(a)　(b)　(c) 椎間板ヘルニア

人体の画像化.（a）骨折した患者の上腕骨の X線画像．（b）頭部の CT 画像．打撃を受けた部分が色で強調されて示されている．（c）椎間板ヘルニアによる脊髄圧迫を示す脊髄の MRI.

掲 載 図 出 典

索　引

村田　滋
むら　た　しげる

1956 年　長野県に生まれる
1979 年　東京大学理学部 卒
1981 年　東京大学大学院理学系研究科修士課程 修了
現　東京大学大学院総合文化研究科 教授
専門　有機光化学, 有機反応化学
理 学 博 士

第 1 版 第 1 刷　2020 年 12 月 10 日 発行

スミス 基礎化学（原著第 4 版）

訳　者　村　田　　　滋
発行者　住　田　六　連
発　行　株式会社 東京化学同人
　　　　東京都文京区千石 3 丁目 36-7（〒112-0011）
　　　　電話（03）3946-5311・FAX（03）3946-5317
　　　　URL: http://www.tkd-pbl.com/

印刷・製本　日本ハイコム株式会社

ISBN978-4-8079-2012-9
Printed in Japan

マクマリー 一般化学（上・下）

J. E. McMurry・R. C. Fay 著

荻野　博・山本　学・大野公一　訳

B5判　カラー　上巻：344 ページ　本体 3200 円＋税

下巻：344 ページ　本体 3200 円＋税

別冊　演　習　編

B5判　カラー　248 ページ　本体 3400 円＋税

確実な基礎を身につけ，より深く化学を理解できるよう一貫した理念に基づいて著された理工系向け教科書．本書の組み立て，文章の書き方，図版の作成に最善を尽くし，できるだけスムーズに学習できるように工夫．別冊の演習編では，章末問題約 2200 題をすべて収録．巻末に偶数番号問題の解答付き．

化学 基本の考え方を学ぶ（上・下）

R. Chang・J. Overby 著

村田　滋 訳

B5判　カラー　上巻：360 ページ　本体 3200 円＋税

下巻：360 ページ　本体 3200 円＋税

別冊　問題と解答

B5判　カラー　328 ページ　本体 3400 円＋税

化学のしっかりした基礎を築くための基本的な考え方を，厳密性を保ちながら簡潔明瞭に記した入門教科書．身のまわりの物質がもつ様々な性質を化学的に，すなわち原子や分子の視点から理解するために必要となる基本的な考え方がすべて含まれている．別冊の問題と解答では，章末問題約 2300 題をすべて収録．巻末に全問題の解答付き．

アトキンス 一般化学（上・下）

P. Atkins・L. Jones・L. Laverman 著

渡辺　正 訳

B5 判　カラー　上巻：320 ページ　本体 3200 円＋税
　　　　　　　　　下巻：320 ページ　本体 3200 円＋税

"物理化学" で名高いアトキンスらが著した理工系向け一般化学の教科書．図や写真を多用して，化学の本質である量子論と結合論（ミクロの世界），熱力学と平衡論（マクロの世界）を中心に，わかりやすく解説．簡単な例題と復習問題は学習者の理解を助ける．

ブラディ ジェスパーセン 一般化学（上・下）

N. D. Jespersen・A. Hyslop・J. E. Brady 著

小島憲道 監訳／小川桂一郎・錦織紳一・村田　滋 訳

B5 変型判　カラー　上巻：444 ページ　本体 3200 円＋税
　　　　　　　　　　下巻：352 ページ　本体 3100 円＋税

ロングセラーを誇る "ブラディ一般化学" の大幅改訂版．物質における分子の性質，問題を解く力，記述の明快さに重点をおく．

マッカーリ 一般化学（上・下）

D. McQuarrie・P. Rock・E. Gallogly 著

村田　滋 訳

B5 判　カラー　上巻：308 ページ　本体 3000 円＋税
　　　　　　　　　下巻：328 ページ　本体 3200 円＋税

丁寧な説明で定評のある "物理化学" の著者マッカーリによる一般化学の教科書．量子論に基づく原子構造や結合の形式を学んだ後，化学反応の分類などを説明する "atoms first" の方式を採用しており，化学の基礎概念が体系的に身につく．例題・練習問題も豊富．

2020 年 11 月現在